Georges Glaeser (Hrsg.)

Didaktik Mathematischer Probleme und Aufgaben

Georges Glaeser (Hrsg.)

Didaktik mathematischer Probleme und Aufgaben

Mit 162 Bildern

Friedr. Vieweg & Sohn Braunschweig / Wiesbaden

CIP-Kurztitelaufnahme der Deutschen Bibliothek

Didaktik mathematischer Probleme und Aufgaben
Georges Glaeser (Hrsg.). [Übers. u. bearb. von Gerd Walther].
Braunschweig, Wiesbaden: Vieweg, 1980.
Einheitssacht.: Le livre du problème ‹dt.› Teilausg. d. Orig.-Werks.
ISBN-13: 978-3-528-08395-3 e-ISBN-13: 978-3-322-84092-9
DOI: 10.1007/978-3-322-84092-9

NE: Glaeser, Georges [Hrsg.]; Walther, Gerd [Bearb.]; EST

Titel der französischen Originalausgabe:

Le livre du problème

Vol. 1: Pédagogie de l'exercice et du problème (deuxième édition), © 1976
Vol. 3: A propos d'un théme mathématique: la parité © 1973
Vol. 6: Géométrie d'incidence © 1976

Verlag CEDIC, Paris

Übersetzt und bearbeitet von Dr. *Gerd Walther*
Verlagsredaktion: *Alfred Schubert*

1980

Satz: Friedr. Vieweg & Sohn, Braunschweig

ISBN-13: 978-3-528-08395-3

Vorwort zur deutschen Auflage

Die ersten IREMs (Instituts de Recherche sur l'enseignément des mathématiques) wurden in Frankreich 1969 in der Absicht gegründet, die mit der Einführung neuer Lehrpläne erforderlichen pädagogischen Innovationen zu erproben und die Lehrer bei der Übernahme ihrer neuen Aufgaben zu unterstützen; ferner wurden Unterrichtsmaterialien herausgegeben und Grundlagenforschungen zum mathematischen Lernprozeß unternommen.

Aufgrund einer flexiblen Organisationsstruktur war es möglich, daß an den IREMs Mathematiker, Lehrer, Psychologen, Linguisten, Statistiker, usw. zusammenarbeiten konnten. Gegenüber den zuständigen Behörden der „Unterrichtsverwaltung" waren die Teams weitgehend autonom, so daß eine Reihe pädagogischer Vorschläge auch in Frage gestellt werden konnte. Gegenwärtig sind die weitere Konsolidierung, die Unabhängigkeit und sogar die Existenz der IREMs ernstlich durch das Kultusministerium bedroht. In einem der Projekte des Straßburger IREM wurde das sechsbändige[1]) "Livre du Problème" erarbeitet, von dem nun die Bände 1, 3 und 6 den deutschsprechenden Kollegen vorgestellt werden.

Das Werk soll Mathematiklehrern Impulse vermitteln, Anregungen liefern, und ist als Arbeitsmittel für Lehrer gedacht. Insbesondere geht es um die didaktische Funktion von Aufgaben und Problemen und deren Anpassung an pädagogische Ziele. Übungsaufgaben, Prüfungsaufgaben oder Probleme für die Mathematikolympiade dienen unterschiedlichen Zwecken und müssen daher unterschiedlich abgefaßt und eingesetzt werden. Im ersten Teil wird diese Vorstellung an Hand zahlreicher Beispiele eingehender ausgeführt.

In den folgenden Teilen werden diese Ideen in verschiedenen mathematischen Themenbereichen angewandt: diese Themen fügen sich i. a. jedoch nicht unmittelbar in die offiziellen französischen, deutschen oder anderen Lehrpläne ein; stehen ihnen aber genügend nahe, so daß ein phantasievoller Pädagoge sie im Sinne einer aktiven Pädagogik etwa im Stile von *Célestin Freinet*, *Martin Wagenschein* oder *Israel Wittemberg* fruchtbar machen kann.

Mit ein wenig Phantasie und Initiative kann der deutschsprachige Lehrer das vorliegende Material auf seine individuelle Unterrichtspraxis abstimmen.

Die einzelnen Teile des Werkes werden durch eine Einleitung eröffnet, die jeweils die pädagogischen Intentionen darlegt.

---

[1]) Der siebte Band dieser Reihe ist eine Übersetzung aus dem Russischen: das "Livre du problème de Physique" des berühmten Physikers *Kapitza*. Ein elementar gehaltenes "Livre du problème ..." ist in Vorbereitung; es wird von einer Gruppe unentgeltlich arbeitender Physiker in Verbindung mit dem IREM erstellt.

Das vorliegende Werk ist Ergebnis von Teamarbeit. Mehr als vierzig Mitarbeiter waren an seiner Entstehung beteiligt. Es ist daher unmöglich, eine eindeutige Zuordnung zwischen den Mitarbeitern und den einzelnen Abschnitten herzustellen: einige vorbereitende Studien sind nicht in ihrer ursprünglichen Form belassen worden; dennoch haben sie bei der Erstellung des endgültigen Textes eine wichtige Rolle gespielt.

Die Arbeit geht weiter: sie muß weitergehen, wenn die IREMs in dieser oder einer anderen Form fortbestehen wollen. Leider gestaltet sich die Kommunikation zwischen gewissen „Didaktik-Schulen" noch recht schwierig. Insbesondere scheint der Rhein eine schwer zu überschreitende „Grenze" zu sein. Die gelungene Initiative von *Gerd Walther*, das Livre du Problème zu übersetzen, ist ein begrüßenswerter Beitrag zur Dissemination pädagogischer Gedanken.

G. Glaeser

Vorwort des Übersetzers

In einer dynamischen Pädagogik des aktiven Lernens spielen Aufgaben zur Anregung der Selbsttätigkeit des Schülers eine zentrale Rolle. Je nach den pädagogischen Absichten des Lehrers und den vom Schüler erwarteten Aktivitäten gibt es verschiedene Aufgaben*typen*. Das vorliegende Buch entwickelt hierfür ein Klassifikationsschema und gibt auf diese Weise dem Lehrer ein methodisches Instrument zu einem differenzierten Einsatz (bzw. Auswahl) von Aufgaben an die Hand. Der so erarbeitete didaktische Rahmen wird illustriert an inhaltlich ansprechenden Themen: Parität und Inzidenzgeometrie, und kann als Versuch gedeutet werden, Mängel der traditionellen Aufgabendidaktik (wie sie etwa von H. Lenné aufgezeigt worden sind) zu überwinden und zu einer ausgewogenen Vermittlung zwischen Instruktion und Selbsttätigkeit zu kommen.

Dortmund, Dezember 1979

G. Walther

Inhalt

1 Didaktik mathematischer Probleme und Aufgaben

1.1 Einleitung

Die Reform des Mathematikunterrichts vollzieht sich auf der ganzen Welt unter schwierigen Bedingungen. Da von einer immer noch steigenden Schülerzahl auszugehen ist, setzt diese Reform eine solide Ausbildungspolitik qualifizierter Lehrer voraus. Das mindest Erreichte sind Überlegungen über Ziele und Methoden des Mathematikunterrichts; dabei wurden auch pädagogische Maximen entdeckt bzw. wiederentdeckt, die so „evident" sind, daß sie weder bezweifelt, noch befolgt werden.

Jedermann stimmt darin überein, daß Mathematik treiben nicht Stapeln von Kenntnissen bedeutet: Verstandestätigkeit, Vorstellungskraft, Strenge, Gründlichkeit und intellektuelle Redlichkeit entwickeln sich nicht beim passiven Anhören einer Unterrichtslektion. Dennoch besteht ein wesentlicher Teil der Vorbereitung zukünftiger Lehrer noch immer darin, zurechtgezimmerte, schulmeisterliche Stundenentwürfe auszufertigen, was sicher nützlich sein kann, aber nur einen kleinen Ausschnitt seines späteren „Handwerks" widerspiegelt. Der folgende Teil der Einleitung wird sich gerade mit einigen anderen Aspekten des Lehrerhandwerks beschäftigen. Dabei sollen Ansätze einer Didaktik mathematischer Probleme und Aufgaben skizziert werden, deren Ziel die Weckung einer aktiven und kritischen Einstellung der Schüler ist.

Ausdrücklich sei hervorgehoben, daß dieses Buch nicht einfach als Sammlung unmittelbar im Unterricht verwendbarer Aufgaben verstanden werden darf. Die Aufgaben sind deshalb auch nicht nach Schwierigkeitsgraden, sondern nach Themen geordnet. Die endgültige Abfassung der für die Klasse vorgesehenen Texte bleibt noch zu tun. Der vorgeschlagene Text ist lediglich Vehikel, der durch verschiedene Faktoren wie: Geschmack des Lehrers, Geschmack der Schüler in Abhängigkeit von der jeweiligen Situation, Reaktion der Schüler auf ähnliche Aufgaben und die jeweils anvisierten pädagogischen Ziele, modifiziert werden kann. Man wird ja z.B. auch eine Klassenarbeit, bei der keine Hilfsmittel zugelassen sind, anders verfassen, als eine freiwillig zu leistende Arbeit, die der Schüler in aller Ruhe ausführen kann.

Bei der Vorbereitung eines Textes können verschiedene Formen gewählt werden. Gewisse Probleme können z.B. mehrere Male, mit jeweils einer Woche Zwischenraum, dargeboten werden; andere Aufgaben werden als *Übungsbatterien* angeboten: Dies sind Serien von kurzen Fragen, deren didaktische Bedeutung auf der Art der Zusammenstellung und den durch sie bewirkten Leistungsfortschritt beruht.

Die vom Lehrer zu treffende Auswahl der Aufgabentexte hängt sehr stark von den gegenwärtig geltenden Lehrplänen ab. Deshalb wollen wir auch gar nicht verhehlen, daß gewisse Kapitel in ihrer Gesamtheit derzeit nicht zu realisieren sind. Indessen zielen unsere Untersuchungen vor allem auf die Erforschung neuer Unterrichtsmöglichkeiten ab. Wir träumen von einer Epoche, in der die Verfasser von Lehrplänen an erster Stelle mathematisch bildende Aktivitäten vorschlagen und die zu unterrichtenden Theorien in Abhängigkeit von den Problemen wählen, die den Schülern gestellt werden können. Dies hat zur Folge, daß nicht länger grundlos pedantischer Jargon und nutzlose Theorien eingeführt werden. Begriffe, Definitionen und Sätze ergeben sich aus konkreten Bedürfnissen.

Unsere Arbeit versteht sich auch als Instrument der Lehrerausbildung: Der Lehrer legt der Klasse eine Auswahl von Aufgaben vor, die er auch selbst bearbeitet. Das gibt ihm Gelegenheit, die von ihm dargelegte Theorie zu motivieren. Angesichts einer schwierigen Erklärung oder einer unvorhergesehenen Schülerfrage kann es vorkommen, daß der Lehrer plötzlich auf Aussagen zurückgreifen muß, die er gar nicht behandeln wollte. In dieser Situation sollte man sich an die bekannte Tatsache erinnern, daß der Lehrer, *um bereits wenig unterrichten zu können, viel wissen muß.* Er muß sich von den mathematischen Schwierigkeiten seines Unterrichtsstoffes völlig befreit fühlen, um sich voll den pädagogischen und didaktischen Problemen widmen zu können. Insbesondere scheint die Kenntnis einer abstrakten Theorie nur dann wünschenswert, wenn man sie auch in verschiedenen Situationen anzuwenden weiß.

Bei der Vorbereitung dieser Sammlung sind wir ständig auf zwei gegensätzliche Aspekte gestoßen. Einerseits erhalten die meisten der Aufgaben ihre Bedeutung durch den didaktischen Kommentar am Textanfang, der häufig auf der Kenntnis der Lösung beruht. Das zwingt uns andererseits einer Versuchung nachzugeben, die wir stets anprangern: nämlich die Lösung vorzeitig aufzudecken, ohne dem *Lehrer* Zeit für eigene Untersuchungen einzuräumen, wann immer ihm dies nützlich erscheint. Geht man davon aus, daß eines der wichtigsten Unterrichtsziele die Anleitung unserer Schüler im Problemlösen ist, dann leuchtet es ein, daß der Lehrer selbst eine lebendige Erfahrung im Abenteuer des Problemlösens haben sollte. Gewisse Probleme werden für die Schüler wertlos sein, wenn sie von einem Lehrer angeboten werden, der sie selbst noch nicht untersucht hat und daher auch nicht weiß, worauf es bei der betreffenden Problemlösung ankommt. Jedesmal, wenn das Risiko einer vorzeitigen Enthüllung der Lösung zu groß wird, verweisen wir mit einer Zahl in Doppelklammern [[ ]] auf Anmerkungen im Anhang. (Die einfache Klammer [ ] verweist auf die Bibliographie.) Zuweilen erschien es uns wünschenswert, daß der Lehrer ein oder zwei Monate an einem Problem „kleben" sollte, dann haben wir die Lösung einer bewußt schwer zugänglichen Literatur überlassen. Auf alle Fälle ist es schwierig, einen Kompromiß zu erreichen zwischen dem Wunsch, überlasteten Kollegen unnütze Mühen zu ersparen und der Notwendigkeit, sie manchmal zu außerordentlich bildenden Anstrengungen anzureizen.

Unsere Arbeit möchte der Routine widerstehen, die sich so leicht in unseren Unterricht einschleicht. Gewisse, anfangs interessante didaktische Ideen erstarren durch die ständige Weitergabe von Lehrer zu Lehrer und von Schulbuch zu Schulbuch; dadurch werden die Schüler ermuntert, die Lösung „wohlbekannter" Aufgaben auswendig zu lernen, um ihre Prüfungen zu bestehen.

Wir unterschätzen nicht die Gefahr, daß es auch unseren Innovationsvorschlägen in kurzer Zeit ebenso ergehen könnte und daraus neue Stereotypen entstehen.

Um dieses unerfreuliche Phänomen der Überalterung hinauszuschieben, haben wir uns vorgenommen, zu jedem der behandelten Themen weitere Unterlagen zu sammeln, und somit die Nutzungsmöglichkeiten des Materials für Lehrer und Prüfer noch zu erweitern. Wenn alle Beteiligten der Versuchung widerstehen, jedes Jahr wieder die gleichen Aufgaben, in gleicher Reihenfolge, in den gleichen Klassen und zu den gleichen Prüfungen auszuwählen, wird man der befürchteten „Verkalkung" in einem gewissen Maße entgehen können.

Klassifikation von Aufgaben

Den verschiedenen Aktivitäten von Schüler und Lehrer entsprechen Aufgaben mit unterschiedlicher Zweckbestimmung. Wir unterscheiden sieben Kategorien, ohne uns dabei der Illusion hinzugeben, daß diese Klassifizierung vollständig sei, und die Klassen sich nicht überschneiden. Dennoch erscheint uns die folgende Tabelle als grundlegend:

Abkürzung	Aufgaben-Kategorie	Intendiertes Schülerverhalten	Intentionen des Lehrers
EA	Erschließungsaufgaben (Exercices d'exposition)	Erwerb von Kenntnissen	Nicht unbedingt erschöpfende Information über ein Thema. Vermittlung von Kenntnissen
P	Probleme (kleine) Forschungsaufgaben (Problèmes; Exercice de recherche)	Untersuchen Entdecken	Erwecken von Neugierde und Ermunterung zur Ausdauer
Ü	Übungsaufgaben (Exercice didactiques)	Üben Aneignung von Fertigkeiten und Techniken	Festigung von Kenntnissen, Fähigkeiten und Fertigkeiten
AP	Aufgaben zur Schulung der Präzision (Exécution de tâches techniques)	Verantwortliches Handeln Eine Arbeit zu einem guten Abschluß bringen, indem die Verpflichtung eingegangen wird, Fehler auszumerzen	Anhalten zu Genauigkeit und Sorgfalt Forderung einer sauberen und korrekten Arbeit
A	Beispiele zur Illustration, Anwendungsaufgaben (Exemples d'illustration, Exercices d'application)	Übertragung theoretischer Kenntnisse auf einen praktischen Kontext	Verknüpfung des Abstrakten mit anderen Interessenschwerpunkten (Gebieten)
M	Aufgaben mit konkretem Material (Manipulations)	Beobachten Erproben Herumbasteln	Motivation einer nachfolgenden abstrakten Untersuchung
T	Test, Prüfungsarbeiten, Examina (Tests, Sujets de composition, d'examens, de concours)	Überprüfung der Kenntnisse	Individuelle Kontrolle des Unterrichtserfolges

Jede dieser Kategorien beruht auf unterschiedlichen didaktischen Vorstellungen. Die entsprechenden Aufgaben sind demgemäß auf der Grundlage verschiedener, manchmal gegensätzlicher Prinzipien abgefaßt.

Im allgemeinen ist eine Aufgabe auf *ein* Thema ausgerichtet. Aber genauso wie sich ein musikalisches Motiv in der Form eines Ländlers oder eines Trauermarsches präsentieren kann, kann eine mathematische Idee Aufgaben verschiedenster Zielrichtungen liefern. Der Lehrer sollte daher die Übertragung einer Aufgabe von einer Kategorie in die andere üben.

Es ist nun an der Zeit, die allgemeinen Prinzipien einer Didaktik mathematischer Probleme und Aufgaben zu formulieren. Einige Autoren haben den Weg hierzu bereits dadurch vorbereitet, daß sie sich der Untersuchung einzelner Kategorien verschrieben haben (Georges Polya [1], [2], [3], [4] hat sich z.B. ausgiebig mit dem Bereich Problemlösen (P) beschäftigt.) Eine globale Untersuchung steht allerdings noch aus. Die vorliegende Arbeit ist ein Beitrag zu dieser wichtigen Forschung [5], [5'].

Bemerkungen. Gegenüber der französischen Erstauflage wurden in der Aufgabenklassifikation einige geringfügige Änderungen vorgenommen.

a) Das Wort „Problem" tritt im derzeitigen Sprachgebrauch in unterschiedlichsten Bedeutungen auf. Um die hier gemeinte Bedeutung zum Ausdruck zu bringen, sprechen wir statt von „Problemen" auch von „(Kleinen) Forschungsaufgaben".
b) An der Grenze zwischen Routine, die die Lösung einer „Aufgabe zur Schulung der Präzision" erfordert, und Kreativität, die zu einer eleganten Rechnung führt, ist ein Aufgabentyp angesiedelt, den wir „Phantasievolle Rechnung" nennen (vgl. „Baryzentrischen Kalkül"). Bei diesem Typ wird der gewöhnliche Rechenprogrammablauf an verschiedenen Stellen unterbrochen, um den besten Weg zu finden, und sich evtl. geschickte Kunstgriffe zu überlegen.
c) Beim Prozeß der Modellbildung in Verbindung mit Anwendungsaufgaben können verschiedene Aktivitäten unterschieden werden: Ausdenken und Entwickeln eines Modells; Ausbau und mathematische Weiterentwicklung des Modells; Konfrontation von Resultaten innerhalb des Modells mit der modellierten „Realität"; evtl. Neuanpassung des Modells an die Realität.

Ein weiterer Aufgabentyp sind die sogenannten „Aufgaben zur Diskussion". Im Rahmen solcher Aufgaben können z.B. die Voraussetzungen oder die Sachdienlichkeit von Annahmen oder Axiomen diskutiert werden (vgl. Bulletin Inter I.R.E.M., Nr. 11, S. 11).

Der pädagogische Zweck, der mit solchen Aufgaben verfolgt wird, besteht darin, ein Gruppenverhalten zu bewirken, indem z.B. Aussagen bezweifelt, Einwände vorgebracht werden oder die Forderung nach weiterer Erläuterung eines Sachverhalts erhoben wird.

Die gleiche Aufgabe kann dabei zu unterschiedlichen Resultaten führen, je nachdem, ob die Untersuchung von Einzelnen oder in der Gruppe durchgeführt wird.

Beispiel: Eine Textilfabrik lagert Auslegeware auf zylindrischen Walzen aus Holz mit 20 cm Durchmesser. Die Auslegeware ist 1 cm hoch. Der Durchmesser einer Walze, auf die die Auslegeware aufgerollt ist, ergibt sich zu 50 cm ± 0,5 cm. Wie lang ist die aufgerollte Ware? Mit welchem maximalen Fehler ist die Längenbestimmung behaftet?

Bei dieser Aufgabe wird sich die Diskussion auf die Wahl eines geeigneten Modells beziehen: Genügt es, eine zylindrische Schichtung zu betrachten, oder muß eine spiralige Wicklung angenommen werden?

1.2 Erschließungsaufgaben

Das Interesse an diesen Aufgaben beruht auf ihrem *mathematischen* Gehalt; das mit ihnen verfolgte Ziel ist die Übermittlung von Wissen. Im allgemeinen werden im Unterricht nur die für die Examina relevanten grundlegenden Fragen des Lehrplans behandelt, während man die marginalen Punkte gerne den Übungen überläßt. Meist handelt es sich dabei nur um eine Vervollständigung der Unterlagen der Schüler, denen lediglich der Nachvollzug einiger Berechnungen und Schlüsse überlassen wird.

Die Schwierigkeiten des Problemlösungsprozesses bleiben demnach im Hintergrund. Im Gegenteil: Sie bilden sogar in dem Maße einen Störfaktor, wie sie die rasche Informationsübermittlung behindern. Deshalb besteht die gebräuchliche Methode beim Abfassen von Übungsaufgaben darin, sie in eine Folge sehr einfacher Fragen zu zerlegen. Jedesmal wenn die Gefahr eines Hindernisses droht, gibt die Aufgabe den entsprechenden Kniff zu seiner Überwindung zu erkennen. Somit reduziert sich die Lösung auf eine Serie naheliegender Verifizierungen, bei denen weder Phantasie noch Zufall beansprucht werden.

In dieser Art sind mehr als die Hälfte der Übungen bei Bourbaki verfaßt und ebenso der größte Teil der Aufgaben in Schulbüchern.

Ein typisches Beispiel

■ 1 Übung: Faktorisierung eines biquadratischen Trinoms

1. Zerlege $x^4 + x^2 + 1$ und $x^4 + 1$ in ein Produkt, indem diese Terme zunächst als Differenz zweier geeigneter Quadrate dargestellt werden.
2. Bei der Zerlegung von $x^4 + px^2 + q$ $(p, q \in R)$ sind zwei Fälle zu unterscheiden:
   a) Ist $p^2 - 4q \geqslant 0$, so verwende man die Variablentransformation $x^2 = X$.
   b) Ist $p^2 - 4q < 0$, so zeige man, daß sich das Trinom in der Form $(x^2 + a)^2 - b^2x^2$ mit gewissen reellen Zahlen a, b darstellen läßt.
3. Wende diese Methode zur Faktorisierung folgender Trinome an
   $x^4 - 13x^2 + 36$; $9x^4 - 6x^2 + 1$; $x^4 + 2x^2 - 15$;
   $4x^2 - 17x^2 + 4$; $3x^4 + 16x^2 + 5$; $x^4 + 2x^2 + 9$.

In der vorliegenden Aufgabe ist deutlich der marginale Charakter des Themas sowie die besondere Form der Lösungshilfe zu erkennen, die sich in b) durch die Schreibweise

$$x^4 + px^2 + q = (x^2 + \sqrt{q})^2 - (2\sqrt{q} - p)x^2$$

ausdrückt. Aus noch näher zu analysierenden pädagogischen Gründen (nach Übung 4') ist besondere Umsicht bei der Wahl der Lösungshinweise geboten, die den Schülern geliefert werden.

Wie bereits erwähnt, besteht das didaktische Ziel von Erschließungsaufgaben in der Information von Schülern über marginale Themen des Lehrplans. So sollen die Schüler z.B. auf sogenannte Perlen der Mathematik aufmerksam gemacht werden, die jeder gebildete Gymnasiast kennen sollte. Leider bleibt der pädagogische Ertrag vielfach hinter dem erstrebten Ziel zurück. Häufig erfaßt der Schüler die Bedeutung des vorgelegten Themas nicht einmal und vergißt es sogleich. Die Vermittlung von Wissen ist dann gescheitert.

Weshalb? Nun ja, Schüler sind eben keine Computer! Ein Computer behält sofort und nahezu unbegrenzt alles, was seinem Gedächtnis eingegeben wird. Dagegen muß der Lehrer einen wahren Kampf gegen die verschiedenen Ablenkungsmöglichkeiten innerhalb seiner Klasse führen. Damit sich der Schüler etwas merkt, ist häufig eine „affektive Begleitung" der zu vermittelnden Information nötig: ein Überraschungseffekt, Spannung, Staunen, die Freude über eine gemeisterte Schwierigkeit, ein sympathischer Lehrer usw.

Demgegenüber versucht man bei der üblichen Methode der Abfassung von Übungsaufgaben gerade sämtliche affektiven Elemente zu eliminieren. Leider nur zu oft werden die schönsten Blüten der Mathematik in einem unpersönlichen und farblosen Stil dargestellt.

■ **2 Beispiel**

Die Heronsche Formel $S = p(p-a)(p-b)(p-c)$ liefert die Fläche eines Dreiecks in Abhängigkeit von den Seitenlängen a, b, c.

Diese Formel kann durch eine elegante Rechnung gewonnen werden: Als erstes muß der Ausdruck $(a^2 + b^2 - c^2)^2 - 4a^2b^2$ in ein Produkt, sodann jeder Faktor in ein Produkt zerlegt werden [15].

Im Unterricht sollte man allerdings nicht versäumen darauf hinzuweisen, daß dieses Resultat bereits im 1. Jhrt. gefunden wurde, als der algebraische Kalkül noch nicht zur Verfügung gestanden hat. Die Entdeckung jener Formel war somit eine bewunderungswürdige Leistung. Versteht ein Lehrer diese Bewunderung zu wecken, so hat er seine Zeit gewiß nicht vergeudet [6], [15].

Entscheidet man sich dazu, einen mathematischen Sachverhalt in Form einer Erschließungsaufgabe darzustellen, so sollten unbedingt die Gründe transparent gemacht werden, die diese Wahl motiviert haben. Der Schüler sollte nämlich von vornherein wissen, welches Schauspiel zu bewundern man ihn einlädt. Ein erster Rat: Eine Erschließungsaufgabe sollte stets einen *Titel tragen.*

■ **3 Beispiel**

Das elementarmathematische Problem der Agregationsprüfung von 1929 war – im Sinne eines Tests – eine schlechte Prüfungsaufgabe. Andererseits ist es ein hervorragendes Erschließungsproblem, da es in sehr ökonomischer Form (d.h. ohne größeres Vorwissen vorauszusetzen) in die nicht-euklidische Geometrie von Lobatchevsky [7] einführt.

Leider hat es der Autor des Prüfungstextes unterlassen, auf diesen entscheidenden Punkt hinzuweisen (unter dem Verwand, das offizielle Prüfungsprogramm nicht ausufern zu lassen). Auch nachfolgende Prüfungen, die das Thema weiterführten, ignorierten diesen Punkt und zogen keinerlei pädagogischen Nutzen daraus. Dabei könnte diese Aufgabe – passend abgeändert und in einen entsprechenden Kontext gestellt – vorteilhaft einen langen, schulmeisterlichen Kurs über nicht-euklidische Geometrie ersetzen.

■ **4 Übung**

Die folgende, ganz typische Aufgabe illustriert einen weit verbreiteten pädagogischen Fehler.

$P(x)$ sei das Polynom $x(1 + x)^n$, $n \geqslant 1$.

1. Entwickle mit Hilfe der Binomialformel zunächst $(1 + x)^n$, dann $x(1 + x)^n$. Dadurch ergibt sich eine zweite Darstellung für $P(x)$.
2. Berechne die Ableitung $P'(x)$; dazu verwende man beide Darstellungen von $P(x)$.
3. Zeige, daß $1 + 2\binom{n}{1} + 3\binom{n}{2} + \ldots + (n+1)\binom{n}{n} = (n+2)2^{n-1}$. (A)

Was kann einen Lehrer wohl dazu bringen, diese Übungsaufgabe zu stellen? Gewiß nicht das Endresultat (A), das so speziell ist, daß es nicht verdient, gewußt und behalten zu werden! Das didaktische Ziel besteht veilmehr darin, eine häufig angewandte *Methode*, die es gestattet ähnliche Summen zu berechnen, exemplarisch darzustellen.

Im vorliegenden Fall enthält die Methode drei Kunstgriffe, die sich hinter der Aufgabe verstecken.

a) Zunächst folgende fruchtbare Idee. Durch geeignete Substitution in eine Identität kann eine numerische Gleichung gewonnen werden. Mit der linken Seite von (A) assoziiert man z.B. die erzeugende Funktion

$$1 + 2\binom{n}{1}x + 3\binom{n}{2}x^2 + \ldots + (n+1)\binom{n}{n}x^n . \qquad \text{(B)}$$

Da aber in der Aufgabe die zweite Frage genau vor der dritten erscheint, wird der Schüler, der den Ausdruck (B) vor sich hat, x durch 1 ersetzen. Er wird kaum ahnen, daß es sich hier um eine findige Konstruktion handelt, und daß er selbst in der Lage sein sollte, sich (B) auszudenken, um daraus (A) zu erhalten. Tragweite und Allgemeinheit der Methode bleiben ihm völlig verborgen.

b) Die zweite Idee bringt eine mögliche Anwendung der Ableitung. Durch Differentiation oder Integration kann man aus bekannten Identitäten andere ableiten.

(So folgt z.B. durch Integration der Eulerschen Identität

$$(x-a)(b-c) + (x-b)(c-a) + (x-c)(a-b) = 0$$

die Identität von Stewart.[1])

In unserem Beispiel weicht die Aufgabe der Allgemeinheit des Verfahrens aus, weil sie unmittelbar den Ausgangspunkt (die binomische Formel), das Verfahren (die Ableitung) und beinahe auch das Resultat (Formel (A)) liefert.

c) Wenn man versuchen würde, $(1 + x)^n$ statt $x(1 + x)^n$ abzuleiten, käme man nicht unmittelbar zu dem gewünschten Resultat. Es wäre interessant, die Schüler zu diesem Versuch zu ermuntern und sich einen Hinweis auszudenken, der dann zur Lösung führt.

In der vorgeschlagenen Version der Aufgabe spielt sich indessen nichts dergleichen ab. Die Abfassung der Aufgabe läßt vielmehr ein Abenteuer langweilig werden, das den unerfahrenen Anfänger hätte begeistern können. Handelt es sich dabei um einen fleißigen Schüler, der die Binomialformel kennt und Polynome differenzieren kann, dann hat er die Sache in fünf Minuten erledigt und nach weiteren drei Minuten wieder vergessen, weil nichts passiert ist, nichts merkwürdig gewesen ist und keine Lehre daraus zu ziehen ist.

[1]) Für Punkte M, A, B, C der Ebene gilt

$$MA^2\overline{BC} + MB^2\overline{CA} + MC^2\overline{AB} + \overline{AB}\cdot\overline{BC}\cdot\overline{CA} = 0$$

Handelt es sich um einen schwächeren Schüler, so besteht der pädagogische Ertrag der Übung vielleicht darin, Vergessenes oder Versäumtes in Erinnerung zu rufen. Man kann aber daran zweifeln, ob dies das Ziel sei, das der Autor der Aufgabe im Auge hatte.

Natürlich könnte man sich damit begnügen, einen Beweis der Formel (A) zu fordern, ohne dazu weitere Hinweise zu geben. Für den ungeübten Schüler wäre das aber ein *Problem* (vgl. Abschnitt 1.2). Sollte es dann nicht möglich sein, eine Erschließungsaufgabe zusammenzustellen, die nicht den Nutzen der Aufgabe in nicht wieder gut zu machender Weise vertut?

Man könnte z.B. folgende Fassung vorschlagen:

■ **4′ Übung:** Eine Summationsmethode

1. Beweise die Formel (A) unter Verwendung einer geeignet modifizierten klassischen Identität.
2. Berechne auf ähnliche Weise
$$1 + 2^2\binom{n}{1} + 3^2\binom{n}{2} + \ldots + (n+1)^2\binom{n}{n}.$$

Pessimistische Lehrer werden entgegenhalten, daß ihre Klasse dafür zu schwach sei; daß die Anwesenheit der Koeffizienten $\binom{n}{k}$ die Binomialformel nicht genügend suggeriere, und daß ein solcher Text viel zu viel Zeit zur Untersuchung erfordere.

Hier ist eine didaktische Strategie, die nicht mehr Zeit in Anspruch nimmt als die Übung 4, die aber die ganze Operation auf mehrere Wochen verteilt. Dazu wird die Übung 4′ in eine ganze Sammlung von Übungen eingebunden:

In einem ersten Abschnitt fordere man die Berechnung von
$$\sum\binom{n}{k}, \quad \sum(-1)^k\binom{n}{k}, \quad \sum 2^k\binom{n}{k}, \quad k \leqslant n,$$
und überlasse es den Schülern, ob sie die binomische Formel als erzeugende Funktion verwenden. Danach lasse man
$$\Sigma k\, x^{k-1} \qquad \text{und} \qquad \Sigma k\, x^k \quad k \leqslant n$$
berechnen. Dies ist eine Einführung in die beiden anderen erwähnten Kunstgriffe. Eine Woche nach dieser Vorbereitung wird die erste Frage der Übung 4′ vorgelegt. Die hier geforderte Leistung ist zunächst auf die Lösung von Vorbereitungsaufgaben beschränkt. Sollten diese in Vergessenheit geraten sein, wird deren Auffrischung höchst nützlich sein. Einen Monat später legt man dann den Rest der Übung 4′ vor, um die Aneignung der Methode zu überprüfen.

Ist die Aufgabe lang, so kann sich bei der „gestückelten" Darstellung einer Erschließungsaufgabe eine andere, besonders schädliche Gefahr einstellen: Der Schüler verstrickt sich in eine Kette aufeinanderfolgender Verifizierungen, ohne dabei die Leitidee zu erfassen. Man kann diesen unerfreulichen Effekt dadurch dämpfen, daß man bereits am Anfang der Aufgabe auf das Thema hinweist und die allgemeine Idee der verwendeten Methode vor dem

Übergang zu den Zwischenschritten zum Ausdruck bringt. Der Plan muß vor der Realisierung kommen.

Wenn diese Einführung nicht zu Anfang geliefert wird, sollte sich der Lehrer bemühen, am Ende der Aufgabe eine Zusammenfassung der durchlaufenen Etappen zu geben. Eine Schlußfolgerung zu verstehen bedeutet, sie als Ganzes zu begreifen, und nicht ihre einzelnen, isolierten Syllogismen. Zu guter letzt sollte man sich bei der Abfassung einer Erschliessungsaufgabe nicht den Kopf darüber zerbrechen, wie man den Schülern *jegliche* Schwierigkeiten ersparen könnte. Vielmehr sollte man sie angemessen dosieren und nur diejenigen belassen, die einen Beitrag zu dem anvisierten didaktischen Ziel der korrekten Übertragung von Wissen liefern.

Umgekehrt können jedoch gewisse Kenntnisse in nahezu völlig passiver Weise erworben werden. Dies geschieht in den sogenannten Betrachtungsaufgaben, deren Lösung unmittelbar „ins Auge" springen.

■ **5 Beispiel**

Es gibt stetige Funktionen, die in einem Punkt ihres Definitionsbereichs nicht differenzierbar sind. Fertigt man etwa von den Graphen der Funktionen $x \to |x|$ bzw. $x \to x \sin 1/x$ größere Schaubilder an, die in das Klassenzimmer gehängt werden, so wird sich das Phänomen sicher ohne Zeitverlust und übermäßige Anstrengung in die Köpfe der Schüler einprägen.

1.3 Probleme

(Kleine Forschungsaufgaben)

Der Mathematikunterricht trägt gelegentlich zur Schulung des Gedächtnisses, der Gründlichkeit, praktischer Fertigkeiten und des Abstraktionsvermögens usw. bei. Das wichtigste jedoch ist die Formung der Intelligenz, worunter wir die Fähigkeit zur Antizipation neuer Situationen und zum Erfassen von Beziehungen verstehen. Die Untersuchung von *Problemen* ist daher die wichtigste mathematische Aktivität.

Im Gegensatz zu den Erschließungsaufgaben kommt es bei Problemen nicht so sehr auf den mathematischen Inhalt an. Wichtig ist nur, daß sie den Wissensdurst wecken und ein *forschendes Verhalten* auslösen.

Unser Erziehungssystem verkennt indessen diesen Aspekt völlig. Groß ist der Anteil der Studenten, die unsere Universitäten mit einem glänzenden Diplom verlassen, ohne jemals in ihrem Leben wirklich ein einziges Problem gelöst zu haben: Noch nie ist es ihnen passiert, mehrere Wochen von einer Frage verfolgt zu werden, allmählich die Natur der Schwierigkeiten zu begreifen und im Verlauf eines langen Prozesses zur Erleuchtung zu gelangen, die schließlich die gesuchte Antwort enthüllt.

Die Einführung in die Untersuchung von Problemen widersetzt sich gewissen „moralischen" Vorurteilen. Oft wird nämlich die Neugierde (die fälschlicherweise mit Indiskretion verwechselt wird) als häßlicher kleiner Fehler angesehen, denn „il ne faut pas chercher à comprendre". Viele fühlen sich schuldig, wenn sie längere Zeit über einem Problem hocken; zu Unrecht glauben jene, Zeit zu vertun. Im Gegenteil – uns erscheint gerade die angeblich wirkungsvollere Methode – die vollständig ausgearbeitete Lösung nachzusehen – verwerflich.

Jeder Mathematikunterricht, der diesen Namen überhaupt verdient, soll die Schüler in das Abenteuer des Problemlösens einführen. Dazu muß der Lehrer zunächst einige außerschulische Hindernisse, die zu Passivität und Konformismus verführen, aus dem Wege schaffen. Die Untersuchung von Problemen ist keine schulische Aktivität, die in genau festgelegter Zeit zu realisieren und folglich auch nicht mit dem starren Stundenplan verträglich ist. Man kann von einem Schüler unmöglich verlangen, daß er innerhalb eines festgesetzten Termins ein Problem löst und die schriftlich fixierte Lösung abliefert. Da der Mißerfolg beim Problemlösen nicht bestraft werden sollte, kann wiederum der Erfolg nicht Anlaß für eine gute Note sein. Es sollte sich doch dabei um eine ungebundene Aktivität handeln, der man sich aus uneigennützigem Vergnügen hingibt. In dieser Hinsicht kann die Stellung von Problemen im Mathematikunterricht mit der Lektüre literarischer Werke im Deutschunterricht verglichen werden, die im Lehrplan nicht vorgesehen sind, aber von Schülern freiwillig unternommen wird.

Von Zeit zu Zeit gebe der Lehrer Anregungen für Probleme, in der Hoffnung, dadurch ein forschendes Verhalten ernten zu können. Allerdings wird der Schulrat, der sich zwanzig Minuten in der Klasse aufhält, kaum wahrnehmen, was in den Köpfen der Schüler keimt, und er wird auch nicht beurteilen können, ob die Anregungen des Lehrers gerade im Begriff sind, Früchte zu tragen. Dies dürfte wohl einer der Gründe dafür sein, daß die Initiierung von Problemlöseaktivitäten bisher dem Lehrer freigestellt ist und ihn die Vorschriften nicht dazu verpflichten.

Indessen stellt das Lösen eines Problems ein Abenteuer von solcher Intensität dar, daß es bei denen, die es je erlebt haben, Spuren im Gedächtnis zurückläßt. Glücklich der Lehrer, der seine Schüler an diesem Abenteuer teilhaben läßt!

Im allgemeinen herrscht die Meinung vor, daß jene Aktivität nur angehenden Genies vorbehalten ist. Das stimmt aber nicht! Kleinkinder, Geistesschwache und selbst Tiere gelangen zu Problemlösungen [8]. Der einzige Unterschied besteht darin, daß außergewöhnlich intelligente Individuen sehr schwierige Probleme lösen können, während weniger begabte Leute nur mit Fragen ihres geistigen Niveaus fertig werden. Die Geschichte bzw. Legende berichtet immer nur von den denkwürdigen Heurekas eines Archimedes, Newton oder Gauß; über die Entdeckung von Binsenwahrheiten durch weniger Begabte schweigt sie sich aus.

Das Problemlöseverhalten ist dennoch analog, wenn es auch in diesen Fällen etwas linkischer ausfällt.

■ 1 Beispiel

In einer wegen ihrer schwachen Leistungen in Mathematik bekannten Quarta hatten die Schüler bisher nur Erschließungsaufgaben mit Lösungshinweisen bearbeitet. Dann zeichnete der Lehrer, angeregt durch eine Idee von André Myx, die Bild 1.1 an die Tafel, wobei die mit Pfeilen versehenen Strecken parallel zu den durchgezogenen Dreiecksseiten sind. Die Klasse sollte Besonderheiten dieser Figur herausfinden. Die „Frage“ war zur freiwilligen Bearbeitung gestellt, ohne daß eine Note oder eine Frist im Hintergrund standen.

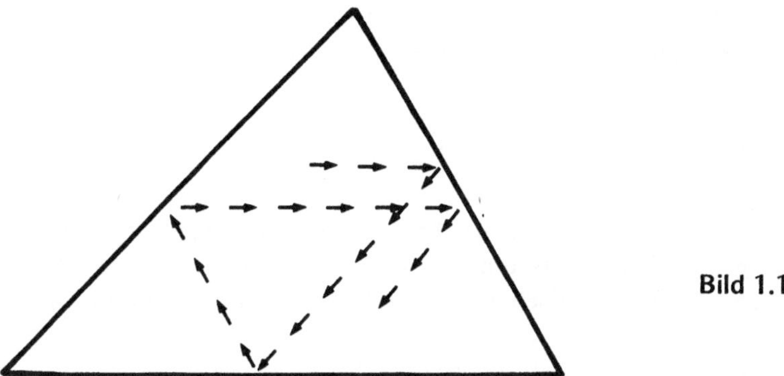

Bild 1.1

Hier brauchte der Wunsch, sich an die Arbeit zu machen, nicht mehr geweckt zu werden. Die freiwillig übernommene Anstrengung macht stets am meisten Spaß und bringt daher auch am meisten Nutzen ein.

In der folgenden Woche wurde der Lehrer am Schluß der Stunde mit der Frage gequält, was denn eigentlich gesucht sei. Der einzige Tip war die Anregung, mehrere Figuren sorgfältig zu zeichnen und das Phänomen zu beobachten. Erst in der nächsten Woche äußerten einige Schülergruppen die Meinung, daß es vernünftig scheine, wenn sich die Linie nach hinreichender Verlängerung schließen würde. Der Lehrer widerstand der Versuchung, die Antwort selbst zu sagen und eine Musterlösung zu diktieren. In der folgenden Woche konnten schließlich einige Schüler die Vermutung beweisen.

Manche werden jetzt vielleicht lächeln, wenn sie daran denken, daß diese kleinen Schüler drei Wochen gebraucht hatten, um mit einer trivialen Frage fertig zu werden. Für die betreffenden Gymnasiasten handelte es sich ohne Zweifel um eine Stufe, die in ihrer mathematischen Entwicklung Epoche machen wird. Es wird das erste Problem sein, das sie ohne Hilfe gelöst haben werden. Jeder, der schon einmal ein Problem gelöst hat, wird sich vielleicht auch zur Lösung anderer, nicht so leichter Probleme entschließen. Somit ist eine entscheidende Stufe der mathematischen Erziehung überschritten.

Diese Episode enthält noch eine andere pädagogische Lehre: Die Bearbeitung eines Problems kann sehr lange dauern. Der Lehrer muß daher der Versuchung widerstehen, vorzeitig eine Musterlösung anzubieten. Zahlreiche Beobachtungen zeigen, daß Lehrer, die skeptisch gewesen sind, bezüglich der Fähigkeit ihrer Schüler Schwierigkeiten zu überwinden, durch Tatsachen Lügen gestraft worden sind – jedoch erst nach einer weitaus längeren Zeit als sie anfangs dachten, den Schülern vernünftigerweise bewilligen zu können.

Wir sind sehr schlechte Richter, wenn es darum geht, die Schwierigkeit einer Frage für unsere Schüler zu beurteilen. Erwachsene Mathematiker unterschätzen gewisse Schwierigkeiten, die selbst Begabte haben.

■ **2 Beispiel**

In einer Moskauer Eliteklasse benötigte ein junger Sieger der Mathematikolympiade mehr als zwei Wochen, um den Beweis für den Satz wiederzuentdecken, daß das Produkt zweier stetiger Funktionen stetig ist. Der Trick dabei ist wohlbekannt, doch der vierzehnjährige Champion kannte ihn nicht. Alles in allem ist dieser Kniff auch nicht so leicht zu entdeken!

$$(f(x)\,g(x) - f(x)\,g(a) + f(x)\,g(a) - f(a)\,g(a)) .$$

Andererseits wird ein Lehrer, der selbst noch nie ein Problem gelöst hat, die Möglichkeit unterschtäzen, es zu lösen. Statt die Ausdauer der Schüler bei der Untersuchung anzufeuern, wird er dazu neigen, ihr Durchhaltevermögen zu bremsen. Er denkt vielleicht: „Sucht nicht lange herum, ihr kommt ohnehin nicht zum Ziel, eine Lösung ist unmöglich!“

Daher ist die Schulung im Lösen von Problemen (Heuristik) eines der wichtigsten Elemente bei der Ausbildung von Mathematiklehrern. Bei einem Problem zählt nicht so sehr sein mathematischer Gehalt, sondern ob es eine Forschungseinstellung stimuliert. Sobald die Lösung bekannt ist, verliert ein Problem seine Bedeutung.

■ 3 Beispiel

Das Interesse an der Fermatschen Gleichung ($a^n + b^n = c^n$) rührt nicht von ihrer etwaigen Lösung her: Was sollte es uns schon nützen, wenn wir wüßten, daß es eine vielleicht fünfzigstellige Zahl n gibt für die Fermats Gleichung eine nicht triviale Lösung besitzt?

Die Aussage ist aber so kurz und simpel, daß ihr einfaches Aussehen eine wahrhafte Faszination auf Generationen von Amateuren ausgeübt hat, die jedoch die Art der Schwierigkeiten nicht ahnten und die Arbeiten z.B. von Kummer zu diesem Thema ignorierten.

Ein gutes Problem kann den Schüler geschickt durch seine harmlose Gestalt verführen. Von dem Augenblick aber, wo man sich daran versucht, fühlt man sich in dem Maße beim Wikkel genommen, wie sich die Lösung verbirgt. Der echte Kenner lehnt es ab, sich die Lösung zuflüstern zu lassen, während er doch gleichzeitig danach brennt, sie zu finden.

Der Text eines Problems ist völlig anders abgefaßt als eine Erschließungsaufgabe. So dürfen keinerlei Hinweise gegeben werden, die z.B. Tricks enthüllen könnten. Vielmehr ist es eine Kunst, Schwierigkeiten zu verbergen, den Argwohn herauszufordern, die Einsatzfreude zu wecken und den Siegeswunsch anzustacheln. Die Tarnung der Lösung wird nicht durch den unmenschlichen Wunsch motiviert, unnütz suchen zu lassen, sondern vielmehr von der Absicht, den Überraschungseffekt auszulösen, wenn die Lösung ans Licht kommt: Es geht darum, den Kontrast zwischen der anfänglichen Unklarheit und der offensichtlichen Einfachheit der Lösung zu verstärken ... wenn man sie nur gefunden hat.

Während der Dauer der Untersuchung besteht die Kunst darin, durch den Willen zur Lösung des Problems immer wieder das Interesse anzukurbeln und das Durchhaltevermögen anzustacheln. Eine Fülle von Problemen findet man in den Sammlungen von Mathematik-Olympiaden [9], [10], [11], [12], [12'], sowie in einer eigenen Spalte der Zeitschrift “American Mathematical Monthly”. Wir machen insbesondere auch auf die William Lowell Putnam Competition aufmerksam, über deren Ergebnisse jene amerikanische Zeitschrift ausführlich berichtet.

Um die Kunst des Problemstellens zu entwickeln, sollte sich der Lehrer von Samuel Loyds (1841–1911) Werk [13], [14] anregen lassen. Dieser geniale Verfasser von Puzzles versorgte die amerikanischen Zeitschriften mit scharfsinnigen Rätseln, Scharaden, Rebus usw. Er war ein Meister in der Ausarbeitung von Schachaufgaben und Bridge-Problemen. Unübertroffen ist er in der Art und Weise, wie er seine „Ware" verpackt und wie er scheinbar reizlose mathematische Fragen so herausfordernd darstellt, daß man zur Lösung direkt „verführt" wird.
Schauen wir uns beispielsweise das folgende Rätsel an:

■ **4 Beispiel**

Bestimme alle Punkte A auf der Erdkugel, die folgende Eigenschaft besitzen: Bewegt man sich von A aus zunächst 1000 km nach Süden, dann 1000 km nach Osten und danach 1000 km nach Norden, so befindet man sich wieder in A.

Eine wahrlich vertrackte Aufgabe! Wer *einen* solchen Punkt A leicht findet und glaubt, es sei der einzige ... für den wird die Frage ohne Reiz sein. Hat man dabei gar eine Wette verloren, so wird man weniger naheliegende Punkte A finden wollen. Ach! Das ist aber erst der Anfang der Mühen.
Das Ei des Kolumbus ist Prototyp für eine spezielle Klasse von Problemen: Die Lösung des Problems scheint nur von einem glücklichen Zufall abzuhängen! Macht man sich allerdings die Mühe und analysiert das Vorgehen des Verstandes bei der Lösung, so wird man fast immer doch einen natürlichen Weg finden, der zur Lösung führt.
Das Studium dieser Wege des Denkens heißt Heuristik.

■ **5 Beispiel**

Analysiere die Gedankenassoziation, die zur Multiplikation von $\sin x + \cos x$ mit $\frac{\sqrt{2}}{2}$ führt, um auf die Identität

$$\sin x + \cos x = \sqrt{2} \sin\left(x + \frac{\pi}{4}\right)$$

zu kommen.
Wenn auch die Multiplikation mit $\frac{\sqrt{2}}{2}$ im ersten Augenblick als unerklärlicher „Deus ex machina" erscheint, so wird man am Ende einer solchen Analyse zugeben, daß es ganz natürlich ist, $\sin x + \cos x$ mit dem Ausdruck $\cos a \sin x + \sin a \cos x$ für den Fall $\cos a = \sin a$ in Verbindung zu bringen. Viel natürlicher wird man hierauf übrigens durch die experimentelle Untersuchung der „Schwingungsbewegung" $a \cos x + b \sin x$ geführt.
Eine andere Lösungsmöglichkeit besteht darin, mit der Beziehung

$$\cos x = \sin\left(\frac{\pi}{2} - x\right) \quad \text{bzw.} \quad \sin x = \cos\left(\frac{\pi}{2} - x\right)$$

den fraglichen Term so umzuwandeln, daß nur sin bzw. cos auftritt.

Wer sich die Mühe macht, die Wege zu untersuchen, die ihn zur Lösung eines Problems geführt haben, kann rasche Fortschritte machen, da selten eine Erkenntnis von allgemeiner Tragweite nicht auch für das Abenteuer spezieller Untersuchungen nützlich ist [15]. Andere Probleme wiederum erfordern weniger „Genie“. Ihre Schwierigkeit rührt her von einer Anhäufung kleinerer Schwierigkeiten.

■ 6 Problem

Für welche natürlichen Zahlen $n > 3$ gibt es reelle Zahlen a und b $(0 < a < b)$ und eine Menge E von n Punkten der euklidischen Ebene, so daß je zwei verschiedene Punkte aus E den Abstand a oder b haben? ([9] Vol. 2, Problem 108a.)

Bei einer ersten Analyse stellt man fest, daß sich die Lösung aus einer eingehenden Untersuchung der verschiedenen möglichen Figuren ergibt. Für $n = 4$ erhält man sechs Werte von b, die $a = 1$ entsprechen. Keiner dieser Spezialfälle ist schwierig. Nichtsdestoweniger handelt es sich insofern wohl um ein Problem, als der Lernende sich eine Strategie ausdenken und einen langen Plan zu Ende führen muß. (Natürlich darf diese Strategie nicht in der Aufgabe geliefert werden.)

Häufig wird ein Problem dadurch gelöst, daß eine Reihe von Verifizierungen durchzuführen ist. Zwischen dem Gegebenen und dem Gesuchten ist dann eine Kette einfacher Fragen einzuschieben. Die Schwierigkeit besteht darin, sich den Weg der Gedanken vorzustellen, der zum Resultat führt.

Es empfiehlt sich, Anfänger in der Fertigkeit zu schulen, ein oder zwei Zwischenschritte eines Beweises einzufügen. Ein Gymnasiallehrer sollte zu vier oder fünf Zwischenschritten fähig sein, während professionelle Mathematiker laufend Schlüsse vollziehen, die fünfzig und mehr Zwischenschritte erfordern. Um es bis dahin zu bringen, nehmen sie über Monate hinweg die sich ständig erweiternde Erkenntnis des Problems in sich auf; und nach und nach werden ihnen die einzelnen Schwierigkeiten bewußt, die sie allmählich zu überwinden haben.

Um die einfachsten Dinge von den verwickelten unterscheiden und sie der Ordnung nach verfolgen zu können, muß man bei jeder Reihe von Gegenständen, in der man einige Wahrheiten von anderen unmittelbar abgeleitet hat, beobachten, was das einfachste ist, und wie hiervon alles übrige mehr oder weniger oder auch gleich weit entfernt ist. (R. Descartes, Regeln zur Leitung des Geistes, Regel VI)

In den alltäglichen Überlegungen ist oft ein Ziel zu erreichen, von dem man nur die Ausgangssituation und das vorgegebene Ergebnis kennt: Dann steht im allgemeinen kein nachsichtiger Lehrer zur Verfügung, der die Aufgabe vorkaut und uns die durchzuführenden Operationen und ihre Reihenfolge zuflüstert. Jeder Automechaniker, der eine Motorpanne untersucht und jede Schneiderin, die den irreparablen Schnitt mit der Schere macht, muß lernen, mit Schwierigkeiten fertig zu werden und über das "timing" nachzudenken, bevor sie mehrere Aufträge annehmen. Daher handelt es sich beim Problemlösen um ein Training, das nicht nur zukünftigen Forschungsmathematikern vorbehalten sein sollte.

Eine didaktische Methode, die den Schüler zur vorherigen Planung der Untersuchung eines langen Problems führt, besteht darin, systematisch einige Zwischenfragen im Text einer umfangreichen Erschließungsaufgabe zu streichen.

Man kann aber auch am Anfang einer Aufgabe das anvisierte Ziel andeuten und dann in loser Form eine Reihe von Hinweisen angeben, die zur Erreichung des Ziels nützlich sein könnten. Der Schüler soll diese Hinweise dann so ordnen, daß sie zur Lösung führen.

■ **7 Beispiel**

In [16] ist auf den Seiten 95 und 97 der Weg dargestellt, der zum Beweis der drei klassischen Tautologien führt:

(1) P oder $\neg P$ (Tertium non datur)

(2) $P \Rightarrow \neg\neg P$ (Erstes Gesetz der doppelten Verneinung)

(3) $\neg\neg P \Rightarrow P$ (Zweites Gesetz der doppelten Verneinung)

Ausgangspunkt sind die vier Axiome von Hilbert-Ackermann sowie gewisse Deduktionsregeln.

Nach [16] bestehen die Schlußketten zum Beweis der drei Tautologien aus fünf, sieben und vierzehn Gliedern. Jedes dieser Glieder liegt unmittelbar auf der Hand, doch kann der Aufgabenlöser, der das Problem nicht kennt, mehrere Wochen brauchen, um ihre Verkettung zu entdecken, die schließlich zum Beweis von (3) führt.

Dieses Problem könnte den Lehrer zu einer heuristischen Überlegung anregen, indem er z.B. die Rekonstruktion des Beweises von (1) verlangt und dann sorgfältig das Lösungsverhalten derjenigen Schüler beobachtet, die schließlich das Ziel erreichen.

Natürlich kann dieses Problem auch als Erschließungsaufgabe gestellt werden, indem man es in 14 Zwischenschritte unterteilt; das ist jedoch uninteressant. Eine andere Methode besteht darin, die 14 Zwischenschritte in willkürlicher Reihenfolge vorzugeben und von den Schülern zu verlangen, sie so zu ordnen, daß sich der gewünschte Beweis ergibt.

Schließlich könnte man sich auch auf die Vorgabe von 4 oder 5 Zwischengliedern beschränken. Die Lösungsmethode besteht dann darin, systematisch durch Analyse und Synthese (vgl. [17] S. 108) partielle Deduktionsketten auszuführen. Daraufhin wird man versuchen, sie aneinanderzufügen. Ist dann der Beweis schließlich gefunden, so kann die gewonnene Beweiskette eventuell noch verkürzt werden.

Diese Aufgabe gehört zu der großen Kategorie der Rekonstruktionsprobleme, die den Archäologen, den Liebhabern von Kriminalromanen und den Bridgespielern (die ja die Karten des Gegners herausbekommen möchten) teuer sind. In der Algebra und Geometrie tauchen sie auf, wenn Konstruktionen durchzuführen sind und wenn der Text nur einen Teil einer Figur oder einer Formel beschreibt. Es empfiehlt sich dann, zunächst die fehlenden Stücke (vgl. Beispiel 2 oben) herauszufinden.

Um den Wissensdurst der Schüler zu wecken, sollte der Lehrer über einen breiten Fächer methodischer Techniken verfügen: Er kann z.B. sogenannte offene Probleme stellen, die auf Vermutungen basieren, von denen a priori nicht feststeht, ob sie zu beweisen oder durch Konstruktion eines Gegenbeispiels zu widerlegen sind; er kann aber auch andere Aufgaben so abändern, daß daraus offene Probleme entstehen [19].

■ **8 Beispiel**

$$2^4 = 4^2 .$$

Diese Aufgabe kann ganz unterschiedliche Untersuchungen anregen, je nachdem, welche Fragen man sich dazu stellt.
Zum Schluß weisen wir noch auf zwei Typen von Aufgaben hin, die man im Unterricht nicht übertreiben sollte: die sogenannten harten Nüsse, deren Lösung sich nur nach langem Kopfzerbrechen ergibt, wobei diese Bemühungen durch keine vernünftige Methode verkürzt werden können, sowie die Rätsel, denen rationale Elemente völlig abgehen.

1.4 Übungsaufgaben

Die traditionelle Didaktik legte besonderen Nachdruck auf den Erwerb grundlegender Fertigkeiten und Techniken. Der neuen Didaktik kommt es vor allem auf das Begriffsverständnis an; sie vernachlässigt dabei allerdings nicht die Einübung von Mechanismen zur Anwendung verstandener Begriffe. Die Übungsaufgaben – im Englischen "drill" genannt – sind speziell auf dieses Ziel zugeschnitten.
Viele Schulbücher enthalten am Ende jedes Kapitels als unmittelbare Anwendung der Lektion lange Reihen von Rechenaufgaben. Ihr Interesse rührt weder von ihrem wissenschaftlichen Gehalt noch von ihrer Schwierigkeit her. Diese Übungen sollten im Gegenteil ohne Zögern und langes Kopfzerbrechen gelöst werden können. Um dies zu schaffen (mündlich, durch Kopfrechnen, schriftlich oder an der Tafel), genügt es, die Lektion zu kennen und sorgfältig zu arbeiten. Deshalb kann man verlangen, daß diese Aufgaben alle Schüler leicht, sicher und schnell bewältigen. Diese Übungen fügen sich besonders gut in das schulische Leben und die zeitlichen Beschränkungen ein: So ist die Zeit zu ihrer Lösung zuvor leicht abzusehen, und sie lassen sich leicht den verschiedenen Leistungsniveaus der Klasse anpassen. Zu guter Letzt sind sie auch bei den Prüfungen beteiligt: Dem Korrekteur bereiten sie weder Mühen noch Bedenken bei der Zensurengebung. Es ist sehr schwierig zu beurteilen, ob ein Kandidat ein bestimmtes Bildungsniveau erreicht hat, dagegen kann leicht und objektiv überprüft werden, ob er die Grundrechenarten beherrscht, eine quadratische Gleichung lösen, differenzieren oder die vollständige Induktion anwenden kann. Viele Lehrer und Schulbücher scheinen nur diese Kategorie von Aufgaben zu kennen. Sie verstehen ihren Unterricht ausschließlich als Vorbereitung auf eine Prüfung, deren Stoff aus einer erschöpfenden Liste von Fragen besteht, für die es die Schüler zu trainieren genügt. Selbst wenn diese Lehrer eine Klasse unterrichten, die das Schuljahr nicht mit einer Prüfung abschließt, erkennt man diese pädagogische Konzeption in ihrer Unterrichtsführung.
Als Reaktion auf diese eingeschränkte Betrachtungsweise lehnen andere Pädagogen solche Übungsaufgaben, die durch mechanische Anwendung einer Regel oder langweilige Rechnungen gelöst werden, ohne jemals den Verstand herauszufordern, überhaupt ab.
Beide Standpunkte sind natürlich übertrieben. Der Lehrer verfügt über eine breite Palette pädagogischer Techniken, deren er sich eklektisch bedienen muß. Der Unterricht muß einen in seinen Zielen beschränkten, aber nichtsdestoweniger unerläßlichen Teil einer solchen „Dressur" enthalten. Um dies zu erreichen, müssen Aufgaben zusammengestellt wer-

den, die speziell diesem Ziel dienen; dies sollte man freilich nicht übertreiben. In der Regel fällt eine Übungsaufgabe dem Schüler leicht, und er hält sie vielleicht für banal. Der Lehrer muß hier großen Einfallsreichtum beweisen, um *Wiederholung* (die nicht langweilig sein darf) und *Fortschritt* richtig zu dosieren (dies erfordert ein tiefes Verständnis von Lernprozessen). Im allgemeinen werden Übungsaufgaben in Form einer ganzen Batterie angeboten, bei der die Anordnung ausschlaggebend ist, so daß die einzelne Aufgabe kaum Nutzen bringt.

■ **1 Beispiel**

Jedes Rechenbuch der Grundschule enthält ganze Listen von Divisionsaufgaben. Auf den ersten Blick könnte es so aussehen, als hätten dabei die Autoren Divisor und Dividend aufs Geratewohl gewählt. Eine eingehendere Untersuchung der besseren Lehrbuchwerke zeigt im Gegenteil eine feinfühlige Wahl, der sich der Schüler nicht bewußt wird. Zunächst sind nur ganz einfache Multiplikationen (mit 1, 2 oder 5) erforderlich, ehe weitere Ziffern eingeführt werden. Erst viel später enthält der Quotient auch dazwischengeschobene Nullen, und dann kommen Aufgaben wie 20929 : 299, bei denen ernste Schwierigkeiten gehäuft auftreten (für einen zehnjährigen Schüler!).

Derartige Feinheiten helfen beträchtlich dem Schüler beim Lernen. Ebenso mag es leicht erscheinen, eine Lesefibel anzufertigen. Im Altertum indessen lernten die Kinder das Lesen aus Büchern für Erwachsene mit philosophischem und abstraktem Inhalt, und sie brauchten vier oder fünf Jahre, um flüssig zu lesen. Heute dagegen kommt man dank geeigneter Lehrmittel, die der kindlichen Sprache angepaßt sind, in wenigen Monaten zu besseren Resultaten. Gegenüber anderen Disziplinen scheint die Mathematikdidaktik in ihrer Reflexion über das Problem der Übungsaufgaben im Verzug zu sein. Der allgemeine Mathematikunterricht ist kaum eineinhalb Jahrhunderte alt, und der Begriff der Übung erscheint erst gegen 1820. Welch ein Unterschied zur Musikerziehung! Bemerkenswerterweise haben sich die größten Komponisten (wie Johann Sebastian Bach, Chopin, Schumann) nicht gescheut, sich mit Übungsstücken abzugeben. Und die angesehensten Pädagogen haben immer wirkungsvollere Einführungen in die Musik für den Unterricht der angehenden Virtuosen herausgebracht. Gibt es einen Mathematiker, dessen Gesamtwerk durch etwas Vergleichbares wie das „Notenbüchlein für Magdalena Bach", durch zwei Sammlungen von Etüden oder durch ein „Album für die Jugend" abgerundet wird? Höchstens das alte Original Lewis Carroll, der dieser undankbaren pädagogischen Arbeit einige Mühen gewidmet hat; seine Übungen zur Aussagenlogik sind zu Recht berühmt, stellen jedoch einen isolierten Versuch dar.

Psychologen und Experten für die Leistungsmessung behaupten, daß mehrjährige Versuche notwendig sind, um eine Testbatterie auszuarbeiten. Diese Feststellung kann auch auf die Abfassung von Übungsaufgaben übertragen werden.

Ein erster Typ erstreckt sich auf *illustrierende Beispiele;* sie folgen unmittelbar auf eine Definition, einen Satz oder eine Regel. Sie erleichtern die Analyse der Begriffe und Wörter des Textes. Zuweilen werden auch Fragen eingestreut, die vor falschen Interpretationen warnen sollen.

■ **2 Beispiel**

Sobald man den „Grad eines Polynoms" definiert hat, lasse man den Grad folgender Polynome bestimmen:

$$3x^2 + 1 \qquad 3x^3 - 5x - x^3 - 2x^2 - 2x^3 - 1$$
$$2x^3 - x + x^5 - 1 \qquad ax^2 + 5x + 1.$$

Das letzte Beispiel verdient Aufmerksamkeit durch die Möglichkeit $a = 0$. Um sich zu vergewissern, ob die Schüler verstanden haben, daß die Definition nur bei Polynomen anwendbar ist, könnte man den Ausdruck $x^2 + \frac{1}{x}$ unter die Beispiele mischen.

Ein zweiter Typ wird durch Sammlungen von Übungsaufgaben gebildet, die das Ziel haben, Fertigkeit, Sicherheit und Schnelligkeit bei der Ausführung einer Arbeit zu trainieren. Dabei soll die Wiederholung von Verhaltensweisen bis zu ihrer Automatisierung herausgefordert werden. Da dieses endlose Wiederkäuen Gefahr läuft zu langweilen, sollte man durch etwas Abwechslung in der Aufgabenstellung oder in der Antwort für Überraschung sorgen.

■ **3 Beispiel**

In ein Bündel quadratischer Gleichungen könnte man Beispiele wie

$$1000x^2 - 100\,001\,x + 1000 = 0$$
$$x^2 - 2x + 1 - a^4 = 0$$

einstreuen.

In einer Liste von Divisionsaufgaben könnte man dem Schüler die Aufgabe

1 699 983 : 17 (Resultat: 99 999) vorschlagen.

Um ein ästhetisches Element in die Aufgaben einzubringen, kann man bei der Auswahl von Übungen aus gewissen Teilen der Werke von Euler, Cauchy oder Hermite schöpfen. Mitunter erfordert dies eine geeignete Bearbeitung:

■ **4 Beispiel**

Die Hyperbelfunktionen können dazu verwendet werden, den Anfänger in den Umgang mit Exponenten einzuführen. Da aber die Funktion e^x nicht genügend elementar ist, um auf dieser Stufe angeboten zu werden, könnte man an

$$C(n) = \frac{1}{2}(10^n + 10^{-n}) \qquad S(n) = \frac{1}{2}(10^n - 10^{-n})$$

denken und damit die ganzen Rechnungen der hyperbolischen Trigonometrie durchführen lassen (Additionstheorem, Transformation von Summen in Produkte, usw. ...).

Gegen diesen Vorschlag kann der Einwand erhoben werden, daß die Hyperbelfunktionen ihre volle Bedeutung erst im Rahmen der Funktionentheorie erlangen, und daß diese künstlichen Fragen sicher nichts für Schüler einer Quarta seien. Es handelt sich hier aber keineswegs darum, eine Theorie zu entwickeln. Vielmehr verfolgt man damit die Absicht, die

Schüler im formalen Kalkül zu trainieren, und zu diesem Zweck wird eine Mine mit eleganten Beispielen ausgebeutet.

Der dritte Aufgabentyp wird von den sogenannten *progressiven Übungen* gebildet, mit deren Hilfe ebenfalls die Geschicklichkeit geschult werden kann. Man beginnt mit einfachsten Aufgaben und steigert den Schwierigkeitsgrad in winzigen Schritten.

■ **5 Beispiel**

Um das Kürzen von Brüchen zu üben, kann man etwa zwanzig Aufgaben vorlegen, die mit

$$\frac{4}{6};\quad \frac{20}{30};\quad \frac{300}{600};\quad \ldots$$

beginnen, dann zu

$$\frac{101}{201};\quad \frac{3003}{5005};\quad \frac{20402}{30603};\quad \ldots$$

übergehen, und schließlich:

$$\frac{594\,823\,321}{416\,118\,303}.$$

Man bemerkt, daß der letzte Bruch ein echtes Problem darstellen würde, wenn die vorangehende Folge von Beispielen nicht eine methodische Vorbereitung gewesen wäre.

■ **6 Beispiel** [20]

Zerlege die folgenden Summen in ein Produkt:

$35\,\text{km} + 9\,\text{km} - 0{,}5\,\text{km}$	$7\,F + 3\,F - 5\,F$
$5\ \text{Dutzend} + 3 \cdot 12 - 48$	$am^2 + bm^2 - 2m^2$
$a^2 - ab + 2a$	$ax - ay + a$
$ax^2 + bx - \frac{x}{2}$	$xy^2 + x^2y - x^4y^4$
$a(\zeta + \eta) - b(\zeta + \eta)$	$2x + 4y - 6z$
$x\left(1 + \frac{x}{2}\right) - \left(1 + \frac{x}{2}\right)y$	$a\sqrt{x+1} - b\sqrt{x+1} - (x+1)$
$a^{m+n}\,b^m + a^n\,b^{m+n}$	

Bei der Vorbereitung einer solchen Sammlung ist Vorsicht geboten, damit der Schüler, der die ersten Rechnungen durchführt, nicht schon deshalb aufhört, weil er glaubt, es sei immer dasselbe. Um in eine Serie von Routineübungen ein wenig Abwechslung zu bringen, könnte man an folgende Kunstgriffe denken:

Mehrmalige Wiederholung eines Themas im Verlaufe einer einzigen Übung.

7 Beispiel

Nachdem man die Terme

$$(a+c)^2-(b+c)^2; \qquad (x+y)^2-(x-y)^2; \qquad \text{usw.}$$

hat faktorisieren lassen, könnte man fortfahren mit:

$$(13x^2-5y^2)^2-(12x^2+4y^2)^2 \qquad (a^2+b^2-c^2)^2-4a^2b^2$$
$$(a^2+b^2-8)^2-(2ab-8)^2 \qquad 4(ab+cd)^2-(a^2+b^2-c^2-d^2)^2$$

... usw. ...

Transformation einer Verifizierungsaufgabe in eine Rekonstruktionsaufgabe.

8 Beispiel

Anstatt an einem Pfeildiagramm nachprüfen zu lassen, ob die dort dargestellte Relation zwischen zwei Mengen eine Abbildung (Injektion, Surjektion, Bijektion) ist, könnte man ein gegebenes Pfeildiagramm durch Wegnehmen oder Hinzufügen von Pfeilen so verändern lassen, daß eine Abbildung des gewünschten Typs entsteht.

Diese Techniken machen es auch möglich, mit der Routine des heutzutage so beliebten Verifizierens von Axiomen zu brechen.

Damit die Wachsamkeit aufrecht erhalten bleibt, sollte man von Zeit zu Zeit ein Beispiel oder Eigenschaften einstreuen, deren geforderte Verifizierung nicht erfüllt werden kann.

Der Verwendungsbereich von Übungsaufgaben ist nicht auf die Festigung von Kenntnissen oder den Erwerb von Automatismen bei der Handhabung von Algorithmen beschränkt.

Man könnte zum Beispiel an die Entwicklung der Fähigkeit zum logischen Schließen denken; dies erfordert Übung zum Gebrauch der Sprache, zur Anwendung von Definitionen und zur Formulierung von Aussagen. In gleicher Weise kann die Anwendung der Logik, die Verknüpfung von Argumenten und das Opponieren im Dialog geübt werden. Der Schüler, der zum ersten Mal in seinem Leben eine Beweisführung zusammenbaut, läßt das „griechische Wunder" mit 2500-jähriger Verspätung lebendig werden. Dazu muß der Lehrer kleinere Fragen arrangieren, die einerseits so einfache Strukturen ins Spiel bringen, daß sie die jungen Schüler beherrschen können, aber andererseits hinreichend komplex sind, um zu überraschenden und nicht trivialen Resultaten zu führen. Zur Auswahl bietet sich hier z.B. die affine Geometrie mit 9 Punkten an, die man aus $Z_3 \times Z_3$ erhält. (Z_3 ist der Körper mit drei Elementen.) Die Geometrie mit 4 Elementen ist hingegen zu einfach, um die Phantasie zu beeindrucken und leicht verstanden zu werden; daß z.B. je 2 Punkte eine „Gerade" bilden, bringt weitere Schwierigkeiten mit sich. Geeignete Aufgaben sollten den Schüler zum Üben der verschiedenen klassischen Schlußweisen (reductio ad absurdum, Vollständige Induktion, usw.) veranlassen. Schließlich könnte man sich Ausarbeitungsübungen vorstellen, die den Darstellungsstil der Schüler formen sollen. Man wird hier einwenden, daß jede schriftliche Schularbeit sorgfältig verfaßt sein sollte. Allerdings bringt die Herstellung einer geeigneten äußeren Form manchmal spezielle Schwierigkeiten mit sich, deren Überwindung geübt werden müßte.

■ **9 Beispiel**

Man bitte einen Pfadfinder, der im Stande ist, die klassischen Knoten zu knüpfen, einen davon in einem Telefongespräch zu schildern. Man versuche dann ohne Zuhilfenahme einer Schnur, eine Schlinge zu beschreiben!

Zur Darstellung einer Überlegung verwendet man verschiedene Sprachen: die Symbolik der Logik, Diagramme [21], gezeichnete Figuren und die gewöhnliche mathematische Fachsprache. Durch Übersetzungsübungen sollen die Schüler z.B. lernen, Beweise abzufassen, die in Diagrammform gegeben sind.

Mit der zeichnerischen Darstellung geometrischer Figuren sollten sich ebenfalls verschiedene Aufgabenbatterien beschäftigen besonders, wenn die Schüler das erste Mal die Geometrie des Raumes in Angriff nehmen.

Übungsaufgaben sind die bevorzugte (und beinahe einzige) Domäne der programmierten Instruktion (vgl. z.B.: Die Verwendung trigonometrischer Tafeln. Herausgegeben vom I.R. E.M. Grenoble).

Diese Bemerkungen zeigen deutlich, daß die didaktische Forschung in bezug auf die verschiedenen Möglichkeiten zum Üben mathematischer Aktivitäten noch in den ersten Anfängen steckt.

1.5 Aufgaben zur Schulung der Präzision

Das routinemäße Rechnen steht in schlechtem Ruf! Einfache und direkte Argumente, die die Struktur einer Situation erhellen, hat man lieber als Beweise, die sich auf langweilige und obskure Verifizierungen gründen. Einer Formulierung von Lejeune-Dirichlet entsprechend, tendiert die Wissenschaft dazu, "à substituer les idées au calcul".

Bestimmte wissenschaftliche Fortschritte erhalten ihren vollen Wert nur dadurch, daß sie durch eine präzise, genaue und sorgfältige Realisierung zum Abschluß gebracht werden: So zum Beispiel am 20. Juli 1969, als der erste Mensch seinen Fuß nur mit einer winzigen Abweichung vom vorgeschriebenen Ort und der vorgeschriebenen Zeit auf dem Mond aufsetzte.

Natürlich stützt sich diese Leistung auf die Kenntnis zahlreicher wissenschaftlicher Grundlagen, die im Laufe der Jahrhunderte erworben wurden. Sie kann daher nicht mit den – in Ermangelung eines Besseren – vagen Projekten in den Zukunftsromanen von Jules Verne verglichen werden. Um diese Träumereien Wirklichkeit werden zu lassen, mußte ein genauer Plan entworfen werden, mußten die Entwicklung des ganzen Unternehmens sowie mögliche Störungen in ihren kleinsten Details vorhergesehen werden. Jeder der Verantwortlichen mußte von einem *Willen zum Gelingen* und größtmöglicher Sorgfalt erfüllt sein.

In gleicher Weise versucht die Didaktik der Aufgaben zur Schulung der Präzision als erstes eine *moralische Einstellung* zu erwirken: die Aneignung einer respektvollen und anspruchsvollen Einstellung gegenüber gut getaner Arbeit. Dagegen habe man keine Nachsicht mit „geschwätzigem Dilettantismus und zeige keine Schwachheiten gegenüber den kleinen Fehlerchen", den Flüchtigkeits- oder Abschreibefehler. Man billige auch den banalen Kommafehlern, die ein Ergebnis tausendfach vergrößern, keine mildernden Umstände zu! Neben den noblen Problemen, deren Lösung sich an die Intelligenz wendet, empfiehlt es sich, unsere Schüler in der sorgfältigen und genauen Ausführung von Aufgaben zu trainieren, damit sie lernen, Verantwortung für ihre Lösung zu übernehmen.

Der Durchführung einer solchen Arbeit muß eine moralische Vorbereitung vorangehen, die z.B. an die Konzentration der Athleten bei den Olympischen Spielen erinnern könnte. Der Schüler sollte wirklich den Entschluß fassen, das verlangte Resultat zu finden, und er sollte sich im Falle des Scheiterns davor fürchten, jene Art Schmach zu erfahren, die die Unfähigen und Nichtsnutze trifft.

Oft ergeben sich Schwierigkeiten gerade aus dem Fehlen von Schwierigkeiten: Die betreffenden Aufgaben selbst sind leicht, folglich besteht die Tendenz zur Schludrigkeit. Als Ziel hat man sich die korrekte Erfüllung einer gründlichen Arbeit vorzunehmen, die einzig und allein Sorgfalt und Geduld erfordert. ... Man muß sie nur fehlerlos bis zum guten Ende bringen.

Nehmen wir jetzt einmal an, man entschließt sich nach all den wünschenswerten Motivationen, eine ausgedehnte und sorgfältige Berechnung in Angriff zu nehmen. Zuvor hat man sich hinreichend dem theoretischen Studium gewidmet, so daß während der Durchführung keine Phantasie mehr aufzubringen ist. Nachdem man sich moralisch aufs Gelingen eingestellt hat, muß in materieller Hinsicht Ordnung geschaffen werden, am besten an einem ruhigen, vor Störungen sicheren Ort. Man verschaffe sich u.a. genügend Papier, da sich eine solche Berechnung nicht auf einem Konfetti durchführen läßt, und bereite die numerischen Unterlagen sowie Recheninstrumente auf einem vorher aufgeräumten Tisch vor. Diese ganze Zeremonie zeigt, daß man wohl entschlossen ist, eine fehlerlose Berechnung durchzuführen.

Danach lege man ein Rechentableau an, d.h. einen Rahmen, in dem jede Zahl an einen dafür vorgesehenen Platz geschrieben wird, so daß jede Ziffer in einem Karo steht. Die Additionen werden in vertikalen Kolonnen und nicht kreuz und quer durchgeführt (letzteres führt zu häufigen und dummen Fehlern).

Wenn sich die Arbeit über mehrere Seiten erstreckt, legt man eine spezielle Seitenordnung an, um Übertragsfehler zu vermeiden (man verwende die Seiten in der Ordnung 1, 3, 2, 5, 4, 7, 6, ...). Dieses Verfahren gestattet es, ein Ergebnis leicht noch einmal abzuschreiben, wobei die vorhergehende Seite im Auge behalten werden kann.

Die ganze Rechnung muß tadellos sauber durchgeführt werden. Statt einem zweifelhaften Zettel mit gewundenen Berechnungen zu bedecken, halte man allenfalls eine kleine Schiefertafel bereit, auf der man Zwischenrechnungen wiederholen kann. Insbesondere führe man zunächst eine Überschlagsrechnung durch, bei der z.B. die Zahl π durch 3 ersetzt und systematisch gerundet wird. Auch der Rechenstab kann benutzt werden.

Die Durchführung der eigentlichen Rechnung braucht sich nicht notwendig in der durch das Rechentableau gegebenen Reihenfolge zu vollziehen. Wenn z.B. der Sinus und der Tangens eines Winkels α zu bestimmen sind, so öffnet man die trigonometrische Tafel nur ein einziges Mal, selbst wenn die Werte $\sin\alpha$ und $\tan\alpha$ in verschiedene Abschnitte der Rechnung eingehen.

Alles was im folgenden gesagt wird, kommt mit entsprechenden Modifizierungen auch bei anderen Aufgaben zur Schulung der Präzision z.B. aus der Algebra, der Programmierung, der Statistik, der Kartographie, dem Modellbau und dem technischen Zeichnen zur Anwendung.

Der Gebrauch verschiedenster Zeichengeräte – zu denen nicht nur Zirkel und Lineal zählen – ist grundlegend für die mathematische Ausbildung der Schüler.

Uneingeschränkt teilen wir die Kritik an der vorgeblich wissenschaftlichen Darstellenden Geometrie ([22] S. 980–981), die nur wenig praktisches Interesse bietet. Es ist jedoch unerläßlich, diese veralteten Übungen durch andere Aktivitäten zu ersetzen, die ebenfalls den Umgang mit Zeichengeräten schulen; z.B. perspektivisches Zeichnen, graphische Darstellung von Funktionen, die Konstruktion von Nomogrammen oder die Anfertigung verschiedener graphischer Übersichten.

Weil die Ausführung von Aufgaben zur Schulung der Präzision viel Zeit erfordert, sollte man sie nicht übertreiben. Dennoch verwende man darauf in jeder Klasse während eines Jahres mindestens zwei Arbeitssitzungen, die genügen, um am Rechnen Gefallen zu bekommen ohne zu langweilen. In einzelnen Klassen mag es angemessen sein, dieser Übung mehr Zeit einzuräumen: Es geht dies z.B. auf Kosten gewisser Wiederholungen, die dann in programmierter Form unterrichtet werden können.

Welches sind nun geeignete Aufgaben, um die Schüler in dieser Disziplin zu üben? Auf alle Fälle sind hinreichend lange Aufgaben auszuwählen, bei denen alle theoretischen Schwierigkeiten vorab geklärt sein müssen.

Hier ist ein Beispiel aus dem Buch von H. Steinhaus [23]:

■ 1 Beispiel

ABCD sei ein Quadrat mit der Seitenlänge 1, das in sieben Rechtecke mit gleicher Fläche zerlegt ist (Bild 1.2).

Frage:

Wie groß sind die Seiten der sieben Rechtecke?

Anleitung:

Man setze EB = x

$$\left(x \neq \frac{1}{2} \text{ und } \frac{1}{7} < x < \frac{6}{7} \right)$$

und bestimme die Seitenlängen in Abhängigkeit von x.

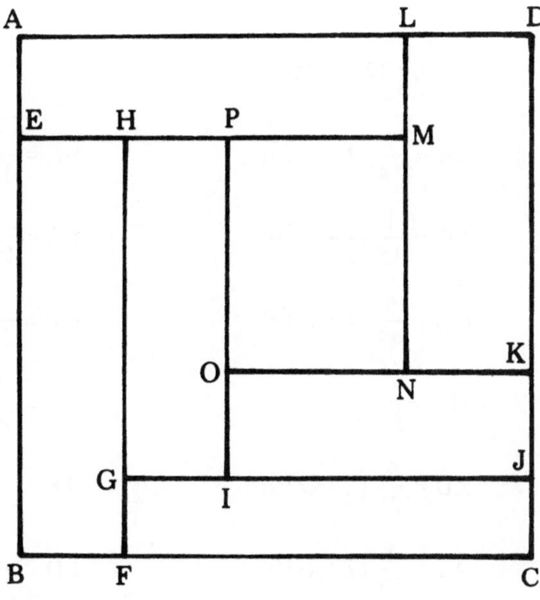

Bild 1.2

a) Nach und nach findet man:

$$BF = \frac{1}{7\,EB} = \frac{1}{7x} \qquad FC = 1 - BF = \frac{7x-1}{7x}$$

$$FG = \frac{1}{7\,FC} = \frac{x}{7x-1} \qquad GH = x - FG = \frac{x\,(7x-2)}{7x-1}$$

$$GI = \frac{1}{7\,GH} = \frac{7x-1}{7x\,(7x-2)} \qquad IJ = FC - GI = \frac{(7x-1)\,(7x-3)}{7x\,(7x-2)}$$

$$JK = \frac{1}{7\,IJ} = \frac{x\,(7x-2)}{(7x-1)\,(7x-3)}$$

$$KD = 1 - GF - JK = \frac{(7x-1)\,(7x-3) - x\,(7x-3) - x\,(7x-2)}{(7x-1)\,(7x-3)}$$

$$AE = 1 - x \qquad AL = \frac{1}{7\,AE} = \frac{1}{7\,(1-x)}$$

$$LD = 1 - AL = \frac{6-7x}{7\,(1-x)} \qquad KD = \frac{1}{7\,LD} = \frac{1-x}{6-7x}$$

b) Die beiden für KD gefundenen Ausdrücke werden gleichgesetzt und es ergibt sich

$$x^3 - \frac{3}{2}x^2 + \frac{32}{49}x - 15 = 0$$

$$\left(x - \frac{1}{2}\right)\left(x^2 - x + \frac{15}{2 \cdot 49}\right) = 0$$

$$x = \frac{1}{14}\,(7 + \sqrt{19})$$

c)

$$EB = \frac{1}{14}\,(7 + \sqrt{19}) \qquad BF = \frac{1}{15}\,(7 - \sqrt{19})$$

$$FC = \frac{1}{15}\,(8 + \sqrt{19}) \qquad FG = \frac{1}{21}\,(8 - \sqrt{19})$$

$$GH = \frac{5}{42}\,(1 + \sqrt{19}) \qquad GI = \frac{1}{15}\,(\sqrt{19} - 1)$$

$$IJ = \frac{3}{5} \qquad JK = \frac{5}{21}$$

$$KD = \frac{1}{21}\,(8 + \sqrt{19}) \qquad AE = \frac{1}{14}\,(7 - \sqrt{19})$$

$$AL = \frac{1}{15}\,(7 + \sqrt{19}) \qquad LD = \frac{1}{15}\,(8 - \sqrt{19})$$

$$MN = \frac{5}{42}\,(\sqrt{19} - 1) \qquad NO = \frac{1}{15}\,(1 + \sqrt{19})$$

■ **2 Beispiel**

Berechne die zehnte Ableitung der Funktion $x \mapsto \exp\left(-\frac{1}{x^2}\right)$. Die n-te Ableitung dieser Funktion ist von der Form

$$\frac{1}{x^{3n}} P_n(x) \exp\left(-\frac{1}{x^2}\right),$$

wobei $P_n(x)$ ein Polynom vom Grad $n-1$ ist.

Die Lösung der Aufgabe beginnt man natrülich damit, eine Rekursionsformel für die $P_n(x)$ aufzustellen. Danach ergibt sich:

$$P_1(x) = 2$$

$$P_2(x) = 4 - 6x$$

$$P_3(x) = 8 - 36x + 24x^2$$

$$P_4(x) = 16 - 144x + 300x^2 - 120x^3$$

$$P_5(x) = 32 - 480x + 2\,040x^2 - 2\,640x^3 + 720x^4$$

$$P_6(x) = 64 - 1\,440x + 10\,320x^2 - 27\,720x^3 + 25\,200x^4 - 5\,040x^5$$

$$\begin{aligned} P_7(x) = {} & 128 - 4\,032x + 43\,680x^2 - 199\,920x^3 + 383\,040x^4 - 262\,080x^5 \\ & + 40\,320x^6 \end{aligned}$$

$$\begin{aligned} P_8(x) = {} & 256 - 10\,752x + 163\,968x^2 - 1\,142\,400x^3 + 3\,764\,880x^4 - 5\,503\,680x^5 \\ & + 2\,963\,520x^6 - 362\,880x^7 \end{aligned}$$

$$\begin{aligned} P_9(x) = {} & 512 - 27\,648x + 564\,480x^2 - 5\,564\,160x^3 + 28\,092\,960x^4 \\ & - 71\,245\,440x^5 + 82\,978\,560x^6 - 36\,288\,000x^7 + 3\,638\,800x^8 \end{aligned}$$

$$\begin{aligned} P_{10}(x) = {} & 1\,024 - 69\,120x + 1\,820\,160x^2 - 24\,111\,360x^3 + 173\,033\,280x^4 \\ & - 676\,257\,120x^5 + 1\,377\,129\,600x^6 - 1\,317\,254\,400x^7 + 479\,001\,600x^8 \\ & - 39\,916\,800x^9 \end{aligned}$$

Die Durchführung einer solchen Arbeit scheitert möglicherweise an einer pädagogischen Klippe. Es ist nämlich sehr wahrscheinlich, daß sich Schüler nicht auf eine derart unangenehme, unmotivierte und unnütze Aufgabe konzentrieren werden. Und sie werden sie gewiß nicht machen, wenn man sagt, daß es sich dabei um eine „reizlose, leichte Routinerechnung" handelt.

Hier ist ein Beispiel, wie kürzlich ein Lehrer einer Versuchsklasse diese Art von Schwierigkeit überwunden hat:

■ **3 Beispiel**

Der Lehrer forderte seine Schüler auf, die Verknüpfungstafel einer Gruppe der Ordnung 20 anzufertigen. Das Ausfüllen der 400 Felder wird als langweilige, im Zeitalter der Waschmaschine und des Staubsaugers unwürdige Arbeit betrachtet. Sie wurde widerwillig ausgeführt, und folgich waren die Ergebnisse mit vielen schweren Fehlern behaftet.

Anstatt sich nun um die Sache unmittelbar weiter zu kümmern, ließ der Lehrer die Verknüpfungstafel zur Lösung einer Fülle interessanter Fragen benutzen, z.B. zur Ermittlung von Untergruppen und zur Lösung von Gleichungen usw. Dieses Spiel zog sich mehrere Wochen hin, bis sich die Schüler – wütend über die sich häufenden Widersprüche – zur Wiederaufnahme der ursprünglichen Berechnung der Gruppentafel entschlossen.

Dies ist ein Skizzenblatt von Urbain Le Verrier. Es ist übersichtlich, sorgfältig und wirkungsvoll[1]). So, schreibt Arago, entdeckt man mit der Spitze seiner Feder Planeten.

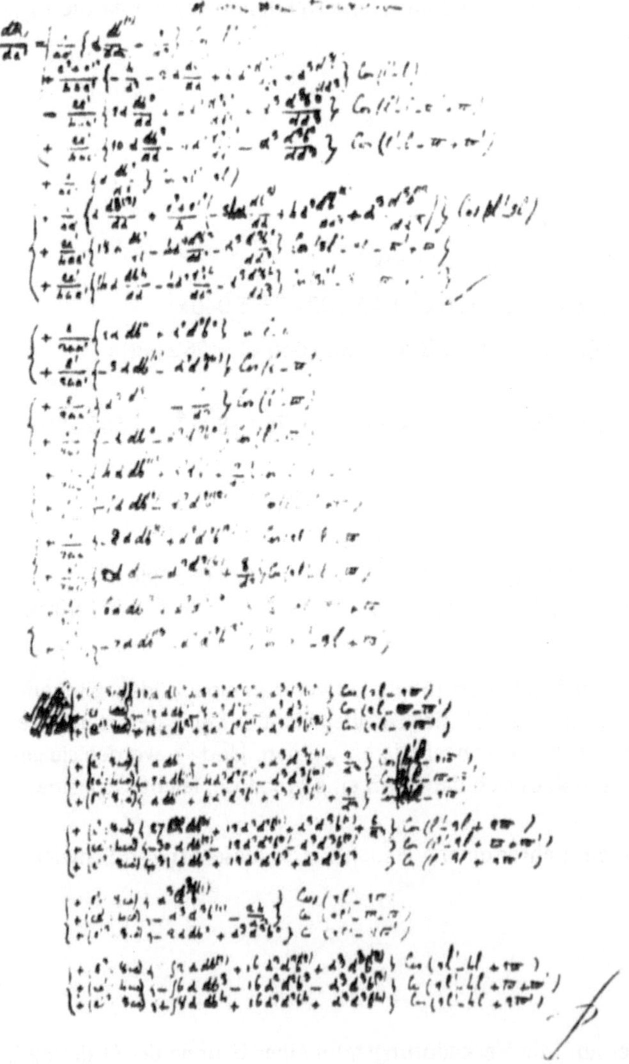

[1]) Leider ist das Original in schlechtem Zustand; deshalb ist auch die Reproduktion nicht besonders leserlich.

■ 4 Übung

Man trage die 60 Pascalschen Geraden in ein „mystisches Hexagramm" ein. (In seinem berühmten Werk über Kegelschnitte bezeichnet Pascal ein Sechseck, das einem Kegelschnitt einbeschrieben ist in dieser Weise. Zur Konstruktion benötigt man ca. 1 1/2 Stunden.)

■ 5 Beispiel

Berechne das Produkt der Zahl $1+\sqrt{2}+\sqrt{3}+\sqrt{5}$ mit ihren sämtlichen Konjugierten (das sind die Zahlen $1 \pm \sqrt{2} \pm \sqrt{3} \pm \sqrt{5}$).
Wie lange die Lösung dieser Aufgabe dauert, hängt davon ab, in welcher Weise gerechnet wird. Beschränkt man sich darauf, die 8 Faktoren sukzessive miteinander zu multiplizieren, dann muß man ca. 2 Stunden rechnen. Wird hingegen die Identität $(a+b)(a-b)=a^2-b^2$ benutzt und berücksichtigt man bei der Rechnung „Symmetrien", dann erhält man das Resultat (nämlich -71) in etwa 20 Minuten.

■ 6 Übung

Nachdem unter Benutzung der Ableitung der Graph der Funktion

$$x \mapsto \sin x - \frac{\sin 2x}{2} + \frac{\sin 3x}{3}$$

gezeichnet wurde, könnte man für größeres N auf den Graphen von

$$x \mapsto \sum_{n=1}^{N} (-1)^{n+1} \frac{\sin nx}{n}$$

neugierig sein. Durch Verwendung von Zahlentafeln könnte man den Graphen z.B. für $N = 6$ punktweise berechnen.
Ein Student mit Programmierkenntnissen könnte die Kurven für noch größere Werte von N bewundern wollen. Wir erinnern daran, daß Michelson und Stratton die Kurve für $N = 80$ mit Hilfe eines von ihnen erfundenen Instruments zeichneten und im Jahre 1889 das „Gibbsche Phänomen" entdeckten, das diese Kurven zeigen [24]. Es ist indessen klar, daß diejenigen Aufgaben zur Schulung der Präzision besonders lehrreich sind, die während der Untersuchung die spontane Neugierde der Schüler aufkommen lassen.
Wenn eine Frage, die nicht auf deduktivem Weg geklärt werden kann, offenbleibt, kann man die Klasse zu einer sorgfältigen experimentellen Überprüfung anregen.

1.6 Konkrete Handlungen – Handlungen mit konkretem Material

1.6.1 Mathematik als beobachtende und experimentelle Wissenschaft

In der Geschichte einer jeden mathematischen Entdeckung ist die Endphase der deduktiven Darstellung nur die Spitze des Eisbergs. Häufig wird die Bedeutung des langen Reifungsprozesses verkannt, bei dem das Herumbasteln und Probieren an einem mathematischen Problem die wesentlichen Aktivitäten sind. Theoreme erscheinen in dieser Phase als erratene, plausible aber noch nicht bewiesene und gesicherte Vermutungen [1], [2], [3], [17].

Es besteht gar kein Grund, unseren Schülern nur eine Facette mathematischer Aktivität darzubieten, während eine der fruchtbarsten Phasen in Mißkredit gebracht wird.

Die experimentelle Phase unterscheidet sich jedoch grundlegend von der logischen Darstellung. Wichtig ist nur, daß man sie nicht durcheinanderbringt: Solange man konkret handelt, macht man Experimentalphysik [26], [27]; wenn man beweist, treibt man deduktive Mathematik.

Bei den konkreten mathematischen Handlungen sind beinahe die gleichen Varianten anzutreffen wie in den anderen experimentellen Wissenschaften. Claude Bernard schildert sie in seiner "L'introduction à la médecine expérimentale": Die Beobachtung, das Testexperiment, die Gegenprobe, das experimentum crucis, usw.; Ziel dieser Operationen ist die Gewinnung von Hypothesen oder Nachweismethoden.

1.6.2 Drei Stufen der Erkenntnis

Damit die pädagogischen Ziele besser verstanden werden, die sich auf Manipulationen mit konkretem Material richten, empfiehlt es sich, verschiedene Quellen der Erkenntnis bei unseren Schülern zu unterscheiden.

a) Im Mittelpunkt des Diagramms (Bild 1.3) erkennt man deutlich den *deduktiven Kern.* Er umfaßt das bewiesene, mitunter in axiomatischer Form dargestellte Wissen; in diesem Bereich behaupten sich nur Aussagen, die aus explizit gemachten Axiomen bewiesen worden sind. Der Rückgriff auf anderes Wissen ist hier völlig ausgeschlossen: So lautet die Spielregel. Nicht selten kann man erleben, daß unsere Schüler in einem gewissen Stadium den Thalessatz kennen, aber noch nicht wissen, was Lote sind. Auf diese Weise bringen wir zum Ausdruck, daß die affine Geometrie bereits im deduktiven Kern integriert ist, während der Orthogonalitätsbegriff noch auf dem experimentell-deduktiven Niveau angesiedelt ist. Wenn man nicht zahlreiche Mißverständnisse riskieren will, müssen den Schülern jene seltsame Spielregel erklärt werden.

b) An der Peripherie des Diagramms erscheint der unscharfe Bereich des *informellen Wissens*: Er umfaßt all das, was der Schüler so erfährt, ohne dafür jedesmal die Erlaubnis seines Mathematiklehrers einzuholen. So wissen die Schüler, daß sich die Planeten auf Ellipsenbahnen bewegen, sind aber nicht im Stande, die Begriffe „Planet“ und „Ellipse“ zu definieren, und natürlich weit davon entfernt, aus dem Gravitationsgesetz die Keplerschen Gesetze abzuleiten. Lange bevor sie die Theorie mehrfacher Integrale kennen, ha-

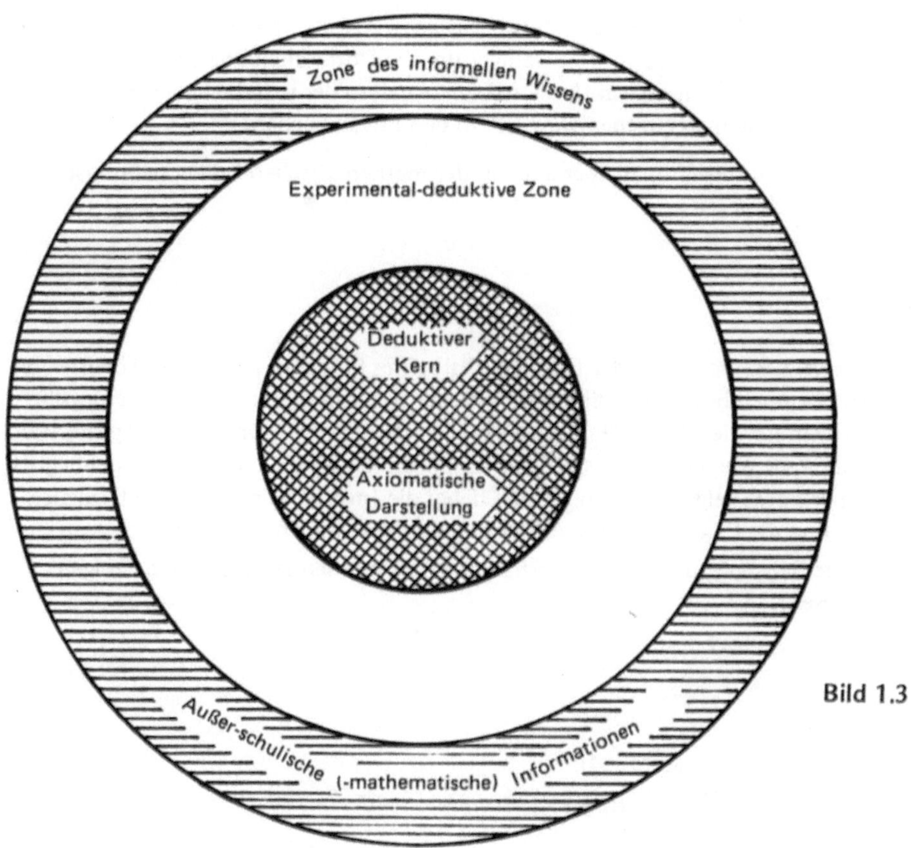

Bild 1.3

ben sie in der Schule die Formel $V = \frac{4}{3} \pi R^3$ für das Kugelvolumen gelernt. Und der Erdkundelehrer mag ihnen vielleicht schon verschiedene kartographische Darstellungen vorgelegt haben, ohne daß sie wahrscheinlich je mit Riemannschen Mannigfaltigkeiten zu tun bekommen werden, usw.

Unsere Schüler sollten nachdrücklich ermuntert werden, informelles Wissen zu sammeln. Auf diese Weise wird eine der wichtigsten wissenschaftlichen Qualitäten, nämlich die *Neugierde*, entfaltet. Andererseits empfiehlt es sich, *die Schüler vor dem Gebrauch nichtdeduktiver Argumente bei Beweisen zu warnen*, die aus dem deduktiven Kern hervorgehen. Eine wirksame didaktische Methode zur Trennung der beiden Wissensquellen ist die Benutzung eines Skizzenbuchs neben dem „Heft für bewiesene Mathematik", in das gewisse Raritäten, Zeitungsausschnitte, interessante Photos und eine Sammlung von Daten aus verschiedenen Quellen kommen.

c) Das Diagramm enthält außerdem noch den *experimentell-deduktiven* Zwischenbereich. Hier läßt die Spielregel die Verwendung von Teilbeweisen in Verbindung mit Beobachtungsresultaten zu.

> In diesem Status befindet sich besonders der gegenwärtige Unterricht der elementaren Physik. Hier kümmert man sich weit weniger um die Unterscheidung der verschiedenen Erkenntnisquellen. Recht instruktiv ist z.B. die Analyse der verschiedenen Bedeutungen des Ausdrucks „Wie man zugeben wird ...“ in den Physikbüchern.

Eine ähnliche Situation trifft man aber auch in der mathematischen Früherziehung an (Kindergarten, Primarschule).

■ **1 Beispiel**

Der Schüler weiß z.B. nicht, was der Flächeninhalt eines Polygons gemäß der Theorie von Lebesque ist. Dennoch bringt man ihm mit Hilfe der bekannten Zerlegungen die Begründung der Formeln für die Fläche des Rechtecks, Parallelogramms, Dreiecks, Trapezes usw. bei. Gewiß ist dieser Weg nicht sehr streng, da unter diesen Umständen der Flächenbegriff in synkretischer Form gelernt wird, ohne daß dabei die Invarianzeigenschaften bezüglich Verschiebung und die Eigenschaft der Additivität explizit begriffen würden.

Es folgen einige Beispiele, die den Sachverhalt gewisser mathematischer Sätze „zeigen“ (statt zu beweisen).

■ **2 Beispiel**

a) Der Satz des Pythagoras (Bild 1.4).

b) $1 + 2 + 3 + \ldots + n = \frac{n(n+1)}{2}$ (Bild 1.5).

c) Die Summe der ersten n ungeraden Zahlen ist n^2 (Bild 1.6).

Übrigens wären das strenge Beweise, wenn gezeigt werden könnte, daß sich die zerschnittenen Papierstücke ohne Überlappungen und Zwischenräume zusammensetzen lassen.

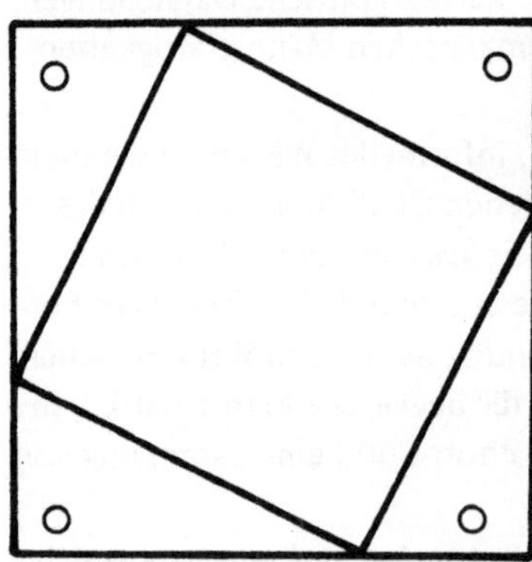

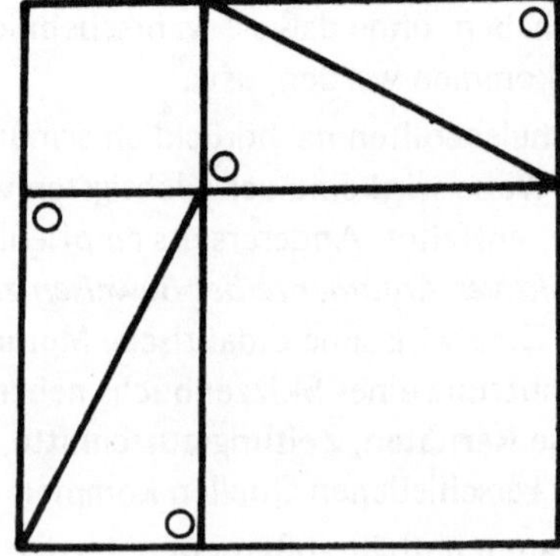

Bild 1.4

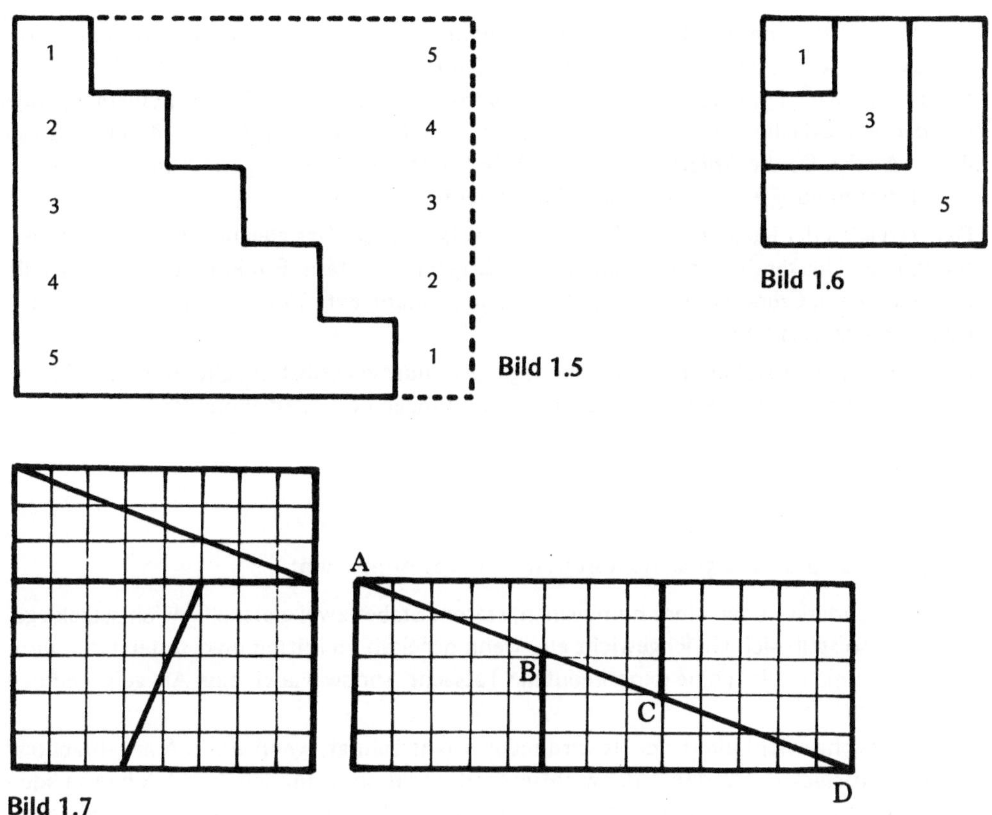

Bild 1.5

Bild 1.6

Bild 1.7

■ **3 Gegenbeispiel**

Das folgende klassische Paradoxon illustriert die Gefahren konkreter Handlungen, die nicht durch Überlegungen gestützt sind [28]: Die beiden Figuren in Bild 1.7 können für die Zusammensetzung zerschnittener Figuren angesehen werden; sie „beweisen", daß

$$8 \cdot 8 = 5 \cdot 13$$

In der Tat verschwimmt, wenn die Zeichnung nicht ganz sauber angefertigt ist, das Parallelogramm ABCD mit dem Flächeninhalt 1 für das bloße Auge zu einem zur Strecke ausgearteten Parallelogramm.

■ **4 Beispiel**

Angenommen, es sei die Formel $S(R) = 4\pi R^2$ für die Oberfläche einer Kugel mit Radius R gegeben. Die Überlegungen eines Physikers, um hieraus das Volumen $V(R) = \frac{4}{3}\pi R^3$ zu bestimmen, könnten folgendermaßen aussehen.

Um die Ableitung der Funktion $R \to V(R)$ zu berechnen, schätzen wir die Volumenzunahme ΔV ab, die von der Ablagerung einer dünnen Farbschicht der Dicke ΔR auf der Oberfläche einer Kugel mit Radius R herrührt. Durch Vergleich der Schicht mit einem Zylinder mit der Grundfläche $4\pi R^2$ und der Höhe ΔR „sieht man ein", daß ΔV „offenbar" gleich $4\pi R^2 \Delta R$ ist. Da die Ableitung von $R \to V(R)$ mithin bekannt ist, erhält man daraus durch Bestimmung einer Stammfunktion korrekt das Resultat.

Der Vergleich der Kugel mit der Ebene ist natürlich falsch. Das gleiche Argument würde unter anderen Umständen offenkundig falsche Ergebnisse liefern. Ein korrekter Beweis sollte die besonderen Gründe zeigen, weshalb etwa jene unkorrekte Überlegung dennoch zum richtigen Ergebnis führt.

Die Mathematiker stellen derartige Überlegungen indessen selbst an; allerdings nicht um Sätze zu beweisen, sondern um plausible Vermutungen herauszubekommen.

■ 5 Beispiel

Der „Beweis" des Hebelgesetzes durch Archimedes Annahmen:

1. Werden an die Enden eines homogenen, starren Stabes zwei gleiche Gewichtsstücke gehängt, so stellt sich Gleichgewicht ein, wenn der Stab im Mittelpunkt unterstützt wird. (Dies ist nicht allein eine experimentelle Tatsache, sondern auch eine Art geistige Erfahrung.)
2. Das Gleichgewicht eines Hebels wird nicht beeinträchtigt, wenn ein in A angebrachtes Gewichtsstück der Größe n (Gewichtseinheiten) durch n um den Punkt A herum äquidistant verteilte Einheitsgewichtsstücke ersetzt wird (eventuell auf einer geeigneten Verlängerung des Stabes).

   Auf der Grundlage dieser Annahmen führte Archimedes einen Beweis, den wir hier an einem Zahlenbeispiel illustrieren wollen (Bilder 1.8 und 1.9): Er ersetzte die beiden Gewichtsstücke mit 5 (bzw. 3) Gewichtseinheiten gemäß Axiom 2 durch Einheitsgewichtsstücke, so daß er acht äquidistante Befestigungspunkte erhielt – raffiniert! Somit ergibt sich nach Axiom 2 (in der Umkehrung gelesen) und Axiom 1 die Lage für den Unterstützungspunkt O. Eine einfache Rechnung liefert $5\,\overline{OA} = 3\,\overline{OB}$.

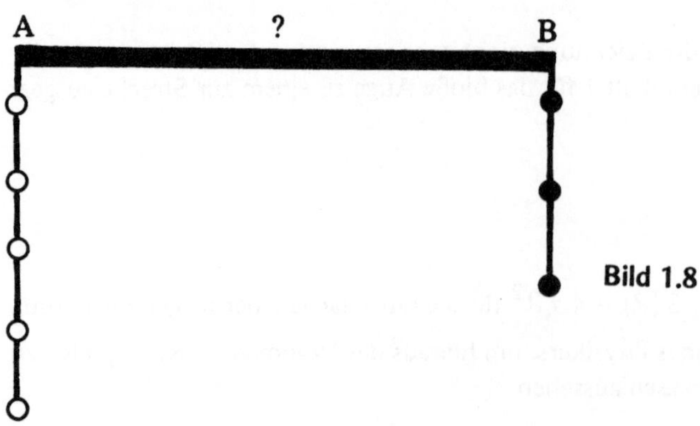

Bild 1.8

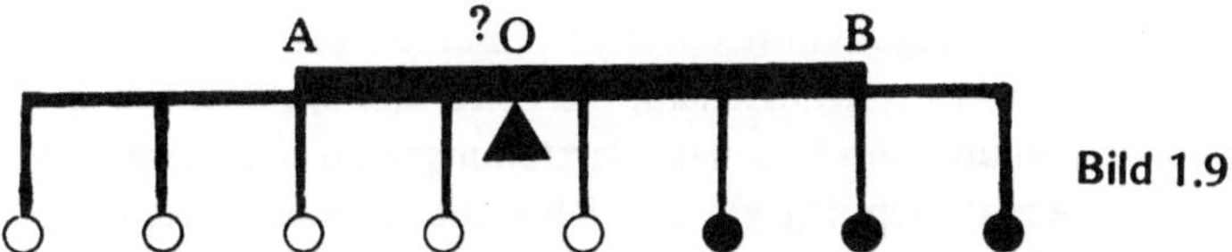

Bild 1.9

Wir meinen, dieser großartige, im 3. Jahrhundert v. Chr. entwickelte Beweis verdient es, in der Grundschule dargestellt zu werden. Dazu brauchen die Schüler keinesfalls zuvor bereits Begriffe wie Kraft, Vektor, affine Ebene, mathematische Theorie, Implikation usw. gemeistert zu haben. Es genügt logisches Überlegen und das informelle Wissen, das jedes kleine Kind über Gewichte und starre Stäbe erwerben kann, um sich eine richtige Vorstellung von der Schönheit dieses Schlusses zu machen.

Kennt man den Satz des Archimedes nicht, ist es offenbar gar nicht so einfach, à priori den Gleichgewichtspunkt in Bild 1.8 zu erraten. Die Beweisführung ist hier also sehr überzeugend. Das Beispiel liefert eine vortreffliche Motivation für die Verwendung von Beweisen in der Wissenschaft.

Die pädagogische Methode der sog. *populärwissenschaftlichen* Darstellung wendet sich an Nicht-Spezialisten, die sich von bestimmten wissenschaftlichen Gebieten einen Vorgeschmack holen wollen. Dabei nimmt man unkorrekte aber suggestive Argumente und vereinfachende Auslassungen mit in Kauf. Die Einschaltung experimental-deduktiven Wissens ist äußerst *wünschenswert,* denn jeder sollte auch zu Einsichten jenseits seines Spezialgebiets gelangen. Genau in dieser Weise könnte man z.B. in den sprachlichen Klassen Mathematik unterrichten, ohne sich dabei einer die Zuhörer unnötig langweilenden technischen Strenge zu unterziehen.

Diese Methode ist solange völlig *legitim,* als sie nicht zur Täuschung benutzt wird und die Wissenschaft außer acht läßt.

Die populärwissenschaftliche Darstellung ist eine *äußerst diffizile Kunst:* Sie setzt einen Autor voraus, der Spezialist auf dem entsprechenden Gebiet ist, und den Gegenstand von der wissenschaftlichen Seite her so gut kennt, daß er die paar wirklich wichtigen Ideen herauspräparieren und marginale technische Aspekte in „dichterischer Freiheit" überspielen kann. Daneben muß er gut über die Vorkenntnisse seines Auditoriums Bescheid wissen. Nur sehr wenige wissenschaftliche Schriftsteller bringen es ohne größere Herablassung zu echten populärwissenschaftlichen Arbeiten [22].

1.6.3 Verschiedene, durch konkrete Handlungen angestrebte pädagogische Ziele

a) Über konkrete Handlungen kann der Schüler zu experimentell-deduktivem Wissen gelangen, das ihm beim nur deduktiven Studium verborgen bliebe. Nicht alles kann in deduktiver Form unterrichtet werden. Wäre es dann nicht angebracht, das dafür empfängliche Alter zu nutzen, wo die Kinder gerne herumbasteln, mit Zeichengeräten umgehen, zerschneiden, zusammenkleben, beobachten, um sie einige sehr wichtige Erfahrungen machen zu lassen, die nicht Gegenstand theoretischer Erörterungen sind?

So schlagen wir z.B. vor, das Studium der Kegelschnitte fast vollkommen aus den Lehrplänen der Abschlußklassen zu streichen und es stattdessen auf die Untersuchung von Folgerungen aus den Kegelschnittgleichungen und den Parameterdarstellungen zu reduzieren. In der fünften oder sechsten Klasse sollte man sich dagegen ausgiebig mit der mechanischen Erzeugung von Ellipse und Hyperbel (Bild 1.10) beschäftigen (z.B. Gärtnermethode, Papierstreifenmethode von Philippe de La Hire; Kegelschnitte ergeben sich auch, wenn man die Wand eines verdunkelten Zimmers zentral beleuchtet).

Wir sind nicht dafür, daß das Studium der Konchoiden (insbesondere die Pascalschen Schnecken), Cissoiden, Zykloiden und Kreisevolventen in den Lehrplan aufgenommen werden, trotzdem sollten unserer Auffassung nach die Kinder diese Figuren gelegentlich einmal zeichnen und betrachten ... Wäre es nicht Aufgabe der Jugend-Presse, ihren jungen Lesern solche Aktivitäten anzubieten?

Im Zusammenhang mit der mechanischen Erzeugung von Kurven hat der Schüler erstmalig Gelegenheit, das überraschende Phänomen von Asymptoten zu beobachten, unabhängig von einer theoretischen Untersuchung der gebrochen-linearen Funktion.

b) Konkrete Handlungen bilden eine *wichtige Grundlage für jede axiomatische Darstellung.* Werden sie in einem Bereich unternommen, der einige Jahre später Gegenstand deduktiver Untersuchungen wird, so können sie – ohne diesem Gegenstand den Reiz zu nehmen – die Neugierde anregen und zu einem eingehenderen Studium verleiten. Konkrete Handlungen statten den Geist mit einem ganzen Vorrat bedeutungsvoller Interpretationsmöglichkeiten aus, die die dürre formale Sprache weniger trocken erscheinen läßt.

Legt man z.B. Schülern der vierten Klasse die Inzidenzenaxiome der affinen Geometrie vor, die bei dieser Gelegenheit vielleicht nur die banale Erfahrung einer mit dem Lineal gezoge-

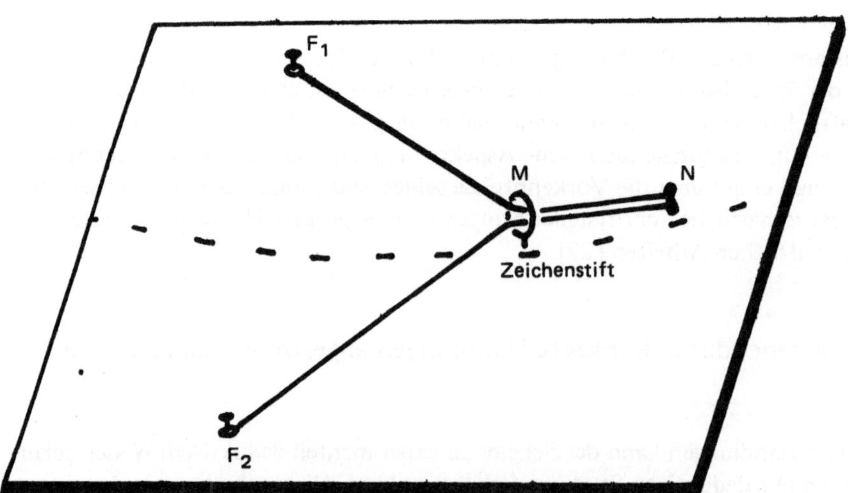

Bild 1.10 Die Spur eines Hyperbelzweiges: Die Fäden F_1MN und F_2MN verlaufen durch einen Ring, an dem ein Schreibstift M befestigt ist; im Punkt N sind die Fäden verknotet

$$F_2M - F_1M = (F_2M + MN) - (F_1M + MN) = \text{const.}$$

nen Geraden in Erinnerung rufen, so erscheint es albern, beweisen zu lassen, daß jede affine Ebene mindestens vier Punkte enthält. Wenn die Schüler einige Jahre später mit Streckenkarten der Eisenbahn umgehen können, wo „durch zwei Bahnhöfe genau eine Verbindungslinie verläuft", oder mit analogen Modellen, dann können sie das Studium der Geometrie mit einer polykonkreten Semantik in Angriff nehmen: Verschiedene Modelle des Axiomensystems kommen einem in den Sinn und die gestellte Frage erscheint viel natürlicher. Jedesmal wenn in einer Klasse neue Axiome oder Regeln formuliert werden, gebe man den Schülern etwas Zeit, damit sie die neuen Begriffe an einfachen Beispielen durcharbeiten können.

c) Gewisse konkrete Handlungen erzeugen Situationen, die den Schüler dazu einladen, sich Fragen zu stellen (vgl. Abschnitt 1.2, 1. Beispiel). Ein verbreiteter *pädagogischer Irrtum* besteht darin, viel Zeit zum Aufbau von Lernmaterialien zu verschwenden, die dann sofort wieder in den Wandschrank geräumt werden, ohne ihre didaktischen Möglichkeiten richtig auszuschöpfen.

Wozu läßt man mühsam einen Würfel zusammenbauen, wenn ihn die Schüler zuvor nicht genau betrachten können? Nur wenige haben je einen Würfel richtig studiert.

Es ließen sich Bände füllen, wenn man über diesen unscheinbaren Polyeder unter verschiedenen theoretischen Gesichtspunkten wie Mengenlehre, Graphen-, Gruppen-, Maßtheorie, Euklidische Geometrie, Perspektive, Topologie usw. nachdenken würde. Ferner kann man durch Zerlegen des Würfels manch andere interessante Figuren erhalten.

Passives Beobachten genügt jedoch nicht. Vielmehr ist hier ein herausforderndes und experimentierendes Beobachten erforderlich.

d) Konkrete Handlungen spielen beim *Problemlösen* eine wesentliche Rolle. Wenn, wie im Abschnitt 1.2 empfohlen wurde, die Aufgabe in äußerst knapper Form abgefaßt ist, kann der Problemlöser nur hoffen, die Zwischenschritte bis zur Lösung dadurch herauszubekommen, daß er sich mit den Implikationen der Aufgabe auch experimentell vertraut macht. Die Beobachtung von Figuren oder mit Hilfe verschiedener Instrumente (einschließlich Computer) sorgfältig gezeichneter Diagramme sowie die Ausführung „wilder" Rechnungen für Spezialfälle gestatten schließlich, die fehlenden Stücke des Gebäudes herauszubekommen.

Der professionelle Problemlöser nennt diese Art von Aktivitäten „herumbasteln".

1.6.4 Der pädagogische Status konkreter Materialien

Nichts verbietet einem, falls man dazu die Möglichkeit hat, den Schülern die Benutzung komplizierter Geräte wie Chronometer, Taschenrechner, Foto- oder Fernsehapparat anzubieten. Ein solches Gerät wird dann – um in der Sprache der Physiker zu reden – als "black box" betrachtet, an der außen einige Bedienungsknöpfe angebracht sind. Es besteht keine Veranlassung dazu, das Gerät auseinanderzunehmen, um seine Funktionsweise zu analysieren. Der Apparat ist vielmehr durch seine Funktion *definiert.* Es ist außerdem nicht erforderlich, vor dem Gebrauch des Geräts nähere Einzelheiten über seine Fertigung und Arbeitsweise zu explizieren (zuweilen ist es allerdings nützlich, in allgemein verständlicher Form die Grundlagen des Instrumentes anzudeuten).

■ **6 Beispiel**

Bekanntlich gibt es eine ganze Reihe von *Parallelenlinealen.* Das einfachste ist das *Linienblatt:* Auf transparentem Papier zeichnet man die Parallelen nach, die auf einem zuvor linierten Blatt vorbereitet sind. In diesem Fall bleibt offen, wie die Ur-Linierung gewonnen wurde; aufgrund der Konstruktion nimmt man an, daß sie korrekt sei. Andere Instrumente benutzen rauhe zylindrische Walzen. Indem man sie ohne Verrutschen abrollen läßt, kann man Parallelen zeichnen. Dem Gelenksystem in Bild 1.11 liegt das Parallelogramm zugrunde. Da man dieses Bild bereits im Lehrplan der Quarta findet, ist es hier möglich, die Arbeitsweise dieses Zeichengerätes zu *begründen.*

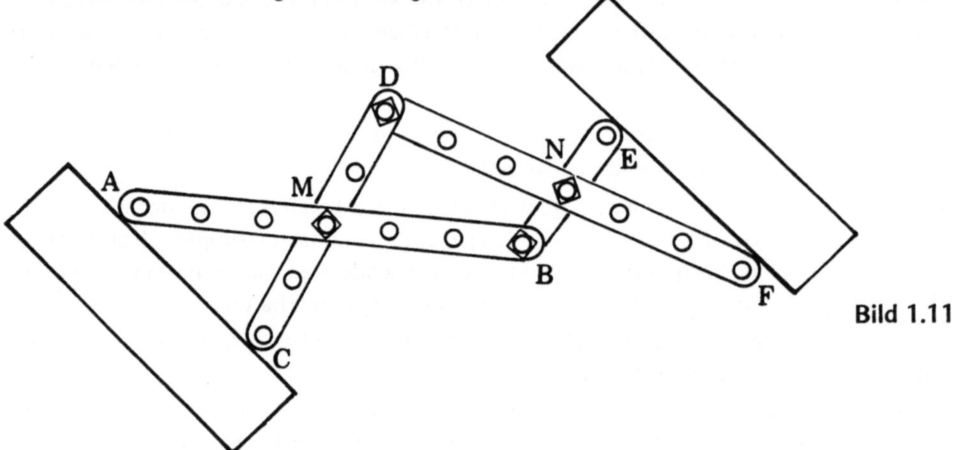

Bild 1.11

Andere Vorrichtungen zum Zeichnen von Parallelen, die auf Gelenkparallelogrammen (mit gleich langen gegenüberliegenden Seiten) beruhen, können im Rahmen des Lehrplans der Quarta hingegen noch nicht analysiert werden. Man kann sie aber dennoch benutzen, wenn unterstellt wird, daß sie korrekt funktionieren.

Verschiedene Parallelen-Zeichengeräte nehmen sich den *Pantographen* zum Vorbild.

Schließlich vergesse man den Zeichenwinkel nicht, der an einem Lineal entlanggleitet sowie die Reißschiene, die von dem Rand des Reißbrettes geführt wird.

1.6.5 Lernspiele

Der Spielzeugmarkt ist mit Lernspielen überschwemmt. Die englische Mathematikdidaktik hat sich stark auf den pädagogischen Einsatz von Spielen spezialisiert.

Lernmittel werden dann effektiv, wenn sie den Schüler *zum Nachdenken,* Fragenstellen und Problemlösen *anregen.* Der mathematische Gegenstand selbst besitzt diese Überzeugungskraft meist nicht. Sicher hatte jeder schon einmal Gelegenheit, Kinder zu beobachten, die mit teurem und geziertem Spielzeug hantierten, ohne daraus den geringsten intellektuellen Nutzen zu ziehen; dies liegt einfach daran, daß ihre Aktivitäten überhaupt nicht pädagogisch gelenkt wurden.

So ist z. B. das Schachspiel eine erstklassige Anregung für den Mathematikunterricht. Es liefert einen reichen Vorrat verschiedenster Problemsituationen; tausende von Büchern sind ihm gewidmet. Besonders die Schachaufgaben haben seit dem Erscheinen der Sammlung Bonus Socius (um 1300) eine Fülle von Abhandlungen über die Kunst ihrer Zusammenstellung und Lösung entstehen lassen. Der Mathematiklehrer kann daraus vielfältigen Nutzen für den Unterricht ziehen [30], [31], [32], [33].

Ein Schachbrett aus Ebenholz und Figuren aus Elfenbein werden wohl kaum das Nachdenken fördern. Die Karikatur 1.12 zeigt zwei Lausbuben, die zweifellos mit dem Schach spielen. Doch ist diese unorthodoxe Art der Einführung ins „Blindspielen" sicher nicht besonders lehrreich.

Anders ausgedrückt: Den Pädagogen interessiert nicht so sehr das Spiel selbst, sondern die Art wie man es benutzt.

Bild 1.12

■ **7 Beispiel**

Viele von denen, die einmal mit dem Zirkel herumhantiert haben, werden dabei vielleicht die bekannte sechsblättrige Rosette gezeichnet haben. Aber nur wenige Schüler wissen, bevor sie es explizit lernen, daß die Seite des regelmäßigen Sechsecks genauso lang ist wie der Radius des umbeschriebenen Kreises. Daher zahlen sich die Stunden, die damit verbracht wurden, mit dem Zirkel zu spielen, durch einen Mißerfolg aus, da der Schüler nicht angeregt wurde, aus dem häufig wiederholten Experiment Konsequenzen zu ziehen.

Der Lehrer, der eine Stunde leitet, in der Lernmaterialien eingesetzt werden, darf sich nicht damit begnügen, daß die manuellen Handlungen korrekt ausgeführt werden. Er muß stattdessen so vorgehen, daß die Aufmerksamkeit der Schüler von all dem angezogen wird, was des Nachdenkens wert ist. Ferner wäre es wünschenswert, wenn der Schüler Schlußfolgerungen selbst ziehen würde. Es darf jedoch nicht so weit kommen, daß das Wesentliche völlig unbemerkt bleibt.
Wenn das Material selbst nicht zum Nachdenken anspornt, so kann seine spezielle Gestaltung dennoch beträchtlich zur Orientierung des Denkens beitragen.

■ 8 Beispiel

Als Dienes damit begann, die Anfangsgründe der Mengensprache in den Grundschulunterricht einzuführen, erfand er die sog. Logischen Blöcke, deren Elemente nur wenige Merkmale (nämlich genau vier: Form, Farbe, Dicke, Größe) aufweisen, die verschiedene Werte annehmen können. Die Gegenstände, mit denen wir im Alltag umgehen, können hingegen tausende von Merkmalen besitzen. Die Logischen Blöcke von Dienes sind geruch- und geschmacklos und unterscheiden sich weder in ihrer Temperatur noch in ihrer chemischen Zusammensetzung. Der Schüler wird bei den Logischen Blöcken wirklich dazu angeregt, nur die vier genannten Merkmale wahrzunehmen. Genau dies ist der Grund, weshalb dieses Material seine pädagogische Rolle perfekt erfüllt. Es eignet sich insbesondere zur Einführung der Schüler in die aussagenlogischen Verknüpfungen.

■ 9 Beispiel

Eines der reizvollsten Spiele, das über den Atlantik zu uns herüberkommt, ist "Think a dot" [34], [34a], [34b], [34c]. Es handelt sich dabei um die in Bild 1.13 gezeigte "black box". Dieses Gerät besitzt drei Eingänge L, R, M links, rechts und in der Mitte, durch die man eine kleine Kugel einführen kann. Die Kugel durchläuft den Apparat und kommt bei einer der beiden Öffnungen l, r wieder zum Vorschein. An der Stirnseite sind acht Kontrollscheiben angebracht, die jeweils zwei verschiedene Farbwerte, z.B. blau oder gelb annehmen können. Immer wenn eine Kugel den Apparat durchquert, ändert sich bei gewissen Kontrollscheiben die Farbe.
Man kann das Gerät als „Spielautomat" bezeichnen, der auf der Grundlage eines Zufallsmechanismus arbeitet. In der Tat schließen manche Kinder, die sich mit dem Apparat beschäftigen, Wetten ab: „Wenn ich die Kugel in den Eingang M stecke, dann möchte ich wetten, daß diese oder jene Kontrollscheiben ihre Farbe ändert." (Das Kind denkt in diesem Augenblick an einen bestimmten Punkt der Anzeigentafel, der seine Farbe ändert, d.h. "He thinks a dot").
"Think a dot" ist indessen kein Glücksspiel, sondern ein deterministisches Spiel. Wenn man bei mehreren Durchläufen immer wieder von der gleichen Ausgangsstellung ausgeht, so erhält man auch die gleiche Endstellung. Genau an dieser Stelle beginnt das Problem. Welche Regel steuert die Farbwechsel? Ein Zehnjähriger kann, wenn er einmal auf die Fährte ge-

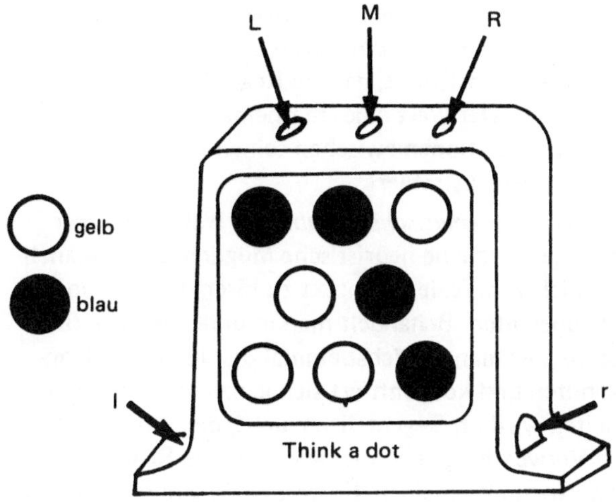

Bild 1.13

setzt worden ist, durch mehr oder weniger systematisches Probieren das Verhalten des Apparates dechiffrieren. Dieses Dekodieren vollzieht sich Schritt für Schritt, und da sich das Geheimnis über die Arbeitsweise des Apparates nach und nach lüftet, wird der Schüler zum Durchhalten ermuntert. Außerdem hat er nicht das peinliche Gefühl, auf der Stelle zu treten, ohne der Lösung näherzukommen.

Mit Recht kann gesagt werden, daß für denjenigen, der Fragen zu stellen weiß, dieses Spiel eine wunderbare Anregung zu mancherlei Untersuchungen ist.

Die didaktischen Möglichkeiten, die dieses Gerät bietet, sind bei weitem noch nicht erschöpft; einige interessante Fragen, die mit seiner Arbeitsweise zusammenhängen, münden in die Theorie der endlichen abelschen Gruppen [34].

Die Organisation des Unterrichts muß in der Weise verbessert werden, daß Handlungen mit konkretem Material auf Kosten gewisser theoretischer Erörterungen ein größerer Spielraum vorbehalten ist. Damit diese Aktivitäten wirklich fruchtbar werden, empfiehlt es sich, mit Kleingruppen zu arbeiten oder dem Lehrer zu gestatten, sich von pädagogischen Assistenten unterstützen zu lassen (in dieser Weise wird gegenwärtig bei den praktischen Arbeiten der Unterrichtsbeobachtung, bei den Freizeitaktivitäten von Jugendbewegungen und im Mathematikunterricht zahlreicher Länder verfahren).

1.7 Anwendungen der Mathematik

Gewisse, zwangsläufig abstrakte, mathematische Theorien finden bei der Lösung praktischer Probleme Verwendung. Wir überlassen es den Wissenschaftstheoretikern und den Metaphysikern, dieses sonderbare Paradoxon zu analysieren, und beschränken uns an dieser Stelle darauf, pädagogische Konsequenzen aus dieser Erfahrungstatsache zu ziehen.

Die Anwendungen von Mathematik auf ein Phänomen der Praxis umfaßt im allgemeinen drei Phasen [35], [36], [17]:

1. *Die Phase der Mathematisierung* [37]. Hier werden zunächst *Dinge durch Zeichen ersetzt* (Symbolisieren; Anm. d. Übers.); d.h., es wird ein *abstraktes mathematisches Modell* in Verbindung mit einem „Lexikon" konstruiert, das die Realität durch mathematische Ausdrücke zu beschreiben gestattet. Der Wert eines mathematischen Modells gründet sich auf seine Struktur und auf die Relationen zwischen seinen Elementen; vom Wesen der Modellelemente wird hingegen abstrahiert.
2. *Die Behandlung des durch 1. gewonnenen mathematischen Problems.* Während dieser Untersuchung benutzt man meist drei gegensätzliche heuristische Möglichkeiten. Manchmal trachtet man, sich so weit wie möglich vom realen Kontext zu lösen, um nur noch die zugrundeliegende Struktur zurückzubehalten. Behandelt man in dieser Weise z.B. ein Problem mit Hilfe der Algebra, so vergißt man zunächst einmal die durch den Kontext gegebene Bedeutung der Unbekannten und konzentriert sich ganz auf die algebraische Struktur. Bei anderen Gelegenheiten wird im Gegenteil versucht, den semantischen Kontext der Ausgangssituation durch Verwendung von Analogien, die die Realität nahelegt, so weit wie möglich auszubeuten. Noch allgemeiner: Es werden andere semantische Kontexte ausgenutzt, um daraus Ideen zu schöpfen. Diese Denkweise wird *Transfer* genannt.
3. *Die experimentelle Konfrontation* der gewonnenen theoretischen Ergebnisse mit der praktischen Ausgangssituation.

1.7.1 Didaktische Motivation mathematischer Anwendungen

A – Häufig haben die französischen Lehrpläne von den mathematischen Anwendungen nur eine Liste von *Resultaten* zurückbehalten. Zur Motivierung wird stillschweigend die Berufsausbildung der Schüler herangezogen: Man unterrichtet das, was später nützlich sein könnte. Probleme, wie z.B. die Bestimmung der Entfernung zwischen Erde und Mond, die Berechnung von Bodenerhebungen, die Zinseszinsrechnung, die Mischungsrechnung, die Fahrplanerstellung der Eisenbahn sowie einfache Fragen der Stereotomie[1]) und Ballistik sind Gegenstände mit einem gewissen kulturellen Interesse. Aber nur wenige Schüler werden diese Ergebnisse in ihrem Beruf einmal häufiger brauchen. Andernfalls wäre es übrigens klug, wenn der betreffende Berufsstand turnusmäßig Veranstaltungen organisieren würde, um diese oder jene wichtige Formel wieder aufzufrischen.

Da die Zinsrechnung und die Berechnung der Einkommenssteuer schließlich nur wenigen nützt, liefern diese Themen eine armselige Motivation für Anwendungen im Unterricht.

B – Dagegen sollten die Schüler im Gebrauch des Werkzeugs Mathematik angesichts unerwarteter praktischer Situationen geschult werden. Der Unterricht sollte auf die *Denkweise der angewandten Mathematik* abzielen und nicht auf das Sammeln von Formeln.

1) Lehre von Gewölbekonstruktionen z.B. in Kirchen.

■ **1 Beispiel**

Die kleinen Schüler von Edith Biggs waren ganz begeistert von einem Kulturfilm, den sie im Fernsehen gesehen hatten. Sie stellten sich dabei die schwierige Frage „Welchen Druck übt ein Elefant auf den Boden aus?"

Der Direktor des Zoos, den die Kinder angeschrieben hatten, lieferte ihnen postwendend das Gewicht eines Dickhäuters sowie vier Zeichnungen mit den Fußabdrücken. Unglücklicherweise enthält aber das Geometriebuch keine Formel zur Berechnung der Fläche eines Elefantenfußes. Angesichts dieser bedeutenden Lücke mußte daher ein Verfahren zur näherungsweisen Bestimmung der Fläche einer krummlinig begrenzten Figur gefunden werden.

Genau diese aktive Einstellung sollte der Unterricht stimulieren. Fragen, die der kindlichen Neugierde entspringen, eignen sich dazu besser als Resultate, die der Lehrplan fordert.

C — Die angewandte Mathematik ist eine systematische Schulung im Transfer. Sie ist eine der fruchtbarsten geistigen Operationen im mathematischen Denken. Letzten Endes bedeutet sie die Identifizierung gleicher Strukturen in verschiedenen Kontexten sowie das Denken in diesen unterschiedlichen semantischen Feldern.

Ein ganz banaler Transfer ist — im Rahmen der analytischen Geometrie von Descartes — der systematische Übergang von der Geometrie zur Algebra, wobei abwechselnd an Figuren und Gleichungen geschlossen wird. Bereits Archimedes regte seinen Freund Erathostenes zu einer systematischen Übersetzung gewisser geometrischer Probleme in die Sprache der Mechanik an. Er selbst bestimmte mit dieser Methode die Fläche eines Parabelsegments. Archimedes hatte nämlich eine Analogie zwischen dieser Berechnung und der Bestimmung des Dreiecksschwerpunktes bemerkt, die heutzutage wegen

$$\int t^2\,dt = \int t \cdot t\,dt$$

völlig klar ist.

Die lineare Programmierung versucht z.B. Probleme der optimalen Betriebsführung in die Sprache der konvexen Polyeder im n-dimensionalen Raum zu übersetzen.

Zunächst hat es den Anschein, daß die Übersetzung eines Problems von einer Sprache in eine andere im Grunde nur ein äquivalentes Problem liefert und die Schwierigkeiten verlagert. Unter denkpsychologischen Aspekten kann jedoch der Gewinn beachtlich sein. Eine im algebraischen Kontext verborgen gebliebene Analogie kann sich bei Vorliegen einer geometrischen Figur im Geiste zu entwickeln beginnen.

■ **2 Beispiel**

Auf der dreielementigen Menge $\{a, b, c\}$ betrachten wir die durch das Pfeildiagramm 1.14 dargestellte Relation. Diese Relation ist keine Ordnungsrelation (warum nicht?); ihre Restriktion auf die zweielementigen Teilmengen von $\{a, b, c\}$ ist eine Ordnungsrelation. Diese „abstrakte", aber gänzlich banale Beobachtung kann man in verschiedenen praktischen Kontexten machen.

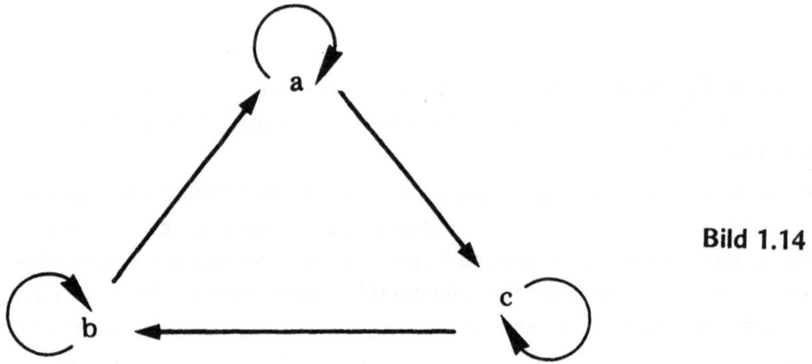

Bild 1.14

a) In dem Kinderspiel „Stein, Schere, Papier" äußert sie sich folgendermaßen:

Der Stein macht die Schere stumpf,
die Schere zerschneidet das Papier,
das Papier wickelt den Stein ein.

b) Das Fehlen der Transitivität tritt auch bei Wahlen zutage, wenn z.B. bei einer Abstimmung über drei Kandidaten oder Optionen auf der Grundlage der absoluten Mehrheit entschieden werden soll. Dieses Paradoxon von Condorcet wird durch folgende Übung illustriert, die dem "Nouvel Observateur" vom 10. April 1972 entnommen worden ist (vgl. [37], Christian Corne und Georges Glaeser).

Das Referendum-Problem

Durch einen Volksentscheid werden die Franzosen befragt: „Wollen Sie eine Präsidialregierung, eine parlamentarische Staatsform oder eine Volksversammlung?"

Die Präferenzverhältnisse sehen bei den 20 Millionen Wählern folgendermaßen aus:

9 Mio. ziehen die Präsidialregierung der parlamentarischen Staatsform vor und lehnen die Volksversammlung ab.

6 Mio. bevorzugen die parlamentarische Staatsform, akzeptieren die Volksversammlung und lehnen die Präsidialregierung ab.

5 Mio. bevorzugen die Volksversammlung, akzeptieren die Präsidialregierung und lehnen die parlamentarische Staatsform ab.

α) Was soll geschehen?
Wenig später gelingt es einem einflußreichen Politiker, ein Referendum über folgende Frage zu erreichen:
„Gibt das französische Volk sein Einverständnis zur Ersetzung der gegenwärtig geltenden Präsidialregierung durch eine Volksversammlung?"

β) Wie wird die Antwort ausfallen?
Nach einiger Zeit veranlaßt ein anderer gewichtiger Politiker ein drittes Referendum zu folgendem Thema:
„Zieht das französische Volk die parlamentarische Staatsform einer Volksversammlung vor?"

γ) Wie wird die Antwort auf diese neue Frage lauten?

c) In einem bestimmten Würfelspiel werden ungefälschte Würfel benutzt, die auf jeder Seite eine ganze Zahl tragen, wobei die gleiche Zahl auch auf (höchstens) zwei verschiedenen Seiten des gleichen Würfels erscheinen darf, während verschiedene Würfel stets verschiedene Zahlen tragen müssen, um ex-aequo zu vermeiden. Gewinner ist derjenige, der mit einem einzigen Wurf die höchste Augenzahl erreicht. Der Würfel A heiße „besser" als der Würfel B, wenn die Wahrscheinlichkeit für A gegen B zu gewinnen grösser ist als 1/2.

   Man entwerfe drei nicht-transitive Würfel A, B, C; d.h., A sei „besser" als B, B „besser als C, aber C „besser" als A.

d) Ähnlichen Situationen begegnet man auch bei Wettbewerben, Turnieren und bei schulischen Bewertungssystemen (vgl. Abschnitt 1.8).

Die Anwendungen der Mathematik können sich auf den Alltag, auf das Berufsleben, auf Interessenschwerpunkte der Schüler (z.B. Spiele), auf andere Wissenschaften (Physik, Natur-Humanwissenschaften) oder auf Zweige der Mathematik selbst beziehen, [24], [25].

So werden z.B. die komplexen Zahlen zur Lösung geometrischer Probleme, die Wahrscheinlichkeitsrechnung bei Fragen der Analysis und die Analysis in der Zahlentheorie verwendet.

Schließlich kann es auch vorkommen, daß der Transfer in einen praktischen Kontext die Lösung eines Problems der reinen Mathematik erlaubt [39].

D – Bei Schülern, die an der Mathematik selbst keinen besonderen Geschmack haben und die an den Zusammenhängen zwischen Mathematik und anderen Interessengebieten interessiert sind, spielen praktische Fragen eine stimulierende Rolle. Anders ausgedrückt: Die Anwendungen *werben* zu Gunsten der Mathematik.

Werbefachleute sind sich darüber klar, daß manche ihrer Kampagnen den ins Auge gefaßten Zielen widersprechen. Es empfiehlt sich also, die Werbewirksamkeit unserer Übungen zu bedenken. Man muß die Schüler davon überzeugen, daß sich eine im Unterricht entwickelte Theorie wirklich mit praktischen Problemen in Verbindung bringen läßt.

Verbannen wir doch die künstlichen und scheinbar anschaulichen Aufgaben, die den unerbittlichen Gegensatz zwischen Mathematik und Leben, den man so gerne aufdeckt, nur noch verschärfen.

■ 3 Beispiel

Unnachsichtig streiche man z.B. die sog. „Röhrenaufgaben" (Zu- und Ablauf von Behältern). Niemand benutzt eine Uhr, wenn er die Badewanne einlaufen läßt! Die Schüler wissen das ganz genau und finden es lächerlich, wenn man so tut als ob. Gegenüber diesem Typ von Aufgaben hat sich eine allgemeine Abscheu entwickelt, und man liefert sich der Anti-Werbung aus, wenn man dennoch daran festhält.

Varianten dieser Probleme begegnet man indessen in neuen praktischen Situationen. Die Erstellung von Programmen für Waschmaschinen zwingen den Konstrukteur zur Erörterung von Füll-Problemen. Ähnlich ist die Ölindustrie an einem geringeren Zeitverlust beim Auftanken der Schiffe im Hafen interessiert, da der Aufenthalt am Kai hohen Gebühren unterliegt.

Auch die Arbeit an einem Montageband kann unter dem Aspekt der „Röhrenaufgaben" gesehen werden; das Band entspricht der Wasserleitung, die Arbeiter entsprechen den Wasserhähnen.

1.7.2 Das Aufstellen von Gleichungen

Wir untersuchen jetzt die Anwendung von Mathematik auf Wissenschaften, die *bereits mathematisiert* sind. Dabei handelt es sich zunächst um die Übersetzung gegebener Daten in die Sprache des Modells (Formulierung einer Gleichung), danach um die Lösung des so gewonnenen Problems.

Wir erinnern an die traditionellen Probleme zweiten Grades im Rahmen der Geometrie, z.B.

> Bestimme einen Punkt M auf einem Halbkreis, so daß das Verhältnis der Flächen gewisser Polygone gleich einer gegebenen reellen Zahl m ist.

Es ist klar, daß Fragen dieser Art, Situationen ohne praktisches Interesse betreffen. Ihre einzige Motivation besteht darin, eine den offiziellen Lehrplänen entsprechende Prüfungsaufgabe mit der unvermeidlichen Diskussion einer quadratischen Gleichung zu liefern. Bis vor kurzem enthielten Lehrbücher ein spezielles Kapitel über die Lösung solcher gekünstelter Fragen.

Interessanter und reellen Bedürfnissen näherstehend sind physikalische Probleme. Allerdings ist auch hier die Beziehung zur Wirklichkeit zuweilen gekünstelt.

In der Tat verfügt der Schüler über eine kleine Liste von Formeln, aus der die Wahl der jeweils richtigen Formel nicht schwerfällt. Er wendet z.B. das Ohmsche Gesetz dadurch an, daß er für den Widerstand (bzw. die Stromstärke) die betreffende Zahl der Ohm (bzw. Ampère) einsetzt, die irgendwo im Text erscheint; um ein weitergehendes Verständnis bemüht er sich nicht. Man kann eine Physikaufgabe lösen, die sich auf einen Apparat bezieht, den man zuvor nie gesehen hat, und unberücksichtigt läßt, ob er in eine Streichholzschachtel paßt oder den Umfang eines mehrgeschossigen Wohnhauses hat! Es genügt, die richtige Formel anzuwenden; welch ein Unterschied zum 1. Beispiel!

Um der Tendenz der Anwendung fertiger und unverstandener Formeln entgegenzuwirken, kann man sich von folgenden Grundsätzen leiten lassen:

a) Anstelle einfacher numerischer Anwendungen lasse man komplexere Situationen untersuchen, die eine Kombination mehrerer Formeln erfordern.
b) Man stelle dem Schüler die Apparate, die untersucht werden sollen, zur Verfügung, damit er mit ihnen hantieren kann.
c) Anregung der Schüler zur eigenständigen Erhebung von Daten und Bedingungen.

■ **4 Beispiel**

Jeder Kandidat für das Abgangszeugnis lernt die Formel für die Dreiecksfläche auswendig; weiß er aber, was Höhen sind? Wird er mit Hilfe geeigneter Instrumente eine Höhe z.B. eines dreieckigen Ackerstückes bestimmen können?

Kinder könnte man z.B. anregen, die Fläche eines viereckigen Blattes zu berechnen, aus dem ein Papierhühnchen gefertigt wurde. Man gibt den Kindern Geräte zum Messen und Zeichnen, verbietet aber das Auseinanderfalten des Hühnchens. Als Hilfe dürfen sie sich höchstens noch ein kleineres Hühnchen anfertigen, um die Papierstärken zu bestimmen, die bei jedem der zu berücksichtigenden polygonalen Gebiete auftreten.

Man wähle die Aufgabe im Hinblick auf ihr besonderes Interesse aus und nicht mit Rücksicht auf den Stoff einer Prüfung [40].

Hier sind einige Beispiele:

■ 5 Beispiel: Das Fermatsche Prinzip

Ein Körper startet im Punkt A, um in minimaler Zeit nach B zu gelangen (Bild 1.15). Er bewegt sich in zwei Medien (die durch zwei von einer Geraden begrenzten Halbebenen dargestellt werden) mit der Geschwindigkeit v bzw. V. Welche Bahn beschreibt der Körper?

Der Ausdruck

$$\frac{\sqrt{a^2 + x^2}}{v} + \frac{\sqrt{b^2 + (1 - x)^2}}{V} = t(x),$$

der die Bewegungszeit liefert, ist demnach zu minimieren.

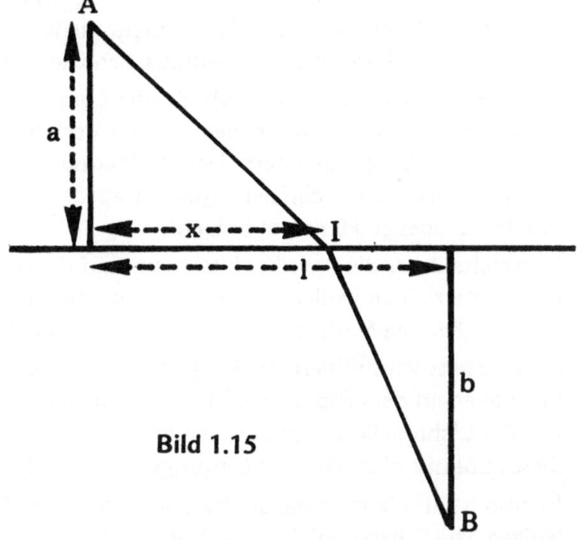

Bild 1.15

Eine elegante Lösung des Problems besteht darin, auf eine Berechnung der Werte x zu verzichten, für die $t'(x) = 0$ ist, und stattdessen die Lösung von $t'(x) = 0$ im Sinne des Brechungsgesetzes von Descartes zu deuten.

■ 6 Beispiel

Gewisse Probleme beziehen ihr Interesse aus ihrer historischen Bedeutung [6]. Im 2. Jhr. v. Chr. bestimmte Erathostenes den Radius der Erde! Sein Ergebnis war zwar 16 % zu groß, doch war dies zu jener Zeit, als nur wenige Gelehrte die Kugelgestalt der Erde vermuteten, eine Leistung! Das Verfahren des Erathostenes bietet keinerlei Interesse, wenn es als banales geometrisches Problem außerhalb des historischen Kontextes dargestellt wird [6]. Wenn es dagegen von einer historischen Einführung begleitet wird, vermag diese erstaunliche Leistung auch 11-jährige Schüler zu begeistern.

Ebenso berichtet die Legende, daß Thales (im 6. Jhr. v. Chr.) die Höhen der Pyramiden durch Vergleich ihres Schattens mit dem eines vertikalen Stabes gegebener Länge bestimmte. Auch hier ist eher das geniale Meßverfahren von Interesse als die daran anschließende einfache Berechnung.

Die Zusammenstellung solcher Aufgaben ist nicht leicht, da sie die Zusammenarbeit von Mathematik- und Physiklehrern erfordert, deren pädagogische Motive i.a. ziemlich unterschiedlich sind.

■ **7 Beispiel**

Die Methode von Bessel zur Ermittlung der Brennweite von Linsen läuft darauf hinaus, die Linse zwischen eine Lichtquelle und einen Schirm zu bringen und die beiden Positionen zu bestimmen, die ein scharfes Bild der Lichtquelle entwerfen. Dieses Verfahren führt auf eine interessante Diskussion einer quadratischen Gleichung.

Die Physiker schätzen diese Methode nicht besonders, weil sie ziemlich unhandliches Material erfordert, ohne die gegenüber anderen Verfahren mit geringerem mathematischen Interesse hohe Präzision zu liefern. Der Optiker benutzt z.B. ziemlich perfekte Fokometer, mit denen die Brennweite einfach abgelesen werden kann, ohne daß er sich um Gleichungen zweiten Grades zu kümmern braucht.

Man sollte daher die Physiker bitten, uns auf die Dinge aufmerksam zu machen, die sie nicht unterrichten wollen, weil sie zu weit von ihren experimentellen Problemen wegführen, die aber den Mathematiklehrer und seine Schüler interessieren [40].

Andererseits sensibilisiere der Mathematiker seine Schüler für Probleme, die in der Realität, nicht aber auf dem Papier auftreten. Der Geometer sagt z.B. leichthin: „Wir fällen das Lot von der Lichtquelle auf den ebenen Spiegel.“ Wie soll es aber der Experimentator anstellen, dieses Lot mit hinreichender Genauigkeit tatsächlich zu fällen?

Ebenso ist die Vermessung der Pyramidenhöhe (6. Beispiel) „auf dem Papier“ leicht zu erledigen. Die Scharfsinnigkeit des Meßverfahrens wird man besser einschätzen, wenn man es tatsächlich anzuwenden versuchen würde, ohne dabei das Gestein zu durchdringen, um dort Linien zu zeichnen und diese abzumessen.

1.7.3 Das Mathematisieren

Der Entwurf mathematischer Modelle zur Erfassung praktischer Situationen ist für die intellektuelle Bildung unserer Schüler äußerst wichtig.

Die Analyse der Wirklichkeit, die Auswahl der wichtigen Begriffe, die Konstruktion des abstrakten Modells und des „Lexikons“ zur Übersetzung jener Begriffe in Symbole ist höchst lehrreich.

„Indem man ein Anwendungsproblem auf seine mathematische Form reduziert – schreibt Polya – setzt man sich zwei gegensätzlichen Fehlertypen aus: Man kann durch Transgression oder durch zu starkes Vereinfachen sündigen. Da die Realität äußerst komplex ist, muß man Nebensächlichkeiten vernachlässigen sowie vereinfachen und idealisieren. Vernachlässigt man zu viele Faktoren, so wird das Problem unrealistisch und verliert den Kontakt zu den Fakten. Berücksichtigt man zu viele unwesentliche Einzelheiten, so kommt man auf ein nicht zu bewältigendes Problem, dessen Lösung viel zu große Investitionen an menschlicher Energie oder Material erfordert.

Wenn es gelingt, ein Problem weder grob vereinfachend noch zu verzwickt zu formulieren, kann damit eine Leistung vollbracht sein, die alles ins Spiel bringt: Erfahrung, Wissenschaft, Talent, die Kunst des angewandten Mathematikers, sowie Glück." [41].

Leider muß man in Ländern, deren Unterricht völlig auf starren Lehrplänen beruht, feststellen, daß das Mathematisieren von Sachverhalten eine Aktivität ist, die systematisch vernachlässigt wird. In der Tat ist es ziemlich schwierig, interessante praktische Situationen zum Mathematisieren zu finden, die auch unter mathematischen Gesichtspunkten hinreichend ergiebig sind. Der Lehrplan verleitet dazu, sich um jeden Preis auf gewisse fixierte Problemtypen zu beschränken.

■ **8 Beispiel**

Die meisten der von der Wirtschaft aufgeworfenen Probleme der linearen Programmierung laufen auf die Untersuchung von ein paar Dutzend Ungleichungen hinaus, die von ein paar Dutzend Parametern abhängen. Die Schüler sind leicht davon zu überzeugen, daß die Lösung eines solchen Problems „von Hand" äußerst vertrackt ist, während es mit einem Computer leicht gemeistert werden kann.

Es wäre pädagogisch schädlich, würde man den Daten und Fakten Gewalt antun, nur um ein solches Problem auf ein lineares Ungleichungssystem mit zwei Unbekannten zurückzuführen. Dieses System könnten die Schüler zwar sicher lösen; durch das ständige Vernachlässigen verschiedenster Faktoren kommt man aber zu jenen unrealistischen Problemen, die Polya angeprangert hat. Hüten wir uns also davor, eine Theorie des Flugzeugs zu entwikkeln, bei der – um zu vereinfachen – der Luftwiderstand vernachlässigt wird!

Der gleiche pädagogische Fehler hat länger als ein Jahrhundert systematisch den Unterricht in Mechanik verfälscht.

Bekanntlich führen die meisten natürlichen Probleme der Mechanik – die nach René Thom sog. generische Situationen darstellen – auf ein System von Lagrangegleichungen, das nicht hinreichend integrierbar ist. Anders ausgedrückt: Man kann von einem Kandidaten, der ein mechanisches Problem durch Gleichungen darstellen soll, unmöglich verlangen, daß er, ohne über einen leistungsfähigen Kalkül zu verfügen, weitere mathematische Untersuchungen daran anknüpft.

Um den Kandidaten für das Zeugnis in theoretischer Mechanik ihren Anteil an Prüfungsaufgaben liefern zu können, beschränkt man sich auf sehr spezielle Fälle, denen man in der Praxis fast nie begegnet. Dieser Typ von Problemen mit nur einem wesentlichen Parameter hat in immer alberneren Varianten den pädagogischen Bedürfnissen der theoretischen Mechanik Stoff gegeben. Von daher hat auch die wohl bekannte Verkalkung des Unterrichts in theoretischer Mechanik ihren Anfang genommen.

■ **9 Beispiel**

Eine der seltenen Ausnahmen von dem eben Gesagten bildet auf Universitätsniveau die Untersuchung von schwingenden Saiten. Die mathematische Darstellung des Schwingungsvorgangs und die Theorie der Schwingungsgleichung sind selbst Studenten selten zugänglich. Nur wenige wählen nämlich während ihres Studiums die Veranstaltungen „Mechanik der Kontinua" und „Höhere Analysis" gleichzeitig.

Wenn man also Schüler in den Prozeß der Mathematisierung einführen will, sollte man darauf verzichten, diese Aktivität vom erhaltenen mathematischen Problem zu trennen. Man sollte nicht zögern, komplexe Situationen zur Mathematisierung anzubieten, die auf triviale mathematische Probleme führen. H. O. Pollak schreibt: „Oft ist es schwieriger ein Problem zu formulieren, als es zu lösen."

■ **10 Beispiel**

Alan Tammadge beschreibt in seinem Artikel "How much does it cost to keep a dog?" ein aufregendes pädagogisches Experiment, das er in einer Klasse mit 11–12jährigen Kindern erlebt hat [42]. Man kann bei diesem Thema nicht umhin, daran zu denken, wie viele Erwachsene wohl in der Lage sind, die Unterhaltskosten ihres Wagens zu berechnen!

Den Schülern ist es nicht gerade leicht gefallen, die richtigen Begriffe herauszuschälen und einzusehen, daß verschiedene Arten von Kosten unterschieden werden müssen, je nachdem, ob diese fest (Kaufpreis des Hundes), periodisch (Nahrungskosten), unregelmäßig oder zufällig (Kosten für den Tierarzt, falls der Hund nicht versichert ist) sind. Ferner war z.B. zu entscheiden, ob und wie das Alter des Hundes in die Nahrungskosten einging. Das Ergebnis all dieser Überlegungen wurde schließlich in Form eines Flußdiagramms dargestellt, das die Berechnung der Kosten für einen beliebigen Hund erlaubt, falls gewisse numerische Daten vorliegen.

Man kann dieses Flußdiagramm auch dazu benutzen, die Schüler zu Multiplikation von Dezimalbrüchen anzuregen; die Bedeutung dieser Rechenübung ist jedoch gering, im Vergleich zum Beitrag der Mathematisierungsphase.

Andere Beispiele für Mathematisierungsübungen auf verschiedenen Niveaus findet man in [43], [44] und [37] (J. C. Herz, S. Turnau, G. Glaeser, M. Glayman, usw.).

Die Mathematisierung von Sachverhalten läßt sich auf eine Kodierung zurückführen, die es gestattet, die verschiedenen Zustände einer Situation der Praxis durch geeignete mathematische Symbole zu beschreiben. Beispiele hierzu findet man in [37] (vgl. die Artikel von P. Jullien und J. C. Herz) und in [46].

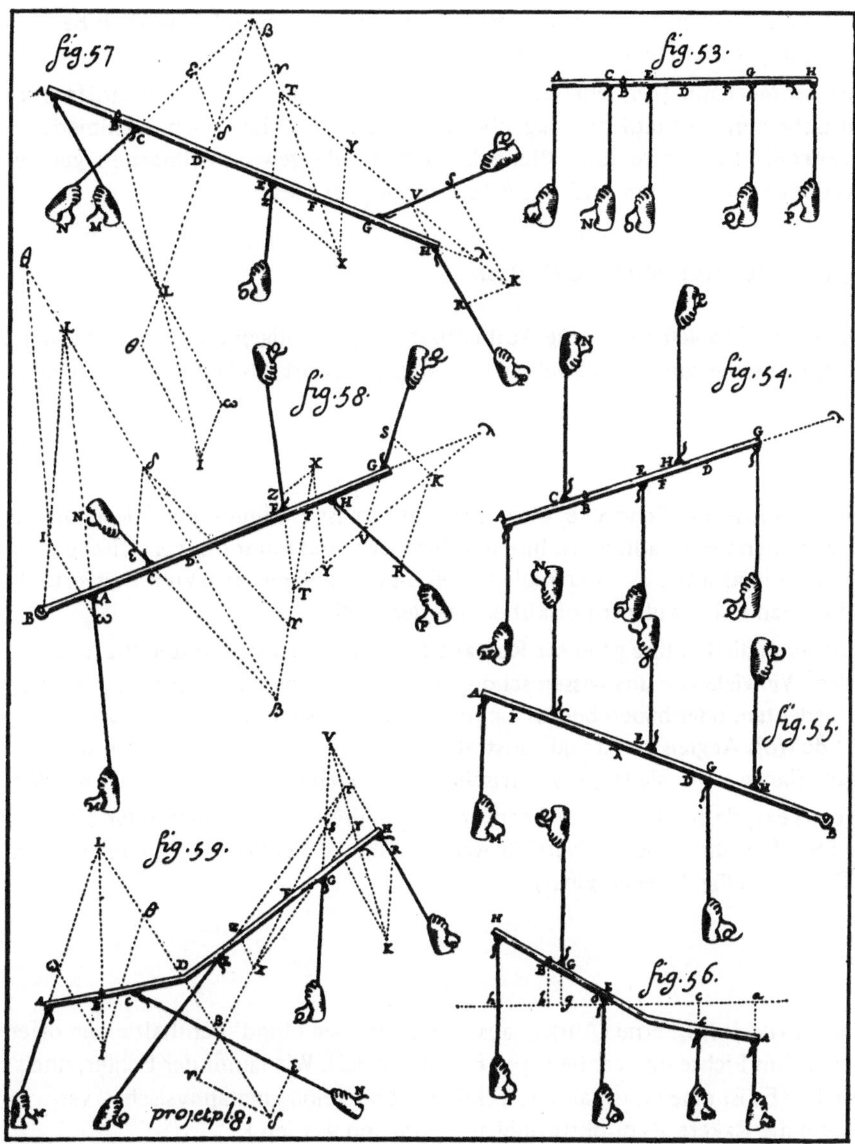

Bild 1.16

Dann gab es drei Möglichkeiten:

1. Das Projektil besitzt noch Eigengeschwindigkeit, dann überwindet es die kräftefreie Zone und gerät ins Schwerefeld des Mondes, um schließlich auf den Mond zu fallen.
2. Die Geschwindigkeit reicht nicht aus, um dem Anziehungsbereich der Erde zu entkommen. Dann muß das Projektil auf die Erde zurückfallen.
3. Die Antriebskraft beförderte es zwar bis zum neutralen Punkt, aber nicht mehr darüber hinaus. Dann mußte es bewegungslos an dieser Stelle stehenbleiben, wie das Grab Mohammeds zwischen Zenit und Nadir.

Die Entdeckung einer mathematischen Struktur, die einen praktischen Sachverhalt beschreibt, wirft häufig große Schwierigkeiten auf.

Die Geschichte der Mechanik [45] lehrt uns, daß die Herauslösung des Vektorbegriffs lange hinter den Fortschritten der Statik zurückgeblieben ist. Erst 2000 Jahr nach Archimedes verstand man es endgültig, Kräfte durch Pfeile darzustellen, die gewissen einfachen, geometrischen Operationen unterworfen sind; das Bild 1.16 bezeugt dies.

1.7.4 Pädagogik der fiktiven Situationen

Neben den „seriösen" Problemen, die die Authentizität der jeweiligen praktischen Situation berücksichtigen, kann man auch die gewaltige pädagogische Kraft des Humors ausnutzen.

■ **11 Beispiel**

Das Problem der Seerose, der Schnecke, die einen Klettermast erklimmt, der Fliege, die bis zu ihrem Tod zwischen zwei Radfahrern hin- und herfliegt, sind unter mathematischen Gesichtspunkten recht instruktiv. Es ist erfreulich, daß diese Probleme auch zum Zeitvertreib und bei Nachtwachen in Ferienlagern diskutiert werden [28].

Manchmal kann auch die Lektüre gewisser Romane für den Mathematikunterricht nutzbar gemacht werden. Wie viele von uns wissen schon, was die Zeitzonen im Roman „In 80 Tagen um die Welt" bedeuten, oder haben bei der Lektüre von Jules Vernes "Les aventures de trois Russes et de trois Anglais en Afrique australe" bemerkt, daß sie in Methoden der Landvermessung (lange bevor sie trigonometrische Funktionen kennen) eingeführt wurden?

Hier ist noch ein Text, dessen Erklärung Thema einer Teilprüfung in Mechanik für Studenten im zweiten Studienjahr an der Universität war. (Es ist hier nicht der Ort zu analysieren, warum diese Prüfung völlig daneben ging!).

■ **12 Beispiel**

Der folgende Text von Jules Verne (Auszug aus „Reise um den Mond") enthält einen offensichtlichen Fehler (im Lichte unserer heutigen Erkenntnisse!). Wie lautet der Fehler, und was ist fehlerhaft? (Es ist eine physikalische Erklärung und keine „metaphysische" verlangt; ferner kann die Rakete als punktförmig angenommen werden.)

Auf der Bahn zwischen Erde und Mond nahm die auf das Projektil wirkende Erdanziehung im Quadrat der Entfernung zur Erde ab, während die Anziehung des Mondes entsprechend zunahm. Das Projektil mußte daher zwangsläufig einen Punkt erreichen, an dem es jede Schwere verlor, weil sich beide Anziehungskräfte gegenseitig aufhoben. Besäßen Erde und Mond die gleiche Masse, dann läge dieser Punkt exakt auf der Mitte der gedachten Linie Erde/Mond. Es ließ sich ohne Schwierigkeiten errechnen, daß dieser Punkt entsprechend dem Unterschied der Massen nach 47/52 der Gesamtstrecke passiert werden mußte, also nach einer Reise von 346 826 km. Ein Körper ohne eigene Bewegungsenergie oder Antriebskraft müßte an diesem Punkt verharren, von beiden Gestirnen gleichmäßig angezogen, sofern er nicht von einer dritten Kraft beeinflußt würde.

Falls die Beschleunigung des Projektils richtig berechnet war, mußte seine Geschwindigkeit an diesem Punkt nahezu auf Null herabsinken, und gleichzeitig mußte jede erkennbare Schwerkraft verschwinden.

Barbicane erläuterte diese möglichen Risiken der Mondreise, und seine Kameraden hörten interessiert zu. Sie hatten die Sache mit der völligen Schwerelosigkeit rasch begriffen, und es fiel ihnen allmählich schon auf, wie sich die Gewichte von Stunde zu Stunde verringerten. Plötzlich, gegen elf Uhr morgens, blieb ein Glas, das Nicholl normalerweise aus der Hand gefallen wäre, in der Luft schweben.

„Endlich was Witziges an der ganzen Physik!" rief Michel Ardan.

Auch andere Gegenstände, Flaschen, Aschenbecher und Pistolen rührten sich nicht von der Stelle, an der man sie losgelassen hatte. Michel demonstrierte wie ein Varietékünstler das berühmte Schwebewunder am lebenden Objekt: während Artisten wie Gaston und Robert Houdin seinerzeit mit Täuschungen und Tricks arbeiten mußten, brauchte er Diana nur einmal anzuheben, dann blieb das Tier in der Luft hängen — was ihm offensichtlich gar nicht bewußt wurde.

Als die sonst so unerschrockenen Mondfahrer das Phänomen der Schwerelosigkeit am eigenen Körper erfuhren, waren sie trotz der Möglichkeit, die Erscheinung rational zu bewältigen, überrascht, ja bestürzt. Ein ausgestreckter Arm sank nicht mehr herunter, und die Köpfe saßen nicht mehr so fest auf den Schultern wie zuvor. Selbst die Füße blieben nicht allein auf dem Boden. Wie Betrunkene schwankten die Freunde. Die Theatereffekte der Oper hatten lediglich Menschen ohne Schatten hervorgebracht; der Mensch ohne Gewicht, der bisher unvorstellbar gewesen war und den sie jetzt vorstellten, entstammte einer Aufführung der Natur.

Die bekannte didaktische Methode der sog. „eingekleideten" Aufgaben nutzt bewußt fiktive Situationen, indem sie einen mathematischen Text in einem erfundenen Kontext darstellt. Zwei Beweggründe können zur Rechtfertigung dieses Verfahrens geltend gemacht werden:

a) Manchmal möchte man einen „trockenen" Sachverhalt attraktiv gestalten; so kann man etwa in den Werken von Archimedes ein schwieriges arithmetisches Problem in allegorischer Form (Problem der Ochsen) dargestellt finden, und Omar Khayyam verfaßte seine Texte in Versform!

Es ist zweifelhaft, ob unsere Schüler für diese Kunstgriffe hinreichend sensibel sind, da doch ihr literarischer Hintergrund so verschieden ist.

■ 13 Beispiel

Das sog. PERT-Verfahren (Programm Evaluation and Review Technic) wird zur Produktionsplanung von Waren verwendet, deren Herstellung eine Vielzahl von Fertigungsmaßnahmen erfordert, die gewissen Einschränkungen hinsichtlich ihrer Dauer und Reihenfolge unterliegen. Es beruht auf einfachen Mengenbegriffen und kann bereits von jungen Schülern verstanden werden. Da jedoch die Lehrerin Françoise Dubail nicht sicher sein konnte, ihre Schüler mit der Produktionsplanung z.B. von Bügeleisen zu begeistern, gab sie ihnen die folgende Aufgabe, die sich v.a. an die Asterix-Freunde wendet [37].

Zur Herstellung eines magischen Trankes benötigt man: einen Kessel, eine Hippe aus Gold, Quellwasser und die folgenden Zutaten:

2 Amethysten (a), 6 Rüben (b), 4 Herzen von Arbeitsbienen (c), 7 ägyptische Datteln (d), 9 Akaziendornen (e), 15 Holzbeeren (f), 3 Vipernmäuler (g) und 1 mit der Goldhippe geschnittenen Stechpalmenzweig (h). Man fülle den Kessel mit Wasser und weiche dann die Zutaten unter Beachtung folgender Vorschrift ein:

1. (a) muß wenigstens drei Tage vor (d), (f), (e) gewässert werden.
2. (g) muß mindestens vier Tage wässern;
   (f) muß mindestens sieben Tage wässern;
   (h) muß mindestens drei Tage wässern.
3. Bevor (g) eingeweicht wird, muß (b) mindestens sechs Tage und (d) mindestens vier Tage eingeweicht worden sein.
4. Bevor (h) eingeweicht wird, müssen (c) und (e) wenigstens zwei Tage gewässert worden sein.

Frage: Welche Zeit wird zur Herstellung des Trankes mindestens gebraucht?

b) In anderen Fällen können durch geeignete Einkleidung interessante Probleme in einer den Kindern auf Anhieb verständlichen Sprache gestellt werden.

■ **14 Beispiel**

Die Einführung in die deduktive Geometrie kann von langer Hand vorbereitet werden. Kindern, die bereits mit Landkarten umgehen können, aber noch nicht mit der Mengensprache vertraut sind, legt man z.B. ein schematisiertes Straßennetz vor (Bild 1.17).

Dann bittet man die Kinder, das Netz so zu vervollständigen (oder zu modifizieren), daß folgende Bedingungen erfüllt sind:

„Je zwei verschiedene Städte werden durch genau einen direkten Weg verbunden" oder „Zwei verschiedene Wege enden stets in einer gemeinsamen Stadt."

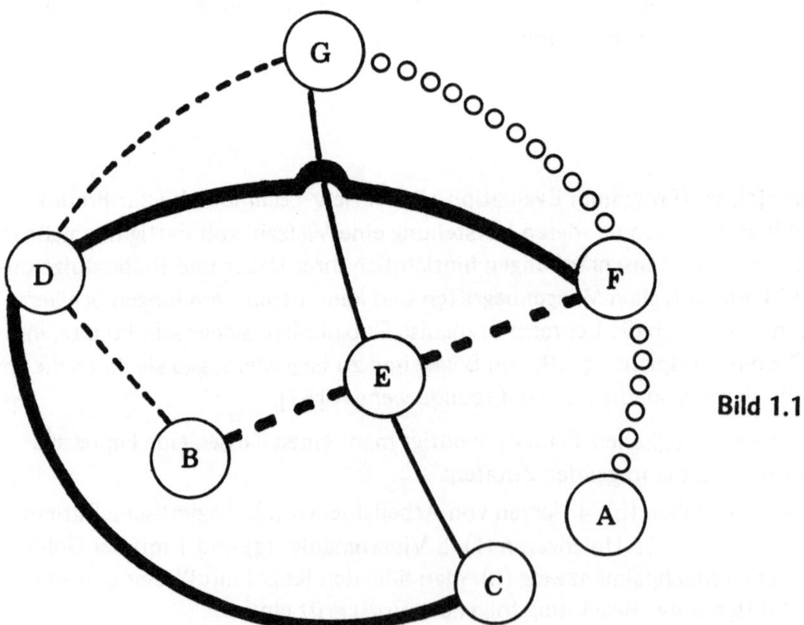

Bild 1.17

Auf diese Weise erhält man endliche Modelle, die alle Axiome der affinen (bzw. projektiven) Inzidenegeometrie erfüllen, ohne daß die Wege gradlinig aussehen müssen.

Mit diesem Material kann eine Reihe interessanter Überlegungen angestellt werden, mit deren Hilfe geometrische Beweise präfiguriert werden können [47].

Auf diesem Niveau ist es äußerst vorteilhaft, die Wörter „Gerade", „Parallele", „Ebene" zu vermeiden, die im Denken der Schüler tief in ihrer landläufigen Bedeutung verankert sind. Man umgeht dann den Konflikt zwischen Deduktion und Erfahrung, der eine der Hauptschwierigkeiten im Lehren mathematischen Beweisens bildet.

Trotzdem ist die vorangehende Einkleidung noch nicht befriedigend. So stellt man z.B. fest, daß sich die Wege, die die Städte C, D, F und G, E, C verbinden, außerhalb einer Stadt kreuzen. Dem kann dadurch abgeholfen werden, daß man „Weg" durch „Autobahn" ersetzt und Kreuzungen durch Brücken oder Tunnel vermeidet. Das Bild vom Autobahnnetz ist trotzdem noch zu bedeutungsgeladen, als daß die Schüler von dessen Form abstrahieren könnten. So ist in der Figur z.B. die Stadt D „zwischen" C und F gezeichnet, obwohl im gegenwärtigen Stadium der Inzidenzgeometrie keine Rede von einer Ordnungsrelation ist. (Diese müßte durch entsprechende zusätzliche Axiome expliziert werden.)

Auf der Suche nach einer Einkleidung, die den Schülern jene Abstraktionen erleichtern könnte, wurde der Vorschlag gemacht, sich einen See mit gewissen Anlegestellen A, B, C, D, ..., G am Ufer oder auf Inseln vorzustellen, die von Schiffahrtslinien angelaufen werden. In diesem Fall liegen die Routen nicht mehr in materialisierter Form vor, und man kann den Schülern z.B. klar machen, daß sich der Kapitän, der die Anlegestellen C, D, F anläuft, vorbehält, den Weg entsprechend den Wetterbedingungen zu ändern. Insbesondere braucht er die Landungsplätze nicht in unveränderlicher Reihenfolge anzusteuern.

Nun kann man die Schüler auffordern, andere Schemata zu zeichnen, die zwar ganz anders aussehen als die vorangegangene Figur, aber die gleichen Inzidenzbeziehungen enthalten; d.h., man beschäftigt sich mit isomorphen Inzidenzstrukturen. All dies kann ohne Verwendung der Mengensprache durchgeführt werden. Natürlich bedarf es eines umsichtigen Vorgehens, um jede Übung der Altersstufe der Schüler anzupassen, für die sie gedacht ist. Endliche Geometrie kann indessen ebenso an der Universität betrieben werden.

Abschließend noch einige Beispiele, bei denen die Mathematik zur Einkleidung von Grammatikübungen dient.

■ 15 Beispiel

Ich bin dreimal so alt wie Sie waren, als ich so alt war, wie Sie sind.

Sam Loyd 14 formuliert eine ähnliche Aufgabe: „Maria ist doppelt so alt wie Anne war als Maria halb so alt war, wie Anne sein wird, wenn Anne dreimal so alt ist, wie Maria war, als Maria dreimal so alt wie Anne war. Maria und Anne sind zusammen vierundvierzig Jahre. Wie alt ist Maria?"

Können die Kollegen aus dem Fach Deutsch den Schülern helfen, dieses Kauderwelsch zu entschlüsseln?

1.8 Tests

Das vorliegende Kapitel unterscheidet zwei Kategorien von Kontrollfragen, deren Zielsetzungen verschieden und zuweilen gegensätzlich sind: *pädagogische Tests* und *Prüfungen mit sozialen Sanktionen.*

Die letzteren vergeben für den außerschulischen Gebrauch Kompetenz-Zeugnisse (Noten, Beurteilungen, Diplome) zur Orientierung im späteren Berufsleben. Die pädagogischen Tests hingegen sind Instrumente des Unterrichtsprozesses. Sie sorgen für den feed-back zwischen Schülern und Lehrer, und ihre Ergebnisse bleiben im allgemeinen außerhalb der Schulmauern ohne Konsequenzen. Ferner liefern sie Lehrern und Schülern ständig Informationen darüber, wie der Unterricht „ankommt". In seiner simpelsten Form reduziert sich der pädagogische Test auf die Frage: „Habt ihr verstanden?"

Leider sind die Geprüften nur selten imstande, diese Frage brauchbar zu beantworten; man muß nämlich schon ein recht fortgeschrittenes Stadium der Mathematikausbildung erreicht haben, um sich bewußt zu machen, was man nicht verstanden hat, und seine Verständnisschwierigkeiten zu artikulieren.

1.8.1 Die Selbstkontrolle

Es empfiehlt sich, die Schüler darin zu unterweisen, ihr Wissen selbständig zu kontrollieren und sich den Grad der Wissensaneignung bewußt zu machen. Hierzu können die folgenden oder ähnliche Aufgaben dienen.

a) *Überprüfung von Fertigkeiten*
Der Schüler erfindet selbst Zahlenbeispiele, an denen er die erlernte Methode testet. Die Beispiele sollte er so wählen, daß er selbst die Resultate leicht prüfen kann. Beispiel: Der Schüler stellt eine Gleichung mit zuvor von ihm bestimmten Wurzeln auf, dann löst er die Gleichung nach dem Verfahren, das er testen möchte.

b) *Kontrolle des Beweisverständnisses*
Der Schüler wiederholt den Beweis für besondere Fälle. (Ein Beweis über Kegelschnitte wird z. B. für die Parabel wiederholt.)

c) *Überprüfung der Richtigkeit eines Resultats*
Der Lehrer vermeide es, auf die Frage des Schülers nach der Richtigkeit seiner Rechnung zu antworten. Er sollte ihn vielmehr dazu ermuntern, sich von der Korrektheit eines Ergebnisses durch verschiedene Nachprüfungen selbst zu überzeugen: Sind z. B. die gewonnenen Formeln in sich stimmig, leuchtet das Resultat für Spezial- oder Grenzfälle ein, ist die Größenordnung des Ergebnisses plausibel?

d) *Der Schüler sollte sich selbst beurteilen*
Genauer: Er sollte imstande sein, eine Beurteilung seiner Arbeit auf die Bedeutung der von ihm begangenen Fehler zu gründen. Schwerwiegende Beurteilungsfehler rühren im allgemeinen von größeren Verständnislücken her.

Diese Übung umfaßt bestimmte moralische Aspekte, die nicht vernachlässigt werden sollten: die Entwicklung wissenschaftlicher Redlichkeit, Selbsterkenntnis oder hochmütige Selbstgefälligkeit, gesundes Selbstvertrauen. Besteht ein Schüler eine Klassenarbeit nicht, so kann die Selbstbeurteilung dazu beitragen, die Schuld nicht mehr beim Lehrer zu suchen. Außerdem ist damit der Lehrer seiner Rolle als Noten-Orakel bzw. als Verteiler von Belohnung und Tadel enthoben.

1.8.2 Der unmittelbare feed-back

Die einfache Frage: „Habt ihr alles verstanden?" sollte der Lehrer durch eine Reihe von Fragen ersetzen, die geeignet sind, Mißverständnisse unmittelbar aufzudecken, und damit den Unterrichtsverlauf beeinflussen können. Diese Kontrollfragen müssen sich aber pädagogisch unzweideutig interpretieren lassen.

■ **1 Beispiel**

a) Um das Verständnis des Begriffs „Primzahl" zu testen, werden die Schüler gebeten, diese Zahlen in einer Liste anzustreichen. Erfolg oder Mißerfolg bei dieser Aufgabe braucht jedoch nicht unbedingt etwas mit dem abzutestenden Begriffsverständnis zu tun zu haben. Wenn ein Schüler z.B. meint, die Zahl 133 (die sich zerlegen läßt in $7 \cdot 19$) sei prim, dann könnte das daran liegen, daß er nicht versucht hat, durch 7 zu teilen, oder die Division war fehlerhaft. Liegt der zweite Fall vor, dann steht nicht das Begriffsverständnis zur Debatte, sondern die Schwäche im Rechnen.

b) Ähnlich verhält es sich, wenn ein Schüler richtig differenzieren kann; hieraus kann nicht der Schluß gezogen werden, daß der Schüler auch den Begriff der Ableitung verstanden hat.

c) In einer Testbatterie, mit der der Erwerb der Mengensprache überprüft werden sollte, waren die falschen Aussagen anzustreichen. Fast alle Kandidaten strichen – zurecht – die Ausdrücke

$$\{1, 8\} \in \{1, 2, 5\} \qquad \{1, 8\} \subseteq \{1, 2, 5\}$$

an.

Eine feinere Analyse des Verhaltens der schwächeren Schüler zeigte, daß sie besonders von der Zahl 8 (in der Menge $\{1, 8\}$) beeindruckt waren; bei den Aufgaben

$$\{1, 5\} \subseteq \{1, 2, 5\} \qquad \{1, 5\} \in \{1, 2, 5\}$$

wo nur die Verwendung von $\in$ und $\subseteq$ zur Debatte stand, scheiterten jene Schüler (vgl. "Tests sur l'acquisition des Connaissances en fin de cinquième" – Untersuchungen des I.R.E.M. Straßburg [57]).

Aufgrund dieser Bemerkungen sollte man sich in der Tat fragen, was man eigentlich meint, wenn man von einem Schüler sagt, er hätte *verstanden.*

Prof. Bloom aus Chicago [48] und seine Schule bemühen sich seit langem um eine Klassifizierung pädagogischer Ziele, indem sie verschiedene Niveaus von Wissen und Verständnis unterscheiden.

Im folgenden stellen wir eine vereinfachte Version der Bloomschen Hierarchie vor, die vom Prüfungsamt der Princeton-Universität benutzt wird. (Wohlgemerkt werden die in der unten angegebenen Liste verwendeten Begriffe durch zahlreiche vergleichende Beispiele in den Veröffentlichungen [48], [49], [50] erörtert und illustriert.)

0: Die Fähigkeit, sich an Wissen und Sachverhalte zu erinnern

1: Die Fähigkeit, mathematische Operationen auszuführen.

2: Die Fähigkeit, gewöhnliche Probleme zu lösen.

3: Die Fähigkeit, das Verständnis mathematischer Begriffe und Gedankengänge unter Beweis zu stellen.

4: Die Fähigkeit, gewöhnliche Probleme zu lösen, die Scharfsinn und Geschicklichkeit erfordern.

5: Die Fähigkeit, höhere geistige Prozesse auf die Mathematik anzuwenden.

Diese Arbeiten verdienen, vervollständigt und v.a. besser den Erfordernissen des Mathematikunterrichts angepaßt zu werden.

■ **2 Beispiel**

Bei den Begriffen „Kern“ und „Bild“ einer linearen Abbildung kann man verschiedene Niveaus der Begriffsbildung unterscheiden. Die Definitionen werden auswendig beherrscht (das entspricht dem Niveau 0 der vorangehenden Hierarchie).

Der Lernende kann jene beiden Teilräume für numerisch gegebene lineare Abbildungen bestimmen (Niveau 1).

Der Lernende kann Fallen und Fangfragen parieren, wenn z.B. nach dem Kern einer nicht linearen Abbildung gefragt wird (Niveau 3).

Jedoch hat man diese Begriffe erst dann wirklich verstanden, wenn man z.B. ein Paar (A, B) von Endomorphismen angeben kann, mit $A \circ B = 0$ und $B \circ A \neq 0$, indem die gegenseitige Lage der Mengen „Kern“ und „Bild“ ausgenutzt wird. (Niveau 5 oder 3, je nachdem, ob der Lernende das gesuchte Verfahren wiederentdeckt oder bereits bekannte Verfahren geeignet anpaßt und anwendet).

1.8.3 Prüfungen mit sozialen Sanktionen

In der gegenwärtigen Gesellschaft – und zwar unter jedem politischen Regime – ist der Lehrer mit *sozialer Macht* ausgestattet: Er ist gehalten, auf der Grundlage von mündlichen oder schriftlichen Prüfungen und Examen Eignungszeugnisse und Diplome auszustellen. Diese Rolle unterscheidet sich offensichtlich von der Erziehungsfunktion des Lehrers und widerspricht ihr bisweilen in gewissem Maße [51].

Jeder Lehrer sollte über diese beiden Aspekte seines Berufes nachdenken; die in aller Sachlichkeit daraus gezogenen Konsequenzen verdienen, in allen Feinheiten dargelegt zu werden. Einerseits ist eine innerhalb genau festgelegter Grenzen durchgeführte Selektion völlig gerechtfertigt: Das Doktordiplom der Medizin, der Pilotenschein für die kommerzielle Luftfahrt und das Staatsexamen für Mathematiklehrer etc. dürften nicht in einer „Wundertüte" gefunden werden können. Vielmehr *müssen* diese Zeugnisse Qualifikationen verbürgen, die in der Öffentlichkeit Vertrauen erwecken. Wenn es also darum geht, diese Qualifikationen zu überprüfen, ist dann diese Kontrolle nicht besser bei den kompetenten Prüfern als bei Polizisten, Inquisitoren oder politischen Funktionären aufgehoben? Andererseits nehmen die Umstände der Verleihung von Zeugnissen mitunter recht fragliche Formen an.

Henri Piéron schreibt: „Die Prüfer berufen sich auf echte Souveränität, bei der sie viel zu oft in Versuchung geraten, sie zu mißbrauchen, selbst wenn sie in gutem Glauben handeln."

Der Mißerfolg bei Prüfungen wird viel zu sehr dramatisiert. Manchmal wird er von dem unglücklichen Kandidaten als Schande oder als Ungerechtigkeit empfunden. Dieser traumatische Aspekt ist der eigentlichen Funktion von Prüfungen völlig fremd: Es müssen noch gewaltige Anstrengungen unternommen werden, um Prüfungsformalien humaner zu gestalten.

Jedesmal, wenn ein Prüfer in einer Prüfungskommission sitzt, sollte er sich in Gedanken einige Jahre in die Zeit zurückversetzen, als er selbst auf der Prüfungsbank saß. Es wäre oft besser, wenn die Erwachsenen nicht so schnell vergessen würden!

Wenn wir – vorbehaltlich einer genaueren Bestandsaufnahme – die Legitimität der in diesem Abschnitt erörterten Prüfungen zugeben, so soll dies mit der Absicht verbunden sein, die Abfassung von Prüfungstexten unter technischen und pädagogischen Gesichtspunkten zu untersuchen.

1.8.4 Allgemeine Prinzipien für die Vorbereitung von Prüfungen

Ein Prüfungstext hängt von seiner Zweckbestimmung ab. Sein Autor sollte sich zunächst fragen, welche Kenntnisse oder Fähigkeiten er aufspüren möchte.

Die Form der Prüfung, die Auswahl, Formulierung und Anordnung der Fragen sowie Korrektur- und Beurteilungsverfahren müssen jener Zweckbestimmung untergeordnet werden.

Statt eine allgemeine Theorie dieser verschiedenen Faktoren zu entwickeln, gehen wir exemplarisch vor.

■ **3 Beispiel**

Der folgende Fragebogen wurde von N. Roby zusammengestellt. Er benutzte ihn während der ersten Arbeitssitzungen in einem Mathematikkurs.

wahr falsch

1. Eine ganze Zahl ist durch 6 teilbar, wenn sie durch 3 teilbar ist
2. Wenn eine ganze Zahl durch 6 teilbar ist, dann ist sie auch durch 3 teilbar.
3. Wenn eine ganze Zahl durch 6 teilbar ist, dann ist sie durch 3 und 2 teilbar.
4. Wenn eine ganze Zahl durch 9 und 4 teilbar ist, dann ist sie durch 6 teilbar.
5. Wenn eine ganze Zahl nicht durch 6 teilbar ist, dann ist sie weder durch 3 noch durch 2 teilbar.
6. Wenn eine ganze Zahl weder durch 3 noch durch 2 teilbar ist, dann ist sie nicht durch 6 teilbar.
7. Wenn die senkrechte Projektion eines rechten Winkels kein rechter Winkel ist, dann darf einer seiner Schenkel nicht parallel zur Projektionsebene sein.
8. Wenn einer der Schenkel eines rechten Winkels nicht parallel zur Projektionseben ist, entsteht durch senkrechte Projektion kein rechter Winkel.
9. Haben zwei Kreise einer Ebene gleiche Radien, so können sie durch eine Homothetie ineinander abgebildet werden.
10. Wenn sich zwei Geraden im Raum nicht schneiden, dann sind sie nicht in einer gemeinsamen Ebene enthalten.
11. Sind zwei Geraden im Raum nicht in einer gemeinsamen Ebene enthalten, so schneiden sich die beiden Geraden nicht.
12. Eine Ellipse E habe die Brennpunkte F und F′ sowie die große Achse 2a. Der Punkt M (der Ellipsenebene) liegt auf E, falls $MF = \frac{2}{3}a$ und $MF' = \frac{4}{3}a$.
13. Der Raumpunkt M liegt auf E, falls $MF = \frac{2}{3}a$ und $MF' = \frac{4}{3}a$.
14. C und C′ seien zwei Kreise einer Ebene mit Radius R, deren Mittelpunkte O und O′ die Entfernung 56 R haben. Ein Punkt M liegt genau dann auf C und C′, wenn $MO = MO' = R$.
15. Ist eine ganze Zahl a durch b teilbar, so ist der Rest bei Division von a durch b kleiner als 3.

Dieser Text ist auf extrem schwache Schüler abgestimmt. Mit seiner Hilfe werden diejenigen Schüler herausgefunden, die keine fortgeschrittenen Studien in Mathematik betreiben können, solange sie diese Lücken und Fehler nicht überwunden haben. Dieser Text hat nicht den Ausschluß oder die Unterdrückung von Schülern zum Ziel; er soll vielmehr denjenigen der scheitert, davon überzeugen, daß er nicht die erforderlichen Fähigkeiten hat.

Um wirklich zu überzeugen, muß die Prüfung unstrittig sein. Sie sollte sich auf die, in aller Augen bedeutenden Punkte erstrecken und keine spitzfindigen und zu anspruchsvollen Fragen enthalten; sie sollte sich auf das „lebenswichtige Minimum" beschränken. Man könnte deshalb den Vorschlag machen, z.B. die Fragen 11, 13, 14, 15 wegzulassen, weil sie sich bereits auf einem höheren Niveau befinden. Wenn ein Kandidat nur bei diesen Fragen scheitert, kann er ganz gewiß seine Studien unter der Bedingung weiterführen, daß er über einige logische Dinge nachdenkt, vor allem in Verbindung mit dem Gebrauch der leeren Menge.

Wegen der besonderen Form des Fragebogens, bei dem die Antwort durch ein Kreuz in einem freien Feld markiert wird (ein solcher Test heißt im Englischen „Quiz"), können Mißerfolge nicht der Voreingenommenheit oder Strenge des Lehrers angelastet werden – es bestehen ja keine Zweifel über die erwartete korrekte Antwort. Die „naheliegende" Bewertungsmethode, die für jede korrekte Antwort einen Punkt vorsieht, ist jener Zielsetzung nicht angemessen, da etwa die Fragen 1; 2; 3; 4 eine Einheit bilden. Begeht ein Kandidat bei einer dieser Fragen einen Fehler, so hat er offensichtlich die drei anderen auch nicht verstanden. Die Abstufung zwischen den Kandidaten, die bei diesen vier Fragen ein, zwei oder mehr Fehler machen, bringt ein Zufallselement ins Spiel, dem hinsichtlich der zu testenden Fähigkeiten keinerlei Bedeutung zukommt. Ferner sollen die vergebenen Notenpunkte eine klare Trennung der durchschnittlichen von den schwachen Kandidaten bewirken. Dadurch wird die mit dem Test angestrebte Beweisführung noch überzeugender.

Die Fragen des vorliegenden Tests sind offenbar nicht voneinander unabhängig: Jeder Kandidat wird geneigt sein, auf die Fragen 1 und 2 (bzw. 7 und 8) gegensätzliche Antworten zu geben. Diese Korrelation kann dadurch abgeschwächt werden, daß die Fragen über den Test „verstreut" werden. Somit steht der hier gegebene Rat im Gegensatz zu der für die Abfassung von Übungsbatterien (Abschnitt 1.3) gegebenen Empfehlung, wo gerade die räumliche Nähe analoger Fragen die Aufmerksamkeit auf Ähnlichkeiten und Unterschiede lenkt.

Der Wert des obigen Tests kann nur dann richtig beurteilt werden, wenn die für seine Bearbeitung zugelassene Zeit angegeben ist. Diese Zeit sollte im Einklang mit der Zielsetzung der Prüfung stehen. Ein Kandidat, der zur korrekten Beantwortung der beiden ersten Fragen mehrere Minuten benötigt, verfügt offensichtlich nicht über die geistige Gewandtheit, die notwendig ist, um z.B. einem an der Tafel mündlich vorgetragenen Beweis zu folgen. Die Beantwortung der Fragen soll mit Tinte erfolgen, wobei Durchstreichen und Radieren nicht erlaubt sind; es handelt sich nämlich hier um Fragen, bei denen Unschlüssigkeit und Zaudern unangebracht sind.

■ 4 Beispiel

Als Fortsetzung des vorhergehenden Tests könnte man sich für die durchschnittlichen Schüler eine Prüfung mit Schwerpunkt Logik vorstellen.

Der Fragebogen könnte mit einem Ausschnitt des vorhergehenden Tests beginnen; dieser Teil würde als Ausscheidungsprüfung fungieren, wobei diese trivialen Fragen natürlich nicht in die Gesamtbewertung mit einbezogen werden sollten. Der eigentliche Aufgabenteil könnte die Fragen 11; 13; 14; 15 einschließlich einiger schwieriger „Fangfragen" enthalten, wie z.B.

> „Ein Punkt M liegt auf einer Ellipse mit Brennpunkten F und F′ und großer Achse 4 FF′, wenn MF = 10 FF′ und MF′ = 2 FF′."

oder andere Logeleien von Lewis Carroll [18].

Bei diesem Test sollten die Kandidaten viel Zeit zum Nachdenken haben; dies ist kein Test auf Schnelligkeit. Es wäre schade, wenn hier der Mißerfolg nur auf Verwirrung und Leichtsinn beruhte.

■ 5 Beispiel

Um die Prüfungsfragen für das "General Certificate of Education" (Ordinary Level) vorzubereiten, das einen analogen sozialen Status hat wie das französische "Baccalauréat" (als Abschluß schulischer Studien), richtete die Londoner Universität ein spezielles Institut ein [49], [38] (Penfold). Die Ausarbeitung der Multiple Choice Tests erstreckt sich dort über Jahre. Die von Lehrern eingereichten Prüfungsfragen werden nach einer der Bloomschen [48] ähnlichen Taxonomie klassifiziert. Nach einer Vorauswahl und vorläufigen Begutachtung werden die Fragen in Versuchsklassen getestet, die nicht zum Zuständigkeitsbereich der Londoner Universität gehören, und danach laufend verbessert.

Die Prüfungskandidaten erhalten Fragen, bei denen jeweils fünf mehr oder weniger plausible Antworten zur Wahl stehen. Da auch mehrere Antworten gleichzeitig korrekt sein können, ist theoretisch eine Wahl zwischen 2^5 Antworten zu treffen; Zufallseinflüsse sind hier ziemlich gering.

In der Praxis eliminieren die Kandidaten jedoch zunächst die offensichtlich falschen Antworten und übernehmen dann für die verbleibenden ein gewisses Risiko.

Ganz allgemein sollte sich der Korrektor vor Augen halten, daß eine Prüfungsarbeit nicht unbedingt die tatsächlich vorhandenen (bzw. nicht vorhandenen) Kenntnisse eines Kandidaten widerzuspiegeln braucht. Ein Kandidat, der sich bei einer Antwort nicht sicher ist, wird eher raten als ein leeres Blatt abgeben. Dieses Phänomen der *Risikoübernahme*, das man regelmäßig bei Ratespielen im Rundfunk beobachten kann, erklärt dem Korrektor, weshalb er manchmal gerade bei Schülern, die er für intelligent gehalten hat, so unglaubliche Dummheiten findet.

■ **6 Beispiel**

Hier ist z.B. die Aussage einer Kandidatin, die die Eingangsprüfung zur Ecole Normale Supérieure von Sèvres glänzend bestanden hat, obwohl eine schriftliche Arbeit völlig mißlungen ist: „Während der Prüfung wußte ich genau, daß meinen Behauptungen und Aussagen die notwendige Strenge vollkommen fehlte und daß ich den Fragen auswich. Aber ich wußte wirklich nicht, was ich tun sollte ... es wäre unsinnig gewesen, ein leeres Blatt abzugeben."

Der Korrektor muß erstaunt gewesen sein, als er erfahren hat, daß die Verfasserin dieser wertlosen Arbeit in den anderen Prüfungsarbeiten recht viel Intelligenz an den Tag gelegt hatte!

■ **7 Beispiel**

Wenn eine sehr kleine Zahl glänzender Kandidaten etwa für ein Stipendium oder für einen Preis ausgewählt werden soll, scheint uns der Auswahlmodus der Olympiaden [9], [10], [11], [12] besser geeignet als eine allgemeine Prüfung. Die Olympiade setzt sich aus einer Vorauswahl, einem Viertel- und Halbfinale sowie dem Finale zusammen. Bei jeder dieser Prüfungen werden den Kandidaten fünf Probleme (im Sinne von Abschnitt 1.3) vorgelegt. Wer mindestens zwei davon löst (oder bei schwierigeren Problemen wenigstens ansatzweise löst), kommt eine Stufe weiter. Der Erfolg in diesen Prüfungen führt nicht unmittelbar zu einem Zeugnis-Diplom, doch ist die Teilnahmeberechtigung am Halbfinale eine begehrte Auszeichnung, die man wirkungsvoll einsetzen kann.

Die besondere Korrigiertechnik läßt zu schwache Arbeiten unberücksichtigt. Somit hat es die Jury nur mit sehr wenigen Arbeiten zu tun, über deren Wert – frei vom Zwang, Noten verteilen zu müssen – diskutiert werden kann.

Die sowjetischen Olympiaden haben ferner den Vorzug, den Effekt der Prüfungsangst beträchtlich abzuschwächen. Es werden nämlich während eines Jahres mehrere Veranstaltungen organisiert, so daß ein Kandidat, der zu einem bestimmten Termin nicht in Form war, mehrere Gelegenheiten zur erneuten Teilnahme hat, ohne seine Studien unterbrechen zu müssen und ohne ein ganzes Jahr zu verlieren. Auf diese Weise wird eine gute Leistung belohnt, während Mißerfolg ohne Konsequenzen bleibt.

■ **8 Beispiel** [52]

Beleuchten wir einmal kritisch eine Eingangsprüfung für das Polytechnikum [50], bei der aus 1600 Bewerbern 300 ausgewählt werden sollten. Die Korrektur der Prüfungsarbeiten (durch einen einzigen Korrektor) dauerte über einen Monat. Alle Arbeiten sollten mit der gleichen Klarheit beurteilt werden, ohne daß sich der Korrektor vom Überdruß beeinflussen ließ, oder eine durchschnittliche Arbeit nach einer Reihe von glänzenden Arbeiten benachteiligte.

Um sich solchen Beeinflussungen zu entziehen, ist der Korrektor verpflichtet, sich an ein strenges Beurteilungsschema zu halten, das bestimmten Beschränkungen unterliegt. Er beginnt damit, eine Liste der als korrekt geltenden Antworten sowie eine Liste der zu erwartenden Fehler aufzustellen.

Liegt dieser Beurteilungsrahmen einmal fest, so können keine exceptionellen Elemente mehr berücksichtigt werden.

Eine derartige Prüfung bevorzugt Kandidaten, die gleichmäßig arbeiten, die in den zählenden Stoffgebieten hinreichend gut sind und die sich kaum für etwas begeistern können. Die Intelligenten mit ihren Stärken und Schwächen sind dagegen vielfach benachteiligt. Evariste Galois scheiterte so zum Beispiel an der Aufnahmeprüfung für das Polytechnikum.

Es gibt zahlreiche Verfasser von Prüfungsaufgaben, deren einzige Sorge die Zusammenstellung einer „schönen" Aufgabe als krönender Abschluß ihrer gesammelten Werke ist. Den Clou der Aufgabe bildet die berühmte letzte Frage, zu der aus Mangel an Zeit kein Kandidat mehr kommt, und die schließlich gar nicht bewertet wird.

Selbst am Ende der Prüfung wird kein Kandidat das Thema bzw. die Leitidee bemerken: Er begnügt sich damit, gekünstelte Hilfsaussagen aufzustellen, deren Motivation er nicht versteht. Welch eine Pädagogik, bei der man arbeiten muß, ohne den Weg zu kennen!

Der von uns untersuchte Prüfungstext ist sehr lang; deshalb nimmt sein Verfasser „die Kandidaten wohlwollend bei der Hand" und nimmt ihnen dabei gleichzeitig die Gelegenheit, ihre Fähigkeiten unter Beweis zu stellen: Man gesteht ihnen nur das Recht zu, eine Liste von Verifikationen durchzugehen.

Im Gegensatz dazu geben wir nun einige Regeln an, nach denen man sich bei der Ausarbeitung von Prüfungstexten richten sollte.

a) Schwierigkeiten, die viele Kandidaten kennen, sollten vorausgesehen werden: Sie bilden Hindernisse und Fallen. Man achte darauf, daß Hemmnisse nicht schon in der ersten Frage auftauchen und damit die Mehrheit der Kandidaten entmutigt – der Korrektor wird sich sonst einer Vielzahl von sehr schwachen Arbeiten gegenübergestellt sehen. Präziser: Die erste Frage sollte die Rolle eines Ausscheidungsverfahrens spielen. Hinsichtlich der Schwäche derjenigen Kandidaten, die diese Hürde nicht überwinden, dürfte kein Zweifel mehr bestehen.

b) Man sollte Umwege zur Umgehung der Hindernisse einplanen; d.h., man biete ausdrücklich verschiedene Möglichkeiten für die Untersuchung an, die unabhängig von der Lösung *bestimmter* anderer Fragen sind.

c) Korrelierte Fragen, d.h. solche, bei denen der Kandidat bei der einen Erfolg (Mißerfolg) hat, wenn er bei der anderen Erfolg (Mißerfolg) hat, sind zu vermeiden. Die zweite Frage ist uninteressant; sie liefert keine zusätzliche Information über den Kandidaten.

d) Man verzichte völlig auf die Geschlossenheit der Aufgabe. Die Eigenschaft der Text-Kohärenz ist den Erschließungsaufgaben (Abschnitt 1.2) vorbehalten. Um das Fähigkeitsspektrum der Kandidaten hervortreten zu lassen, gehe man eklektisch vor. Man mische etwa die Überprüfung von Kenntnissen, Rechenfertigkeiten (im betreffenden Kalkül), logischen Schlußverfahren, sowie Fragen zum Verständnis grundlegender Begriffe und Übungen zur Vorstellungskraft usw., usw. Ebenso schlimm ist es freilich, wenn eine

Prüfungsaufgabe zerfahren wirkt. Einziges Ziel einer Prüfungsaufgabe sollte die Kontrolle der verschiedenen Fähigkeiten des Kandidaten sein.

e) Die Kürze von Prüfungsaufgaben ist kein Unglück. Wenn viele Kandidaten zum Abschluß ihrer Arbeit gelangen, sollte man sich nur darüber freuen. Die abscheuliche Gewohnheit, zu lange Aufgaben vorzuschlagen, stammt sicherlich von der Verwechslung zwischen der Abfassung eines Tests und einer Erschließungsaufgabe. Bei dieser muß der Autor zu einem Endergebnis kommen, da ja ein Satz bewiesen oder eine Theorie entwickelt werden soll. Beim Verfassen einer Prüfung braucht man hingegen das Thema nicht bis zum krönenden Abschluß zu bringen. Ein Prüfungstext dient einzig und allein zum Prüfen.

1.8.5 Benotung

Will man einen Wertvergleich zwischen Kandidaten durchführen, dann beginnt man mit der Festlegung gewisser Kriterien (Leistungen und Fehlleistungen), mit deren Hilfe die Beurteilung gestützt wird. Danach werden Leistungen und Fehlleistungen *kodiert*; jedem Konkurrenten wird dann ein mathematisches Symbol (das dem Code angehört) zugeordnet. Diese Mathematisierung von Fähigkeiten (vgl. Abschnitt 1.7) ist dann befriedigend, wenn das Symbol ein zuverlässiges Bild des Kandidaten liefert.

Zahlreiche Arbeiten sind der Leistungsbewertung und Testtheorie gewidmet [53], [54]. Verschiedene darauf spezialisierte Institutionen beschäftigten sich mit der wissenschaftlichen Evaluation von Kenntnissen und Fähigkeiten der Schüler [49]. In Frankreich jedoch wird die Erstellung von Prüfungen im allgemeinen über den Daumen gepeilt. Die Zensuren werden auf Hundertstel Punkte genau zwischen 0 und 20 vergeben, ohne sich zu kümmern, was man wie und warum mißt.

In der Armee wird diese Codierung durch Dienstgrade vollzogen. Die entsprechende Codierungsregel ist einfach: Der Rangälteste eines höheren Dienstgrades hat stets recht.

Die Beobachtung unseres Prüfungssystems über einen längeren Zeitraum läßt ein beinahe ebenso pauschales mathematisches Modell erkennen: Jeder Kandidat erhält eine eindeutig chiffrierte Note, und die Rangordnung wird durch Vergleich der Noten mit evtl. ex-aequo etabliert.

Dieses Modell steht in offenkundigem Gegensatz zur Erfahrung; es ist nämlich unmöglich, den Kandidaten eine mit ihren Fähigkeiten verträgliche totale Präordnung (d.i. eine totale Ordnung, falls nicht ex-aequo vorliegt) aufzuprägen. Seit Condorcet (vgl. [37], Christian Corne; Georges Glaeser und Abschnitt 1.7, ■ 2 Beispiel) weiß man, daß eine Wertordnung zwischen Individuen nicht einmal transitiv ist. Schließlich können gleich klassifizierte Kandidaten sich durchaus in ihren Fähigkeiten unterscheiden, während sie die Benotung ununterscheidbar macht.

Am Anfang vergeben die Prüfungskommissionen meist eine Fülle von Noten, die sich auf verschiedene Stoffe erstrecken. Statt einer wissenschaftlichen Behandlung dieser Daten zur Gewinnung eines verbesserten Persönlichkeitsbildes der Kandidaten, sind die Prüfer bemüht, diese Informationen in einer *einzigen* Note zusammenzufassen. Dazu wird ein Mittelwert mit Hilfe gewisser, der Erfahrung entstammenden Koeffizienten gebildet. Bei der Bildung dieses Mittelwertes geht jedoch Information verloren; im vorliegenden Fall wird all das vergeben, was die Originalität jedes Einzelfalles ausmacht, der beurteilt werden soll. Kann man einen Durchschnittsschüler mit gleichbleibendem Leistungsprofil genauso einstufen wie einen Schüler, bei dem Spitzenleistungen und Leistungsschwächen abwechseln? In Wirklichkeit sind beide Kandidaten unvergleichbar.

Das traditionelle Prüfungssystem mißt der Note 10/20 eine *magische* Bedeutung bei. Diese Note hat jedoch keinerlei besondere Aussagekraft; sie ist lediglich der Pseudo-Mittelwert einer skalierten Menge ohne affine Struktur.

Es würde sicher als absurd und gefährlich empfunden werden, wenn einer Schwesternschülerin, die für das Schwesterndiplom u.a. 20 Impfungen durchführen muß, bei 7 Impffehlern die weit über dem Durchschnitt liegende Note 13 erteilt werden würde.

Ebenso liefert der Fragebogen aus dem 3. Beispiel kein befriedigendes Resultat, wenn 8 von 15 vorgelegten Fragen korrekt beantwortet wurden.

Ein mathematisches Modell, das die betreffenden Fähigkeiten der Prüfungskandidaten zuverlässiger wiedergibt, sollte sich auf eine Liste von maximal dreißig zuvor festgelegten Merkmaltypen gründen. Das Modell müßte explizit verschiedene Kenntnis-, Fähigkeits- und Verhaltensniveaus ausweisen, so daß es nicht schwer sein dürfte, die Kandidaten den entsprechenden Typen zuzuordnen.

Man versuche *nicht*, eine totale Ordnung zwischen diesen Typen aufzustellen, und verzichte auf die Begriffe Erfolg und Mißerfolg bei Prüfungen. Das Ergebnis der Prüfung zeigt sich weder in einer Rangliste noch in einem brutalen Zwei-Klassen-System der „Durchgefallenen" und der „Bestandenen".

Jenes System erleichtert die Fortsetzung der Studien und die Berufsberatung, während das Baccalauréat (mit Vermerk „ausreichend") keinerlei Hinweise gibt, die die Wahl zwischen Handelsmarine, Maschinenschreiben und der Kunstgewerbeschule erleichtern würde.

Zur Erstellung einer Liste mit Merkmalstypen konsultiere man Arbeiten zur Berufsberatung. Jeder Merkmalstyp wird nicht nur durch eine einzige Note, sondern durch ein sog. *Profil* gekennzeichnet. Seit den Arbeiten von Spearman [55] und der Entwicklung der Faktorenanalyse stellt man dieses Profil durch einen Vektor im n-dimensionalen Euklidschen Raum dar. Jede seiner Komponenten repräsentiert eine Fähigkeit; stehen zwei Vektoren aufeinander senkrecht, so sind die entsprechenden Fähigkeiten nicht korreliert.

Über den Weg einer zuverlässigen Persönlichkeitsdarstellung könnten Testverfahren einen humaneren Anstrich bekommen. Gleichzeitig könnten damit Entfremdung, Angst und die Absurdität der Prüfungssituation abgebaut werden; ferner ergäben sich weniger Ansatzpunkte für Kritik.

Schließlich noch einige Worte zur Sensibilität von Beurteilungssystemen. Die Nuancierung, die darin zum Ausdruck kommt, daß ein sehr guter Schüler die Note 18 oder 16 (bzw. 0 oder 3 für einen sehr schwachen Schüler) erhält, ist völlig illusorisch. Andererseits werden aber gerade durch diese Schein-Präzision im Wechselspiel zwischen Strenge und Nachsicht des Korrektors die meisten Ungerechtigkeiten begangen.

Dennoch wird diese willkürliche und unheilvolle Praktik von offizieller Seite unterstützt. Als Anhang zu den Werken von Courteline zitieren wir ein vom Ministerium für Jugend,

Sport und Freizeit am 9. Juli 1971 herausgegebenes Rundschreiben bzgl. der Benotung des Inspektionspersonals.

> „Die Rektoren der Akademie werden ersucht, sich an folgendes Bewertungsschema zu halten: Hervorragend 19; Sehr gut: 17 bis 18 3/4; Gut: 14 1/4 bis 16 3/4; Befriedigend: 12 bis 14; Ausreichend: 11 1/4 bis 11 3/4; Mangelhaft: 11 und weniger."
>
> Die Vergabe der Note 20 ist offensichtlich nicht vorgesehen – es gibt keine Perfektion auf dieser Welt. Da es jedoch nicht verboten ist, sie dennoch anzustreben, werden die Rektoren vom Ministerium dazu ermuntert, Noten wie 19-1, 19-2, 19-3 usw. zu vergeben, falls mehrere Inspektoren die Note 19 erhalten; hierdurch soll eine Differenzierung der Leistungen erreicht werden.

Dagegen beschreibt die Klassifizierung in 5 Kategorien (ungenügend, mangelhaft, mittelmäßig, befriedigend, sehr gut) das Urteil eines Korrektors objektiver (insbesondere wenn zuvor die Grenzen dieser Kategorien durch zahlreiche Beispiele abgesteckt sind). In manchen Fällen ist jedoch das Urteil „mittelmäßig" zu wenig differenziert. Am Mathematischen Institut von Straßburg haben sich die folgenden 6 Kategorien

ungenügend—mangelhaft < punktuell befriedigend / gleichmäßig befriedigend > gut—sehr gut

als genügend präzise erwiesen, um die Studenten über ihr Leistungsniveau aufzuklären. Ferner war diese Klassifizierung hinreichend sensibel, so daß die Prüfer damit einwandfrei bei der Beurteilung umgehen konnten.

Handelt es sich andererseits um eine Anstellungsprüfung für Gymnasiallehrer, so sind die unteren Bewertungskategorien ohnehin entbehrlich. Die beiden oberen Rubriken „befriedigend" und „sehr gut" sollten jedoch aufgeteilt werden, um die verschiedenen Eigenschaften der Kandidaten noch besser erfassen zu können.

1.8.6 Forschungsthemen

Die bisherigen Überlegungen haben gezeigt, daß zur Verbesserung der Wissens- und Fähigkeitskontrolle in Mathematik noch viel zu tun ist. Besonders in folgenden Richtungen wären Anstrengungen vonnöten:

a) Erarbeitung neuer Testformen, die den immer vielfältigeren Zielen angepaßt sind
b) Anpassung der Prüfungstexte an eine flexiblere und gerechtere Korrektur.

Grosso modo übernimmt der Korrektor heutzutage gleichzeitig zwei Aufgaben:

> Die mechanische Auswertung von Fragen, die besser dem Computer übertragen werden könnte,
>
> die Beurteilung und Bewertung, die nur der kompetente Pädagoge leisten kann.
>
> Es empfiehlt sich daher, Prüfungen so zu strukturieren, daß die Routineaufgaben den Korrektor nicht von seiner eigentlichen Rolle ablenken.

Einige Prüfungskommissionen der Universität Grenoble sind dazu übergegangen, auf den Antwortbogen gewisser Prüfungsgegenstände diejenigen Teile zu kennzeichnen, bei denen es bei der Korrektur auf jedes Wort ankommt bzw. bei denen einfaches Verifizieren genügt.

c) Die Untersuchung des Einflusses der Prüfungsdauer auf das Ergebnis. Die Unterschätzung der zur Lösung einer Aufgabe benötigten Zeit ist ein pädagogischer Fehler, der ständig angeprangert und immer wieder von neuem begangen wird.
Verschiedentlich sind Prüfungen *ohne Zeitbeschränkungen* vorgeschlagen worden. Die Resultate derartiger Versuche sind äußerst ermutigend: Die Prüfungsarbeiten sind intelligenter, überlegter und ohne große Fehler.
d) Realisierung von Prüfungsbedingungen, die Angst, Beklemmung und Hemmungen reduzieren [56]. Die Kandidaten, die während einer Prüfung das sprichwörtliche Brett vor dem Kopf haben, sind oft nicht die uninteressantesten.

Es wurden verschiedene Anstrengungen unternommen, den punktuellen Charakter von Prüfungen abzuschwächen, die ohne Ersatz- und Berufungsanspruch einmal im Jahr über das Schicksal der Kandidaten entscheiden.
Bei mathematischen Prüfungen können leicht solche Themen gefunden werden, bei denen man den Gebrauch von Hilfsmitteln ohne sonstige Nachteile zulassen kann. Dies hat den Vorteil, daß der Kandidat keine Angst vor Gedächtnislücken zu haben braucht.

e) Die genaue Untersuchung des Problems der mündlichen Prüfung. Es könnte sich z.B. als interessant herausstellen, Psychologen an mündlichen Prüfungen teilnehmen zu lassen. Für eine derartige Konstellation sind weder Schüler noch Lehrer genügend vorbereitet.

Auf jeden Fall müßten Untersuchungen über die *spezifischen* Bedingungen mündlicher Prüfungen stattfinden. Man wird zukünftige Lehrer in der Kunst der mündlichen Prüfung, die Härte, Naivität und Übertreibungen vermeidet und stattdessen klar gesetzte Ziele avisiert, ausbilden müssen.

f) Die Eliminierung des Strebertums. Damit Jahresabschlußprüfungen nicht zum Damoklesschwert ausarten, könnte man an Prognoseprüfungen am Jahresanfang denken. Vorbehaltlich des erforderlichen Fleißes und normaler Arbeit könnte gewissen Schülern die Befreiung von der Jahresabschlußprüfung zugesichert werden. Diese wiederum könnte als Versetzungsprüfung für diejenigen Schüler fungieren, bei denen der Prognosetest Zweifel erweckte.

Bibliographie

[1] *G. Polya,* Schule des Denkens, Bern 1949.
[2] –, Mathematik und plausibles Schließen, Bd. 1, 2. Basel 1962.
[3] –, Vom Lösen mathematischer Aufgaben, Bd. 1, 2. Basel 1966.
[4] –, L'enseignement par les problémes. L'enseigement mathématique. Gèneve, 2ème série 13, 1967.
[5] *G. Walusinski,* Des exercitations naturelles, vrayes et non excrites. Bulletin de l'A.P.E.P. 175, janvier 1956.
[5'] –, Sur les problèmes. Bulletin de l'A.P.M.E.P. 198, mars 1959.

[6] *J. Itard* und *P. Dedron*, Mathématique et mathématicien. Edition magnard, Paris 1959.

[7] *J. Dollon*, Problèmes d'agrégation. Mathématitiques Elémentaires. Vuibert, Paris 1931, p. 70–83.

[8] *W. Köhler*, Intelligenzprüfungen an Menschenaffen. (1921) Berlin-Heidelberg 1963.

[9] *Yaglom*, Challenging Mathematical problems with elementary solutions. Vol. 1 et 2, Holden Day San Francisco.

[10] *Schlarsky, Chentzov, Yaglom*, The U.R.S.S. Olympiad problems book. H. Freeman and Co. San Francisco 1967.

[11] *Contests in higher mathematics*, Akademiai Krado Budapest.

[12] *Hungarian problem book*, Vol. 11 et 12. New Mathematical Library.

[12'] *Strasszewicz*, Mathematical problems and puzzles from the Polish mathematical Olympiads.;

[13] *Alain C. White*, Sam Loyd and his chess problems. Dover Publications, New York, 1913.

[14] *Martin Gardner*, Mathematical puzzles of Sam Loyd. Volume 1 et 2, Dover Publications New York 1959.

[15] *A. Wittemberg, J. de France, F. Lemay*, Redécouvrir les mathématiques. Delachaux et Niestlé. Neuchâtel. 1963.

[16] *J. Chauvineau*, Logique moderne. PUF. Que sais-je? numéro 745.

[17] *G. Glaeser*, Mathématiques pour l'élève professeur. Hermann, Paris 1971. Deutsch unter dem Titel *Glaeser*, Mathematik für Lehrer in Ausbildung und Praxis, Vieweg 1980.

[18] *Lewis Carroll*, La logique sans peine. Hermann, Paris 1966.

[19] *C. Gattegno*, Pour un enseignement dynamique des mathématiques. Delachaux et Niestlé. Neuchâtel 1965.

[20] *G. Glaeser*, L'entraînement méthodique au calcul algébrique. Hatier 1951. (épuisé).

[21] *S. Turnau*, Graphe de démonstration. Bulletin de l'A.P.M.E.P. numéro 283, p. 305–310, 1972.

[22] *J. Delsarte*, Oeuvres complètes. Tome II. Editions du CNRS, Paris 1971.

[23] *H. Steinhaus*, One hundred problems in elementary maths. Pergamon London Press 1963.

[24] *D. H. Lehmer*, Mechanized Mathematics. Bull. of the American Math. Society – vol. 72 (5). 1966.

[25] *G. Gattegno*, Zur Didaktik des Mathematikunterrichts, Bd. 2 Darmstadt 1971.

[26] *E. Castelnouvo*, Documenti di un esposizione di matematica. Boringhieri, Turin 1972.

[27] –, Les transformations affines dans le premier cycle de l'école secondaire. Modernisation de l'enseignement mathématique dans les pays européens. Colloque International Unesco. Bucarest 1968.

[28] *W. R. Ball*, Mathematical Redreations and Essays. Toronto 1974.

[29] Cette caricature a paru dans la revue L'échiquier de Paris. Septrembre-Octobre 1949.

[30] *H. Grasemann*, Schach ohne Partner. München 1977.

[31] *A. Gehlert*, Über das Wesen des Schachproblems. Leipzig 1927.

[32] Die Schwalbe, Hrsg. „Die Deutsche Vereinigung für Problemschach."

[33] *W. Speckmann*, Das logische Schachproblem. Düsseldorf 1965.

[34] *Owen Storer*, A think about Think-a-Dot. Mathematics teaching, num. 45, p. 50–55, 1968.

[34a] *B. L. Schwartz*, Mathematical Theory of Think-A-Dot. Mathematics Magazine, vol. 40, p. 187–193, 1967.

[34b] *S. Kravitz*, Additional theory of Think-A-Dot. Journal of Recreational Mathematics, vol. 1, p. 247–250, 1968.

[34c] Le fabricant est E.S.R., Inc., 34, Label Street, Montclair, N.J. 07042, Etats-Unis d'Amérique du Nord.

[35] *H. O. Pollak*, How can we teach applications of Mathematics. Actes du Premier Congrès International de l'enseignement Mathématique. Lyon Août 1969. Reidel, Pays-Bas.

[36] –, On teaching applications of mathematics. Actes du Congrès International des Mathématiciens. Volume 3. Nice. Gauthiers-Villars, Paris.

[37] *Galion*, Troisième Séminaire International. La mathématique et ses applications. Valloire 1972. Edition CEDIC. 1972.

[38] *Galion*, Deuxième Séminaire International. La concrétisation en mathématiques. Frysksas 1971. O.C.D.L. – Hatier.

[39] *G. Glaeser*, Une petite aventure mathématique. Bulletin de l'A.P.M.E.P. numéro 281, 1972.

[40] *Ch. Mouchbahani*, Problèmes mathématiques rencontrés en Physique. A. Blanchard, Paris 1968.

[41] *G. Polya*, The minimum fraction of the popular vote than can elect the President of the U.S.A. The Mathematics Teacher, Vol. LIV 1961.

[42] *Alan Tammadge*, How much does it cost to keep a dog. Mathematics teaching. Nu. 47, 1971. Un résumé en francais de cet particle est publié dans ARP (Activités de recharches pedagogiques). Avril 1972. 27, avenue du 11 novembre. 92 – Meudon.

[43] *Kemmeny, Snell, Tompson*, Einführung in die endliche Mathematik. Ludwigshafen 1963.

[44] *T. J. Fletcher*, L'apprentissage de la mathématique, aujourd'hui. O.C.D.O., Paris 1966.

[45] *E. Mach*, Die Mechanik.

[46] *A. Mac Kerrell*, Solitaire: An application of the four-group. Mathematics Teaching. Vol. 60. 1972.

[47] I.R.E.M. des Strasbourg, La géométrie d'incidence. Fascicule VI du Livre du Problème, CEDIC, 1976 Paris.

[48] *B. S. Bloom*, Taxonomy of Educational Objectives. New York 1971.

[49] *University of London*, General Cerdificate of Education Examination Mathematics Syllabus. C. Ordinary Level. a) Teachers booklet. b) Candidate's Booklet.

[50] *Y. Tourneur*, Classification des questions d'évaluation en mathématique. Mathematica et Paedagogia, num. 56, 1972.

[51] *G. Peano*, Contro gli esami. Opere Scelte. Volume III, Edizioni cremonese, Rome 1959.

[52] Rapports des correcteurs et examinateurs de concours d'admission à l'école Polytechnique. Notamment 1959. 1960. 1961.

[53] *Henri Pieron*, Examens et docimologie. Presses universitares de France, Paris, 1969.

[54] *Landsheere*, Les tests de connaissance. Editest Bruxelles. 1965.

[55] *Spearmann*, The abilities of Man. Londres, Mac Milan 1932. Traduction française: Les aptitudes de l'homme. Conservatoire des Arts et Métiers. Paris 1935.

[56] *P. M. Duffieux*, Examens sans angoisse. Education Nationale 1961. numéro 27. p. 11, 12.

Zusätzliche Literatur

[1] Mathématique Classe de sixieme. Paris, Istra, 1973. Livre du Professeur.

[2] Mathématique Classe de cinquième. Paris, Istra 1974. Livre du Professeur.

[3] Mathématique Classe de quatrième. Paris, Istra 1975. Livre du Professeur.

[4] Mathématique Classe de troisième. Sous presse. 1976. Livre du Professeur.

[5] *Kvant*, Revue scientifique chargée de populariser le problème de mathématique et de physique. Editée par l'Académie des Sciences Pédagogiques de l'U.R.S.S.

[6] *Le petit archimede*, Revue de l'Association pour le Developpement de la Culture Scientifique (10 numéros par an). Abonnement: A.D.C.S. – C.E.S. Sagebien 80000 Amiens.

[7] *Bulletin inter* I.R.E.M. Numéro Spécial: "Compte rendu du colloque organisé par l'I.R.E.M. de Strasbourg à Albé sur l'Heuristique." Mars 1975.

[8] *Wayne Wickelgren,* How to solve problems. San Francisco, W. H. Freeman and Company, 1974.

[9] *M. Wertheimer,* Produktives Denken. Frankfurt 1957.

[10] Checking Up 1, 2, 3 Nuffield Project, London 1970, 1973.

[11] *Olympiades Suedoises,* 1961–1968. Textes des Problémes – Solutions. Document interne de la Société Mathématique de France.

[12] *Kurt Duncker,* Zur Psychologie des produktiven Denkens. Berlin. 1935.

[13] *Edouard de Bono,* Das laterale Denken. Hamburg 1971.

[14] *Robby Fischer* vous apprend les échecs. Paris, F. Nathan, 1972.

[15] *How to write mathematics,* Publié sous la direction de Steenrod – Halmos – Schiffer – Dieudonné. Providence R.I., American mathematics society, 1973.

[16] *These de F. Pluvinage.*

[17] *Gustave Bessiere,* Le calcul différentiel et intégral, facile et attrayant. Paris, Dunod, 1963.

[18] *Andre Deledicq,* Mathématiques buissonnières. Paris, Cedic, 1975.

[19] *Seneca,* Les échecs. Livre de poche pratique 3873. Librairie Générale Française, 1974.

[20] *P. Rosensthiel* und *J. Mothes,* Mathématiques de l'action. Paris, Dunod, 1968.

[21] *Lionel March* und *Philip Steadman,* The geometry of environnemnt. London, Riba Publications Limited, 1971.

[22] *E. Fourrey,* Couriosités géométrique. Paris, Vuibert, 1938.

[23] *Edourad Lucas,* Récreations mathematiques. 4 volumes, Paris, A. Blanchard, 1960.

[24] *I. I. Perelman,* La mathématique vivante. Récits et casse-tête mathématiques. Paris, Cédic, 1975.

[25] *Bloom, Hastings* und *Madaus,* Handbook on formative and summative evluation of student learning. New-York, McGraw-Hill Book Company, 1971.

[26] *Henry Ernest Dudeney,* Amusements in mathematics. Dover Publications, 1970.

[27] –, The canterbury puzzles. New-York, Dover Publications, 1958.

[28] *Gilbert de Landsheere,* Evaluation continue et examens précis de docimologie. Paris, F. Nathan (1974).

[29] Sur l'assimilation des programmes de sixième et cinquième. Resultats d'une enquête effectuée en mai-juin 1972 par une équipe de l'I.R.E.M. de Strasbourg dans les classes de cinquième du Bas-Rhin. Educational Studies in mathematics. Vol. 5 (1973), p. 207–242.

[30] Acquisition des structures numeriques en fin de troisième. Educational Studies in mathematics. Vol. 5 (1974), p. 441–459.

2 Probleme und Aufgaben zur Parität

2.1 Einleitung

Dieses Kapitel enthält eine Sammlung von Fragen, bei deren Beantwortung die *Parität* eine wichtige Rolle spielt. Ein Vorteil dieser Aufgaben ist, daß sie nur geringe mathematische Vorkenntnisse voraussetzen; sie sind deshalb für alle Schulstufen geeignet. Da einem Teil der Aufgaben bekannte Spiele (Schach, Dame usw.) zugrunde liegen, kann ihre Darstellung und Lösung durch konkrete Handlungen unterstützt werden.

Bietet man die Aufgaben als Rätsel oder „harte Nüsse" an, so kann sich die damit verbundene Herausforderung vorteilhaft auswirken, zumal die gestellten Fragen der Form nach einfach aussehen. Hebt man bei gewissen Aufgaben den historischen Aspekt hervor, so ergibt sich die Möglichkeit, den Schüler mit der „Spieltradition" der Mathematik bekanntzumachen.

Das bedeutet keineswegs, daß es sich hier nur um einen amüsanten Zeitvertreib handelt. Mehrere Aufgaben münden vielmehr in wichtige mathematische Fragen, und bei allen Aufgaben kann eine strenge Begründung angegeben werden. Selbst derjenige Schüler, der nur wenig an die Notwendigkeit von Beweisen gewöhnt ist, sollte erkennen, daß eine intuitive Idee als Antwort allein nicht genügt.

Hinweise

Eine Zahl in eckigen Klammern [ ] verweist, wie auch in den anderen Kapiteln, auf die Bibliographie. Eine Zahl in Doppelklammern [[ ]] verweist auf die Aufgabenlösungen am Ende des Kapitels.

2.2 Aufgaben

Meist wissen Schüler schon sehr früh, daß es gerade und ungerade Zahlen gibt. Weniger gut wissen die Schüler dagegen über Eigenschaften dieser Zahlen bzgl. der additiven und multiplikativen Verknüpfung auf $\mathbb{N}$ Bescheid. Indessen werden solche Eigenschaften zur Lösung vieler Probleme gebraucht.

Im folgenden nennen wir eine Reihe sehr einfacher Übungsaufgaben.

2.2.1 Gerade und ungerade Zahlen[1]

■ **1 Übung**

Wie kann man allgemein zwei aufeinander folgende ganze Zahlen, eine gerade Zahl oder eine ungerade Zahl darstellen?
Ist die Summe zweier ungerader Zahlen gerade oder ungerade?
Ist die Differenz zweier ungerader Zahlen gerade oder ungerade?
Ist die Summe zweier aufeinander folgender Zahlen gerade oder ungerade?
Ist das Produkt zweier aufeinander folgender Zahlen gerade oder ungerade?

■ **2 Übung**

Wie kann man allgemein zwei aufeinander folgende gerade bzw. ungerade Zahlen darstellen?
Zeige, daß die Summe zweier aufeinander folgender ungerader Zahlen durch 4 teilbar ist, nicht jedoch die Summe aufeinander folgender gerader Zahlen.

■ **3 Übung**

Zeige, daß das Quadrat jeder ungeraden Zahl ungerade ist.
Zeige, daß sich jede ungerade Zahl als Differenz zweier Quadratzahlen darstellen läßt.
Anwendung dieses Resultats: Berechne die Summe der ersten n ungeraden Zahlen (vgl. Abschnitt 1.6, Beispiel 2).

■ **4 Übung**

Unter welcher Voraussetzung ist eine Summe von ungeraden Zahlen gerade bzw. ungerade?
Unter welcher Voraussetzung ist eine Summe von geraden und ungeraden Zahlen gerade bzw. ungerade?
Zeige, daß die Summe zweier Zahlen dann und nur dann gerade ist, wenn die Zahlen gleiche Parität haben.
Begründe: Summe und Differenz zweier Zahlen haben die gleiche Parität.

[1]) Natürliche Zahlen werden gewöhnlich mit den Buchstaben m, n, p bezeichnet.

■ 5 Übung

Einige der vorangehenden Aufgaben können elegant mit Hilfe der Funktion $n \mapsto (-1)^n$ gelöst werden ($(-1)^n = -1 \iff n$ ist ungerade).

In diesem Zusammenhang könnte man auch an Aufgaben des folgenden Typs denken: Verzifiziere $(-1)^{m+n+m^2+n^2} = 1$, $(-1)^{n+n^2+n^3+n^4} = 1$.

Bei dieser Gelegenheit kann man die multiplikative Untergruppe $Z_2^* = (\{-1, +1\}, \cdot)$ von Z untersuchen. Dabei wird man daran erinnert, daß Z kein Körper sondern nur ein Ring ist (wieso?).

Schließlich sei noch an die wichtige Rolle der Parität beim ältesten bekannten indirekten Beweis erinnert. Es geht dabei um den Beweis der Irrationalität von $\sqrt{2}$, nach Theodor von Cyrene, wie Platon ihn überliefert:

> Angenommen es gibt zwei teilerfremde natürliche Zahlen p, q mit $\sqrt{2} = \frac{p}{q}$. Dann ist $2 = \frac{p^2}{q^2}$ und somit $2q^2 = p^2$. Ist p ungerade, dann ist $2q^2 = 4r^2$, d.h. $q^2 = 2r^2$, und q ist demnach gerade; p und q haben also den gemeinsamen Teiler 2. Widerspruch.

Es folgen weitere einfache Übungsaufgaben zur Parität.

■ 6 Übung

Zeige, daß mit den Bezeichnungen

$$n! = 1 \cdot 2 \cdot 3 \ldots n$$
$$n!! = 1 \cdot 3 \cdot 5 \ldots (2n-1)$$

gilt: $(n!!) \cdot 2^n \cdot n! = (2n)!$

■ 7 Übung

In den folgenden Übungen werden Beispiele für eine *Paritätsbilanz* (bzw. eine Bilanz des Steigungsverhaltens zusammengesetzter Funktionen) angegeben, zu der man in solchen Fällen greift, in denen man unabhängig von der Berechnung das Vorzeichen eines Ausdrucks bestimmen möchte (sei es aus Vorsicht oder zur nachträglichen Kontrolle):

Untersuche das Vorzeichen der Terme in der binomischen Reihe von $(1+x)^{1/2}$ für $-1 < x < 0$ (wenn nötig, gebe man den Ausdruck

$$(1+x)^\alpha = 1 + \frac{\alpha}{1!}x + \frac{\alpha(\alpha-1)}{2!}x^2 + \ldots + \frac{\alpha(\alpha-1)\ldots(\alpha-N+1)}{N!}x^N + \ldots,$$

oder das allgemeine Glied der Reihe vor).

Bestimme, ohne zu differenzieren, das Vorzeichen der Ableitung von

$$\cos \frac{\pi^2}{\pi - x} \quad \text{für} \quad x = \frac{\pi}{3} \quad \text{bzw.} \quad \frac{1}{\sqrt{1-x}} \quad \text{für} \quad x = 0.$$

Man erkennt hier die Analogie zwischen dem Steigungsverhalten bei der Verknüpfung von Funktionen und der Parität von Zahlen bei der Multiplikation.

■ **8 Übung**

Kriterium für die Teilbarkeit durch 2 in Stellenwertsystemen: Im Zehnersystem ist eine Zahl genau dann durch 2 teilbar, wenn die Zahl der Einerstelle gerade ist.

Wie ist es im 2er-, 3er-, 4er-, 5er-System?

Verallgemeinere auf eine beliebige Basis p.

Die folgende Aufgabe ist etwas schwieriger [[1]]:

■ **9 Übung**

Wir betrachten das nebenstehende Zahlendreieck [1]:

Jede Zahl p des Dreiecks ist Summe dreier Zahlen der unmittelbar vorangehenden Zeile: der über p stehenden Zahl sowie der links und rechts von jener stehenden Zahl. (Wenn nötig, ergänze man den Rand des Dreiecks durch Nullen.) Zeige, daß von der dritten Zeile an jede Zeile eine gerade Zahl enthält.

Die letzte Aufgabe ist schon mehr ein Problem als eine Übungsaufgabe und paßt daher zu den folgenden Aufgaben. Meist handelt es sich bei diesen Aufgaben um „harte Nüsse", die zum Knacken einige Mühe erfordern. Von Vorteil ist allerdings, daß im Hintergrund dieser Aufgaben häufig konkrete Situationen stehen, die sie attraktiv machen. Bei einigen der Aufgaben bieten sich auch Handlungen mit konkretem Material an.

2.2.2 Probleme über das Händeschütteln

■ **1 Problem**

Jeder hat während seines Lebens schon die Hände anderer Leute geschüttelt. Man zeige, daß die Zahl der Leute, die eine ungerade Zahl von Händen geschüttelt haben, gerade ist [[2]].

---

[1]) Eine allgemeine Lösung des Färbungsproblems für Landkarten mit 2 Farben folgt später.

■ **2 Problem: Ein ähnlicher Sachverhalt**

An einer Gesellschaft nehmen 225 Personen teil. Zeige, daß mindestens einer der Teilnehmer eine gerade Zahl von Händen geschüttelt hat.

2.2.3 Färbungsprobleme mit 2 Farben[1)]

■ **1 Problem**

In einer Ebene werden n Geraden gezeichnet. Ist es möglich, die so erhaltene „Figur" mit zwei Farben „echt" zu färben (d. h. benachbarte Gebiete erhalten verschiedene Fragen)? [[3]]
Wir weisen hier auf das Spiel „Hürdensprung" [2] hin, bei dem das zugrundeliegende Paritätsproblem gut zum Ausdruck kommt.

■ **2 Handlung mit konkretem Material: Hürdensprung**

Auf einem Stück Pappe werden einige Geraden gezeichnet. In eines der dadurch bestimmten Gebiete werden mindestens ebenso viele Münzen mit „Wappen" nach oben gelegt, wie Gebiete vorhanden sind. Nun werden die Schüler aufgefordert, die Münzen so auf die Gebiete zu verteilen, daß in jedem Gebiet mindestens eine Münze liegt. Dabei muß folgende Regel beachtet werden: Wenn eine Münze eine Hürde (d.h. eine Gerade) „überspringt", wird sie umgedreht (d.h. aus „Wappen" wird „Zahl" und umgekehrt).
Ist das Spielziel erreicht, so werden alle Gebiete, die eine Münze mit „Zahl" enthalten, weiß, die anderen schwarz gefärbt. Man stellt dann fest, daß die so erhaltene Färbung „echt" ist.

■ **3 Problem**

Man untersuche das gleiche Problem wie eben für n Kreise [[3]].
Wie kann man die Lösung der Ungleichung

$$P_1(x, y) \times P_2(x, y) \times \ldots \times P_n(x, y) \geqslant 0$$

auf die Lösung der Ungleichungen $P_i(x, y) \geqslant 0$ zurückführen?

2.2.4 Zerlegung von Polygonen in Parallelogramme [[4]]

■ **Problem**

Das regelmäßige Sechseck in Bild 2.1 ist in drei Parallelogramme zerlegt.
Welche regulären Polygone können in Parallelogramme zerlegt werden?

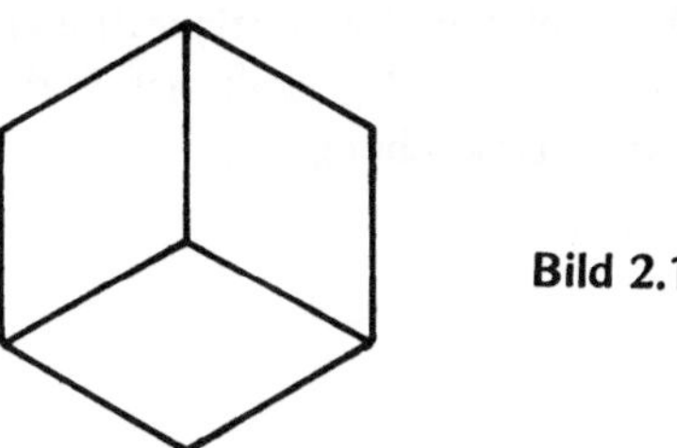

Bild 2.1

2.2.5 Das Barmixer-Problem [3]

■ **Problem**

Ein Barmixer hat 10 Gläser vor sich auf der Theke stehen; 5 Gläser stehen mit der Öffnung nach unten. Gelingt es ihm, alle Gläser

a) mit der Öffnung nach oben
b) mit der Öffnung nach unten

aufzustellen, wenn er stets zwei Gläser gleichzeitig umdreht? [[5]]
Wir kommen auf diese Aufgabe in Verbindung mit Permutationen zurück. Die grundlegende Operation (Drehen zweier Gläser) hat die Signatur + 1 (als Komposition der beiden Elementaroperationen, bei denen jeweils nur *ein* Glas gedreht wird). Es gibt daher bei jeder beliebigen Zahl von Gläsern Stellungen, für die die o.g. Fragen zu verneinen sind.

2.2.6 Spiel mit drei Münzen [3]

■ **1 Handlung mit konkretem Material**

Drei Geldstücke werden mit „Wappen" nach oben auf den Tisch gelegt; diese Position bezeichnen wir mit (W, W, W). Nun dreht man die Münzen in beliebiger Reihenfolge eine gerade Anzahl von Malen um und stellt fest, daß sich stets eine der folgenden vier Konfigurationen ergibt:

(W, W, W)
(Z, Z, W)
(W, Z, Z)
(Z, W, Z)

„Zahl" Z kommt jeweils geradzahlig vor.

Geht man erneut von (W, W, W) aus und dreht diesmal die Münzen eine ungerade Anzahl von Malen, so gelangt man zu den vier Konfigurationen:

(Z, Z, Z)
(W, Z, W)
(Z, W, W)
(W, W, Z)

Z kommt in ungerader Zahl vor

Mit $\mathcal{G}$ bzw. $\mathcal{U}$ bezeichnen wir die Menge der ersten vier bzw. letzten vier Konfigurationen. $\mathcal{G}$ und $\mathcal{U}$ sind „stabil" bezüglich geradzahliger „Umdrehungen"; von $\mathcal{G}$ gelangt man in die Menge $\mathcal{U}$ (oder umgekehrt) durch eine ungerade Anzahl von „Umdrehungen".

Diese Aufgabe kann auch als Problem gestellt werden.

■ **2 Problem**

Ein Zauberkunststück: Der Zauberer bittet einen Zuschauer, eine Handvoll Münzen auf den Tisch zu legen, verbindet sich die Augen und fordert einen Zuschauer auf, jedesmal wenn er „drehen" sagt, eine Münze umzudrehen. Danach wird eine Münze verdeckt. Der Zauberer legt die Augenbinde ab und kann sagen, ob auf der verdeckten Münze „Zahl" oder „Wappen" erscheint. Wie hat er das gemacht?

Das folgende Problem hängt eng mit dem zweiten zusammen.

2.2.7 Problem [4]

■ **Problem**

In Bild 2.2 ist jeder der sechs Punkte A, B, C, D, E, F mit jeweils genau drei anderen Punkten verbunden.

Kann man eine analoge Figur zeichnen, wenn nur 5 Punkte gegeben sind? [[6]]

Bild 2.2

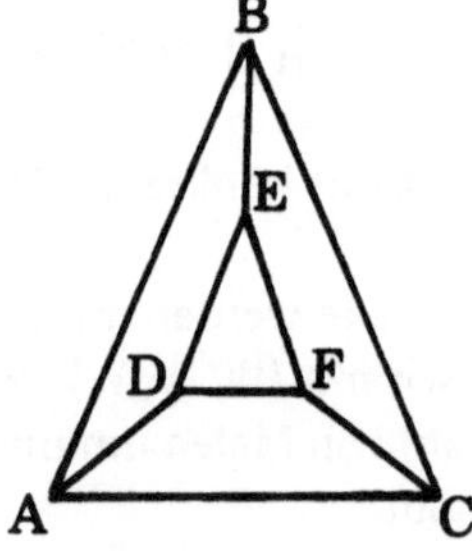

2.2.8 Dominoprobleme

■ **1 Problem**

In den folgenden Aufgaben betrachten wir ein Dominospiel. (Wie viele Steine enthält es?)

Ist es möglich, eine Kette zu legen, die alle Dominosteine enthält.und mit [Dominostein mit 5] beginnt und mit 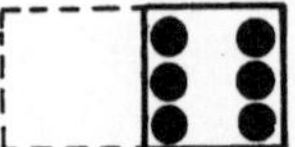 endet?

Dieses Problem kann auch als Zauberkunststück dargeboten werden.

■ 2 Problem

Der Zauberer schreibt auf ein Blatt Papier zwei Zahlen und steckt es dann in einen Umschlag. Dann müssen die Zuschauer aus allen Dominosteinen eine Kette legen. Ist die Kette fertig, wird der Umschlag geöffnet, und auf dem Papier stehen die beiden Zahlen, die man auch an den beiden Enden der Kette findet.

Wie ist der Zauberer vorgegangen? [[7]]

■ 3 Problem

Kann man aus sämtlichen Dominosteinen eine geschlossene Kette bilden? Geht man von einem Dominospiel aus, das von Doppel-0 bis Doppel-n sämtliche Steine enthält, so beweise man allgemein, daß sich genau dann eine geschlossene Kette aus allen Dominosteinen legen läßt, wenn n gerade ist.

T. J. Fletcher gibt in [5] für diesen Sachverhalt einen sehr eleganen Beweis an, den wir hier für den Fall des normalen Dominospiels darstellen, der sich jedoch sofort verallgemeinern läßt.

In dem Bild 2.3 wird jeder Dominostein durch eine Strecke dargestellt. So wird z.B. der Stein (2; 5) durch die Strecke dargestellt, die die Ecken 2 und 5 verbindet. Das obige Problem ist nur dann lösbar, wenn man die Figur mit einem Zug zeichnen kann (d.h. ohne den Bleistift abzusetzen). Später werden wir sehen, daß dies genau dann ist, wenn das Polygon eine ungerade Zahl von Ecken hat, d.h., wenn n gerade ist.

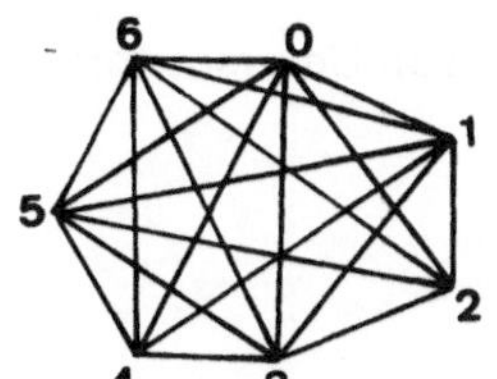

Bild 2.3

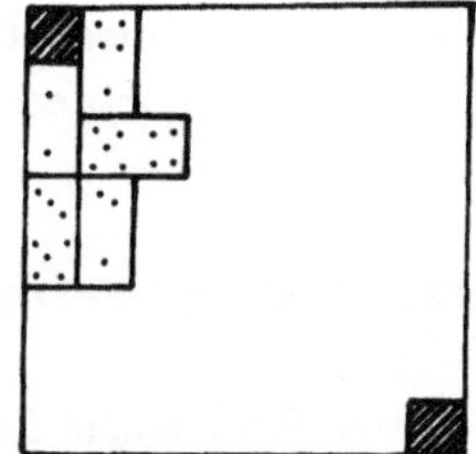
Bild 2.4

■ 4 Problem

Kann man ein normales Schachbrett mit Dominosteinen so überdecken, daß diagonal gegenüberliegende Eckfelder frei bleiben (Bild 2.4)? Jeder Dominostein bedeckt genau zwei Felder des Schachbrettes [[8]].

■ 5 Problem

Löse das analoge Problem für den Fall, daß zwei beliebige Felder frei bleiben sollen [[9]].

2.2.9 Katz und Maus [5]

■ **Problem**

Dieses Spiel wird zu zweit auf einem Gitter gespielt (Bild 2.5). Zu Beginn der Partie befinden sich Katze und Maus (z. B. 2 verschiedenfarbige Spielmarken) in den Positionen K, M. Nun wird abwechselnd gezogen, indem die Spielmarken jeweils auf einen benachbarten Punkt des Gitters verschoben werden. Die Katze beginnt; sie muß versuchen, die Maus zu fangen, indem sie den gleichen Gitterpunkt wie die Maus besetzt.

Man bestimme eine optimale Strategie für beide Spieler.

Man vergleiche die Strategie der Katze mit der des Königs im Schachproblem von Lloyd (s. unten).

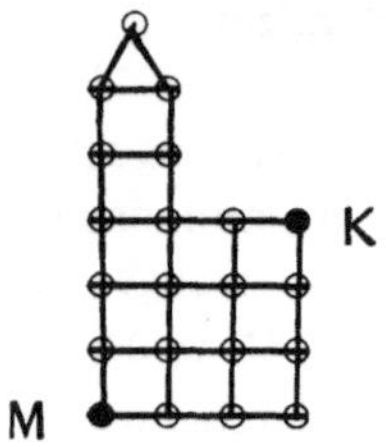

K

M

Bild 2.5

2.2.10 Kauderwelsch

■ **Problem**

Ich werde nicht kommen, ohne mich anzukündigen.

Solange wir nicht wissen, daß wir existieren, können wir keiner Sache völlig sicher sein.

Niemand wird es ablehnen, in Abrede zu stellen, daß der Schiedsrichter nicht ungerecht gewesen wäre.

Versäumen Sie nicht, es abzulehnen, Ihr Mißverhältnis mit dem Mangel an Unverantwortlichkeit irgendeines Beamten in Abrede zu stellen.

2.2.11 Das Vorzeichen von Permutationen

Eine besonders wichtige Rolle spielt die Parität bei Permutationen, genauer gesagt, beim Vorzeichen (Signatur) von Permutationen. Ohne hier eine vollständige Theorie dieses Gebiets entwickeln zu wollen (wir wollen ja nicht das Algebrabuch ersetzen), werden wir Methoden angeben, um die Existenz des fundamentalen Homomorphismus von der Gruppe der Permutationen S_n auf $Z_2^* = \{+1, -1\}$ darzulegen. Besonders wichtig erscheint uns in diesem Zusammenhang, daß jeder Einstieg in das Gebiet „Permutationen" zu einem gewissen Zeitpunkt Handlungen mit „konkreten" Gegenständen oder mit Indizes umfaßt. (Wenn das Thema „Permutationen" Studienanfängern von jeher langweilig und schwierig erschienen ist, dann kommt das bestimmt daher, daß es an der Universität zu spät und zu schulmeisterlich behandelt wurde, ohne den unerläßlichen Aspekt jener Handlungen zu berücksichtigen.)

Wir schlagen deshalb zwei Spiele vor, die wir wegen ihres Reizes aus einer Reihe anderer Spiele ausgewählt haben, und die das Vorzeichen von Permutationen gut beleuchten. Parallel zu diesen Spielen ist es natürlich interessant, einen Beweis für die Existenz des Vorzeichens von Permutationen darzulegen. Dazu haben wir den klassischen Existenzbeweis in Form einer Erschließungsaufgabe abgefaßt. Schließlich bringen wir noch zwei Probleme zur Illustration: das Spiel von Taquin und das Hutmacherproblem.

■ 1 Handlung mit konkretem Material

Material: Die 8 Karten gleicher „Farbe“ (z.B. Pik) eines Kartenspiels.
Ziel der Handlungen:

- Bestimme Familien von Permutationen, die $\mathcal{S}_n$ erzeugen (hier ist $n = 8$).
- Man bestätige, daß die Parität der Zahl von Transpositionen (Vertauschung zweier Karten), die zur Darstellung einer gegebenen Permutation erforderlich ist, nicht von der gewählten Zerlegung der Permutation in ein Produkt von Transpositionen abhängt.

N.B. Man unterscheide sorgfältig zwischen einer Permutation und deren Wirkung auf eine Menge.
Die in dieser Aufgabe ausgeführten Aktivitäten sind bei der Entlarvung des folgenden Tricks nützlich.

■ 2 Handlung mit konkretem Material

An einer Jahrmarktsbude wird folgendes Spiel angeboten: 8 verschiedene Spielkarten werden gemischt und in einer Reihe aufgelegt. Jeder der beiden Spieler darf abwechselnd zwei Karten vertauschen, mit dem Ziel, die Karten in die übliche Reihenfolge zu bringen. Wer die letzte Vertauschung vornimmt, hat gewonnen.
Ist das Spiel eine Bauernfängerei? Hängt das von der Zahl der Karten ab?

■ 3 Handlung mit konkretem Material

Gegeben seien 8 Karten in einer gewissen Reihenfolge, z.B.

7, 8, D, K, 10, As, 9, B

Nun setzt man sich das Ziel, durch Vertauschen von je zwei Karten die übliche Reihenfolge herzustellen (eine stärkere Forderung wäre, nur die Vertauschung benachbarter Karten zuzulassen).
Man stellt fest, daß das Ziel stets zu erreichen ist. Vergleicht man die Ergebnisse verschiedener Versuche, so zeigt sich, daß zwar die Zahl der erforderlichen Transpositionen variieren kann, nicht jedoch ihre Parität.
Sind nur Vertauschungen benachbarter Karten zugelassen, so kann die Zerlegung ökonomisch durch folgende Überlegung bestimmt werden: Die Anzahl der Vertauschungen ist in

diesem Fall gleich der Zahl der Inversionen (d.h. der Zahl der Paare (i, j) mit $i < j$ und $\sigma(i) > \sigma(j)$).
Hieraus kann man die Existenz der Abbildung

$$\begin{aligned} \epsilon: \mathcal{S}_n &\mapsto \{+1, -1\} \\ \sigma &\mapsto (-1)^{\text{Anzahl der Inversionen in } \sigma} \end{aligned}$$

ableiten.
Die folgende Erschließungsaufgabe zeigt, daß die so definierte Abbildung ϵ genau das gesuchte Vorzeichen von Permutationen ist.
Um die Schüler mit einigen in den Beweis eingehenden Rechnungen vertraut zu machen, kann man zunächst ein paar Übungsaufgaben des folgenden Typs stellen:

■ 4 Übung

Welche Permutationen der Menge $\{x, y, z, t\}$ lassen das Polynom $P(x, y, z, t)$ invariant (d.h. $P(\sigma(x, y, z, t)) = P(x, y, z, t)$)?

$$P_1 = (x-y)(y-z)(z-t)(t-x)$$

$$P_2 = (x-y)(z-t)$$

$$P_3 = (x-y)^2(z-t)^2$$

$$P_4 = (x-y+z-t)(x-y)(z-t)$$

Anmerkung: Die betreffenden Permutationen bilden eine Untergruppe von $\mathcal{S}_4$.

■ 5 Übung

Bestimme ein Polynom $P(x, y, z)$, das invariant ist bzgl. sämtlicher Permutationen der Menge $\{x, y, z\}$ (bzw. bzgl. aller zyklischen Permutationen).

■ 6 Erschließungsaufgabe

Wir betrachten eine geordnete Menge E_n mit n Elementen, z.B. $E_n = \{1, 2, \ldots, n\}$. Jede bijektive Abbildung von E_n in E_n wird als Permutation von E_n bezeichnet. Die Menge dieser Permutationen sei $\mathcal{S}_n$.

1. Zeige: $\mathcal{S}_n$ ist bzgl. der Verknüpfung der Abbildungen eine Gruppe.[1]
2. Eine Permutation σ heißt Transposition, wenn es $i_0, j_0 \in E_n$ gibt, so daß für alle k mit $k \neq i_0$, $k \neq j_0$ und $\sigma(k) = k$ gilt $\sigma(i_0) = j_0$, $(j_0) = i_0$.

---

[1] An die Untersuchung dieser Gruppe durch Lagrange (1736–1813) und später durch Galois (1811–1832) ist die Entstehung der Gruppentheorie geknüpft.

Durch vollständige Induktion nach n zeige man, daß jede Permutation Produkt von Transpositionen ist.

3. An einem Beispiel verdeutliche man, daß die Zerlegung in Transpositionen nicht eindeutig ist.

Wir werden jedoch beweisen, daß die Parität der Zahl der Transpositionen bei einer Zerlegung unabhängig von dieser ist.

4. Zeige: Ist $\sigma \in \mathcal{S}_n$ und als Produkt von r Transpositionen dargestellt, so erfüllt die Abbildung

$$f: A \mapsto Z \backslash \{0\}$$

$$f(x_1, \ldots, x_n) = \prod_{1 \leqslant i \leqslant j \leqslant n} (x_i - x_j)$$

die auf der Menge A aller n-Tupel paarweise verschiedener natürlicher Zahlen definiert ist, die Beziehung

$$f(x_{\sigma(1)}, \ldots, x_{\sigma(n)}) = (-1)^r f(x_1, \ldots, x_n).$$

Man leite hieraus ab, daß die Parität von r nur von σ abhängt.

Bei diesem Beweis könnte man einwenden, daß er eine Ordnung auf der Menge voraussetzt, auf der $\mathcal{S}_n$ operiert. Andererseits ist $\mathcal{S}_n$ die Gruppe der Bijektionen auf einer Menge mit n Elementen, die a priori nicht geordnet sein muß.[2])

Im folgenden Spiel wird eine andere Definition des Vorzeichens von Permutationen eingeführt, die keinen Gebrauch von der Ordnung einer Menge macht. Wir verwenden diesmal den Begriff des Permutationszyklus, den wir an einem Beispiel einführen (zur Übung gebe man eine strenge Definition dieses Begriffs an). Dazu bedienen wir uns einer von Papy benutzten Methode; man könnte aber auch das Kartenspiel-Beispiel wieder aufnehmen.

■ 7 Handlung mit konkretem Material

Jeder Schüler einer Klasse schreibt seinen Namen auf ein Blatt Papier. Anschließend werden diese „Visitenkarten" eingesammelt, gemischt und wieder verteilt. Was passiert, wenn jeder Schüler mit der rechten Hand die linke desjenigen Kindes ergreift, dessen Name auf dem Zettel steht. Was geschieht mit den so erhaltenen „Kreisen", wenn man zwei Visitenkarten vertauscht und die Schüler nach der o.g. Regel neu aufstellen läßt?

Man stellt fest, daß sich die Parität der Zahl der Zyklen bei Transposition ändert. Setzen wir $\epsilon(\sigma) = (-1)^{n+c}$, wobei c die Zahl der Zyklen von σ ist, so erhalten wir erneut das Vorzeichen der Permutation.

Eine überraschende Anwendung des Vorzeichens von Permutationen bietet das *Spiel des Taquin* nach Sam Lloyd.

---

[2]) Vgl. hierzu den Aufsatz von Pierre Cartier [7].

8 Anwendung

Der Rahmen in Bild 2.6 enthält 15 verschiebbare, numerierte Quadrate. Ein quadratisches Feld ist frei. Das Problem besteht darin, die Quadrate mit den Zahlen 14 und 15 in die richtige Reihenfolge zu bringen, indem die Quadrate unter Nutzung des freien Feldes geeignet verschoben werden.

1	2	3	4
5	6	7	8
9	10	11	12
13	15	14	

Bild 2.6

Eine Anekdote berichtet, daß Sam Lloyd (1841–1911), Erfinder zahlreicher Schach-, anderer Probleme und Rätsel, das obige Spiel durch ein Patent schützen lassen wollte. Das amerikanische Patentamt beschied ihn abschlägig, da es sich nur um funktionierende Apparate kümmere und folglich nicht ein unlösbares Problem eintragen könne, selbst wenn diese Unlösbarkeit Gegenstand des Patents sei. –

Wer dennoch glaubt, eine Lösung gefunden zu haben, oder wer nicht sieht, wie die Unlösbarkeit zu beweisen ist, sei auf [8] verwiesen.

Eine weitere Anwendung des Vorzeichens von Permutationen:

2.2.12 Das Hutmacherproblem [6]

Problem

Zur Herstellung von Hutbändern wird eine gewisse Anzahl verschieden farbiger Garnfäden durch paarweises abwechselndes Überkreuzen geflochten. Da das Band den Hut ohne sichtbare Naht umschließen soll, verknotet der Hutmacher zum Schluß jeweils nur die Enden der Garnfäden. Man überzeugt sich leicht, daß er bei zwei Fäden diese eine gerade Anzahl von Malen überkreuzen muß. Wird der Hutmacher mit einer ungeraden Anzahl von Überkreuzungen bei mehr als zwei Fäden ein nahtloses Band herstellen können? [[10]]

2.2.13 Schach und Parität

Durch seine vielfältigen Möglichkeiten bietet das Schachspiel Stoff für zahlreiche Probleme. Die Ergiebigkeit dieses Spiels hat von jeher Mathematiker angezogen, die sich nicht allein mit der Lösung von Problemen während einer Schachpartie zufrieden gaben, sondern neue Probleme für die einzelnen Spielfiguren konstruierten. Wir erinnern hier nur an das antike Springer-Problem, das Euler in einer 1759 für die Berliner Akademie der Wissenschaften verfaßten Abhandlung erörterte.

Im folgenden behandeln wir einige Probleme, bei deren Lösung die Parität eine wichtige Rolle spielt.

2.2.14 Das Schachbrett

Es empfiehlt sich, die Felder des Schachbretts durch die Elemente des kartesischen Produkts

$$E = \{1, \dots, 8\} \times \{1, \dots, 8\}$$

zu kennzeichnen, anstatt die übliche Charakterisierung durch die Elemente von

$$\{a, b, \dots, h\} \times \{1, \dots, 8\}$$

zu verwenden. Diese in den angelsächsischen Ländern benutzte „deskriptive" Bezeichnung ist im Gegensatz zur algebraischen Bezeichnung für mathematische Untersuchungen nicht so gut geeignet.

■ **1 Übung**

Wir betrachten die Abbildung f von E in die Menge $\{+1, -1\}$, die jedem Paar (m, n) von E die Zahl $f(m, n) = (-1)^{m+n}$ zuordnet.

Auf E wird eine Relation R definiert durch

$$(m, n)\ R\ (m', n') \Longleftrightarrow f(m, n) = f(m', n').$$

Man zeige, daß R eine Äquivalenzrelation ist.

Charakterisiere die Äquivalenzklassen.

Wie kann dieses Resultat auf dem Schachbrett interpretiert werden?

Der Läufer

Der Läufer kann auf Diagonalen des Schachbretts und den Parallelen hierzu bewegt werden. Der auf dem Feld (4, 5) befindliche Läufer kann sich von hier aus in einem einzigen Zug auf jedes der angekreuzten Felder bewegen (Bild 2.7).

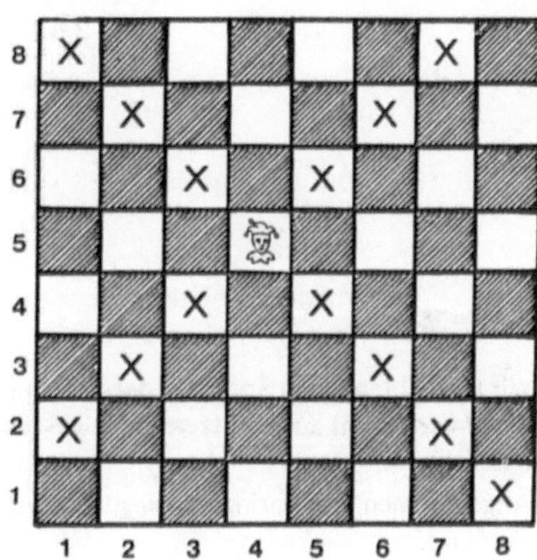

Bild 2.7

■ 2 Übung

Wir betrachten einen Läufer, der sich auf dem Feld (m, n) ∈ E befindet. Die Gesamtheit der Felder, die er von (m, n) aus besetzen kann, läßt sich in der Form (m ± k, n ± k) ∈ E beschreiben.

Angenommen, der Läufer begibt sich vom Feld (m, n) zum Feld (m', n'); man zeige, daß dann gilt (m, n) R (m', n').

Interpretiere dieses Ergebnis in der Färbungs-Terminologie. Wir bezeichnen dieses Resultat als die *räumliche Beschränkung* des Läufers.

Bei einer Schachpartie verfügt jeder Spieler über zwei Läufer. Die beiden weißen Läufer etwa werden zu Beginn des Spiels auf den Feldern (3, 1) und (6, 1) aufgestellt.

Was würde passieren, wenn für die Aufstellung stattdessen die Felder (3, 1) und (7, 1) gewählt würden?

Der Springer

Die Bewegung des Springers ist etwas komplizierter als die des Läufers: Er bewegt sich in „Sprüngen", die ihn jeweils von einem zum anderen Endpunkt der Diagonale eines Rechtecks aus 2 mal 3 Feldern führen. Ein Springer, der sich z. B. in (5, 5) befindet, kann von diesem Feld aus jedes der angekreuzten Felder besetzen (Bild 2.8).

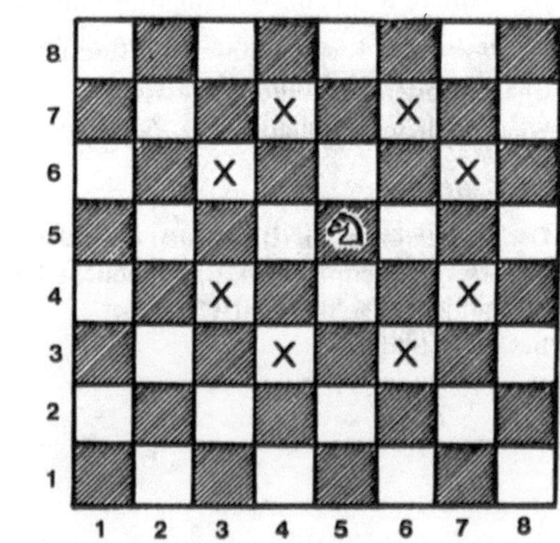

Bild 2.8

■ 3 Übung

Wir betrachten einen Springer, der sich in (m, n) ∈ E befindet. Die Gesamtheit der Felder, die er von (m, n) aus besetzen kann, läßt sich in der Form (m ± 2, n ± 1) bzw. (m ± 1, n ± 2) beschreiben.

Angenommen, der Springer bewegt sich von (m, n) nach (m', n'). Vergleiche f (m, n) mit f (m', n').

Übertrage das Ergebnis in die Färbungs-Terminologie. Gib an Hand eines Beispiels verschiedene Wege an, auf denen ein Springer von einem gegebenen Feld zu einem anderen gegebenen Feld gelangen kann. Die Parität der Anzahl der Sprünge ist auf jedem Weg die gleiche. Weshalb? Dieses Phänomen nennt man die *zeitliche Beschränkung* des Springers.

■ **4 Problem**

Wie kann man eine möglichst große Anzahl von Springern so auf dem Schachbrett verteilen, daß sich keine zwei Springer attackieren können [[11]].

2.2.15 Das Springer-Problem

Dieses Problem war schon Hindu-Priestern bekannt; gesucht ist ein Weg des Springers, der über sämtliche Felder des Schachbretts geht und in genau 63 Sprüngen durchlaufen wird. Somit besetzt der Springer jedes Feld genau einmal.

Für dieses Problem wurde eine beträchtliche Anzahl von Lösungen gefunden. Im Bild 2.9 geben wir die berühmte Eulersche Lösung wieder. (Der Kenner bemerkt, daß sowohl das große Quadrat als auch die vier kleinen sogenannte lateinische Quadrate sind.)

■ **1 Problem**

Gibt es eine Lösung des Springer-Problems, wenn Anfangs- und Endposition des Springers diametrale Ecken des Schachbretts sind? [[12]]

1	48	31	50	33	16	63	18
30	51	46	3	62	19	14	35
47	2	49	32	15	34	17	64
52	29	4	45	20	61	36	13
5	44	25	56	9	40	21	60
28	53	8	41	24	57	12	37
43	6	55	26	39	10	59	22
54	27	42	7	58	23	38	11

Bild 2.9

■ **2 Problem**

Gibt es auf einem 7 X 7-Schachbrett eine Lösung des Springer-Problems, wenn gefordert wird, daß die Felder von Anfangs- und Endposition aneinander grenzen? [[13]]

■ **3 Problem**

Gibt es auf einem 7 X 7-Schachbrett eine Lösung des Springer-Problems, wenn der Springer auf dem Feld D startet (Bild 2.10)? [[14]]

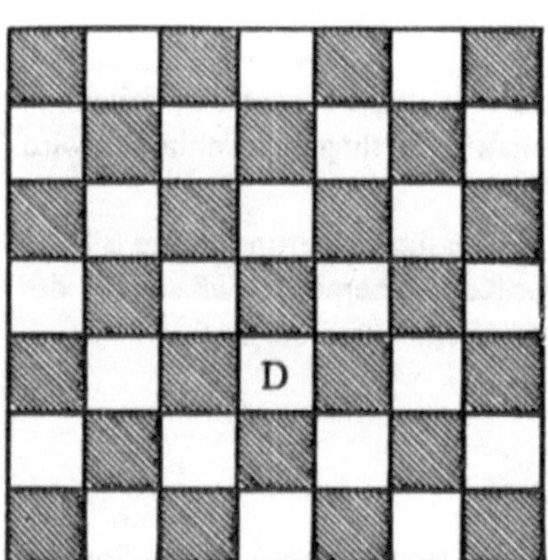

Bild 2.10

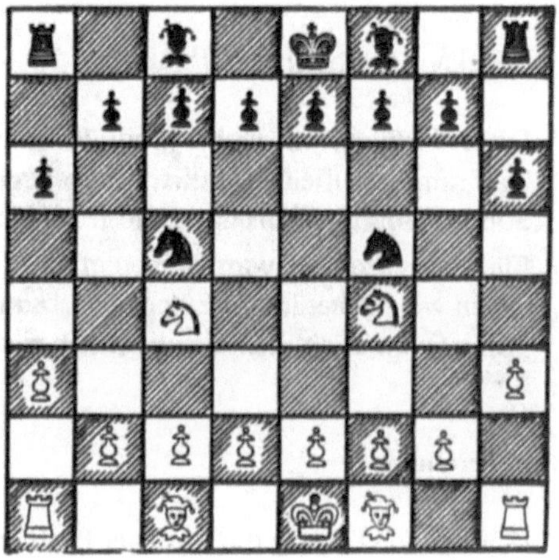

Bild 2.11

■ **4 Problem**

Nach 15 Stunden erbitterten Kampfes unterbrachen Jules Poussebois und Zéphyrin Lamazette ihre Partie, um sich zu stärken und zu erholen.
Gesättigt und erholt wollten sie nach dieser Pause ihr Spiel fortsetzen. Keiner der beiden konnte sich jedoch daran erinnern, wer den letzten Zug hatte (Bild 2.11).
Wer kann helfen? [[15]]

Der König

Der König kann sich nur auf ein unmittelbar benachbartes Feld begeben.

■ **5 Übung**

Zeige: Wird zusätzlich gefordert, daß sich der König nur auf Feldern gleicher Farbe bewegen darf, so unterliegt er einer analogen, zeitlichen Beschränkung wie der Springer [[16]]. Die zeitliche Beschränkung des Königs, dem nur eine Feldfarbe zur Verfügung steht, kann an einem Problem von Sam Lloyd illustriert werden, das er 1856 im Alter von 15 Jahren zusammenstellte [9], [[17]].

■ **6 Problem (Bild 2.12)**

Matt in 14 Zügen; Weiß ist am Zug.

Bild 2.12

Bild 2.13

■ **7 Problem**

Zum gleichen Thema ein Problem von V. Tchekover (Bild 2.13) [[18]].

Weiß ist am Zug und gewinnt.

2.2.16 Das Damespiel

Die Damesteine werden analog bewegt wie ein König, dem nur die Felder einer Farbe zur Verfügung stehen. Gegen Ende einer Damepartie stößt man zuweilen auf folgendes Problem:

Die Gegenüberstellung

Wir betrachten die Gesamtheit der Stellungen (entsprechend den Regeln des Damespiels), die sich ergeben, wenn man einen weißen und einen schwarzen Stein auf das Brett legt, und wenn Weiß am Zug ist (Bild 2.14). Die Stellungen verteilen sich auf drei Teilmengen:

1. Keiner der Spieler kann eine Dame bekommen.
2. Einer der Spieler kann eine Dame bekommen und kann mit dieser Dame versuchen, den Gegner daran zu hindern, es ihm gleich zu tun.

   In diesem Fall wird das Spiel von dem gewonnen, der zuerst eine Dame bekommt.
3. Einer der Spieler kann den gegnerischen Stein erbeuten; er gewinnt dann, ohne zuvor eine Dame bekommen zu müssen.

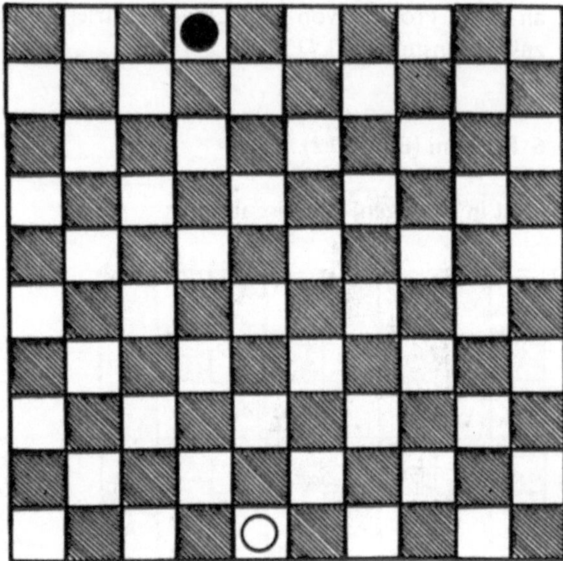

Bild 2.14

■ **Problem**

Formuliere und beweise eine Regel, die im dritten Fall zu erkennen erlaubt, ob Schwarz oder Weiß gewinnt [[19]].

Das Bild 2.15 illustriert die Ergebnisse für den Fall, daß sich zwei weiße und zwei schwarze Steine gegenüberstehen. Der Ausgang der Partie hängt nach den o.g. Fällen von der Wahl des Spielsteins ab.

2.2.17 Noch einmal Schach

Abschließend einige Beispiele für Schachsituationen, bei denen die Parität eine wichtige Rolle spielt.

Opposition von Königen

Befinden sich die beiden Könige in einer horizontalen oder vertikalen Reihe, und sind sie durch eine ungerade Zahl von Feldern getrennt, so sagt man, sie befinden sich in Opposition. Ein König „erlangt" die Opposition, wenn er sich auf ein Feld begibt, so daß beide Figuren in horizontaler (vertikaler) Reihe durch genau ein Feld getrennt sind. Dadurch werden dem anderen König, der die Opposition „verliert", drei Felder versperrt.

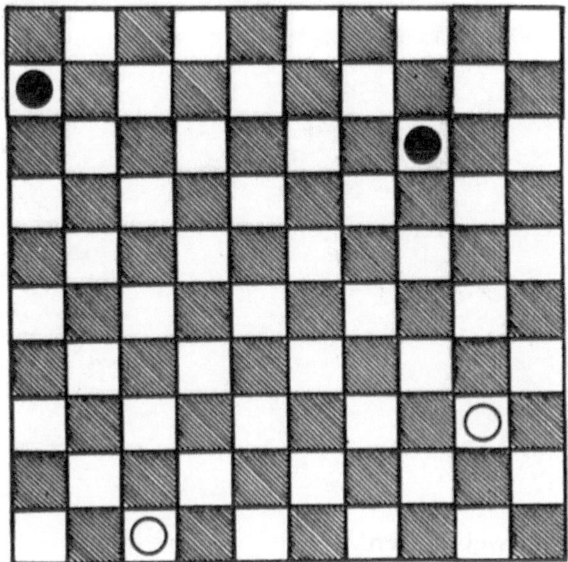

Bild 2.15

Beispiele:

Ist in den beiden Beispielen der Bilder 2.16 und 2.17 Weiß am Zug, so erlangt Weiß die Opposition und gewinnt; ist Schwarz am Zug, so erlangt Schwarz die Opposition und erreicht ein Unentschieden.

Bild 2.16

Bild 2.17

Zwei Aufgaben (Bild 2.18)

1. Weiß ist am Zug und gewinnt
2. Schwarz ist am Zug und Weiß gewinnt [[20]].

Bild 2.18

2.2.18 Färbung von Landkarten mit zwei Farben[1])

In Abschnitt 2.2.3 haben wir bereits zwei Färbungsprobleme für spezielle, durch Geraden und Kreise definierte Landkarten kennengelernt. Wir beschäftigen uns nun mit dem allgemeinen Problem in Form einer Erschließungsaufgabe, bei der die Schwierigkeiten, wenn man das Problem nur hinreichend zerlegt, denen der Übungsaufgaben im Abschnitt 2.2.3 analog sind.

Wir betrachten im folgenden ebene Netze (Graphen). Als *Ordnung* (*Grad*) einer Ecke wird die Zahl der in dieser Ecke zusammentreffenden Kanten bezeichnet.

Beispiel:

ord (A) = 1, ord (B) = 2, ord (C) = 5

Ein Punkt mit einer von 2 verschiedenen Ordnung heißt *Scheitel.*

Eine Kante zwischen zwei aufeinanderfolgenden Scheiteln heißt *Grenze.*

Ein Netz ohne Scheitel der Ordnung 1 heißt *Karte.*

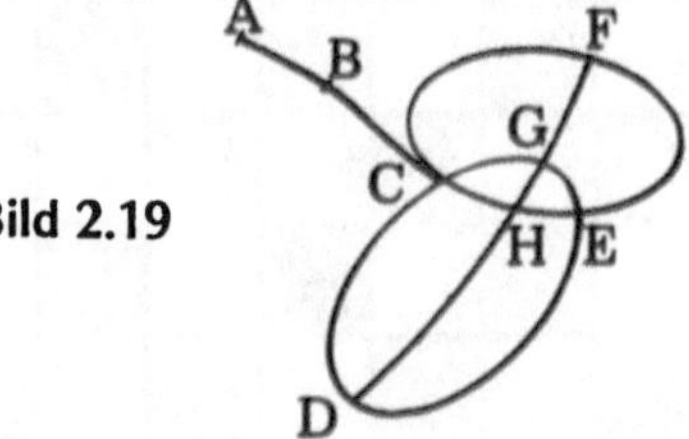

Bild 2.19

1) Wir untersuchen hier lediglich die Färbung von Landkarten mit zwei Farben, weil dies in unser Thema „Parität" paßt; auf das allgemeine Färbungsproblem, bei dem es um die Bestimmung der Minimalzahl von Farben geht, um eine beliebige Karte zu färben, gehen wir hier nicht ein (erst Mitte 1976 wurde von K. Appel und W. Haken das berühmte Vierfarben-Problem u.a. mit Hilfe eines Computers allgemein gelöst.) Eine Einführung in den Problemkreis „Färbung von Landkarten" gibt [4].

■ Erschließungsaufgabe

Konstruiere Netze mit einer vorgegebenen Zahl von Grenzen und Scheiteln; z.B.: 5 Grenzen, 3 Scheitel oder 11 Grenzen, 7 Scheitel. Konstruiere Netze, bei denen zusätzlich die Zahl der Gebiete (Länder) vorgegeben ist; z.B.: 8 Grenzen, 5 Scheitel, 5 Gebiete. Kann stets ein Netz bei Vorgabe von 2 oder 3 der Daten: Zahl der Grenzen, Zahl der Scheitel, Zahl der Gebiete, konstruiert werden (vgl. 2.2.7)?

Wir kommen nun zum Beweis des folgenden Satzes:

Satz: Eine Karte kann genau dann mit zwei Farben echt[2]) gefärbt werden, wenn alle Scheitel eine gerade Ordnung haben.

1. *Die Bedingung ist notwendig*
   Angenommen, die Karte hat einen Scheitel ungerader Ordnung. Wir drehen uns um diesen Scheitel, numerieren dann alle Gebiete, deren Grenzen in diesem Scheitel zusammentreffen, in fortlaufender Reihenfolge. Die Gebiete mit einer geraden Zahl werden in der einen, die Gebiete mit einer ungeraden Zahl in der anderen Farbe gefärbt. Da dann das erste und letzte Gebiet notwendig die gleiche Farbe tragen, ist diese Färbung nicht echt.

   Die Bedingung ist hinreichend.
2. Für jede Karte mit n Grenzen und p Scheiteln mit den Ordnungen $k_1, k_2, \dots, k_p$ gilt

   $$k_1 + k_2 + \dots + k_p = 2n \qquad (1)$$

   Jede Grenze wird in dieser Summe nämlich doppelt gezählt. Aus der Beziehung (1) ergibt sich sofort: Die Zahl der Scheitel ungerader Ordnung ist bei jeder Karte gerade. (Man bemerkt die Analogie zu 2.2.7 und zum Händeschüttelproblem.)
3. Auf einer Karte, die nur Scheitel gerade Ordnung enthält, wird eine geschlossene Kurve gezeichnet, die durch keinen der Scheitel verläuft, und jedes Gebiet höchstens einmal durchquert. Bei jeder solchen Kurve stellen wir eine gerade Zahl von „Grenzübertritten" fest (in Bild 2.20 sind es 6).

   Gehen wir nämlich von der ursprünglichen Karte zu einer Karte über, die aus der geschlossenen Kurve und dem von ihr eingeschlossenen Teil der „alten" Karte besteht, so kann über die Ordnungen der Scheitel folgendes gesagt werden: Die Scheitel auf der ge-

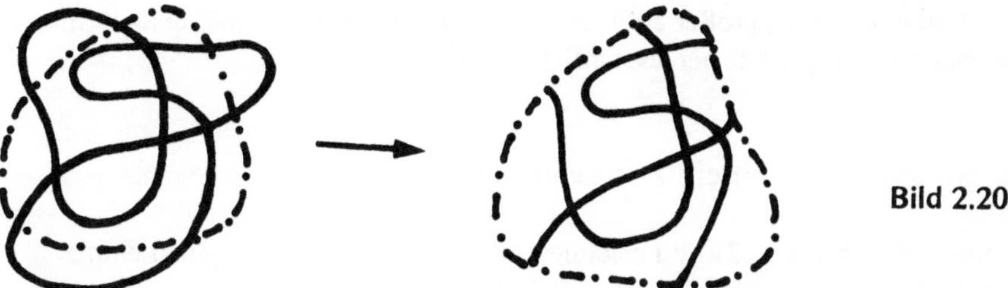

Bild 2.20

2) Eine echte Färbung liegt vor, wenn Gebiete mit gemeinsamer Grenze verschieden gefärbt sind.

schlossenen Kurve haben ungerade Ordnung, da sie sich als Schnittpunkte mit Grenzen der ursprünglichen Karte ergeben; die anderen Scheitel sind nach Voraussetzung gerade. Nach 2. muß die Zahl der Scheitel auf der geschlossenen Kurve gerade sein.

4. Dieses Resultat kann für den Fall verallgemeinert werden, daß ein Gebiet mehrmals durchquert wird. Wird z. B. das Gebiet R_0 n-mal durchquert, so kann die geschlossene Kurve in n geschlossene Kurven des vorigen Typs zerlegt werden. Auch in diesem Fall ist die Summe der „Grenzübertritte" gerade.

Wir zeigen jetzt, daß die Parität der Zahl der Grenzübertritte bei Übergang von einem Gebiet R_1 in ein Gebiet R_2 unabhängig vom gewählten Weg ist. Treten nämlich bei dem einen Weg p, beim anderen Weg q Grenzübertritte auf, und fügen wir beide Wege zu einer geschlossenen Kurve zusammen, so erhält man auf dieser eine *gerade* Zahl von (p + q) Grenzübertritten.

5. Sämtliche Gebiete einer Karte mit Scheiteln gerader Ordnung werden von einem Gebiet R_0 aus mit einer geschlossenen Kurve durchlaufen; dem n-ten durchlaufenen Gebiet wird die Zahl n zugeordnet (einem mehrfach durchlaufenen Gebiet entsprechen dabei natürlich mehrere Zahlen). Nach 4. haben alle einem Gebiet zugeordneten Zahlen die gleiche Parität; die Zahlen benachbarter Gebiete haben verschiedene Parität. Werden die mit geraden Zahlen indizierten Gebiete in der einen, die übrigen mit der anderen Farbe gefärbt, so erhält man eine echte Färbung der Karte mit zwei Farben.

Beispiel (Bild 2.21)

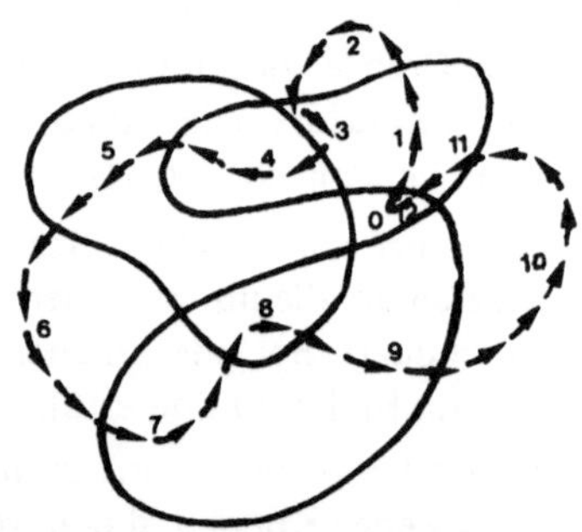

Bild 2.21
Die Pfeile markieren den Durchlaufsinn der geschlossenen Kurve.

Bemerkung:
Zu einigen der vorangehenden Aussagen lassen sich leicht „lokale" Gegenbeispiele konstruieren, wenn man z. B. auch die Berührung von Kurven (statt transversaler Schnitte) oder Scheitel mit einer Ordnung größer als 4. zuläßt. Jeder solche Punkt müßte dann mit seiner entsprechenden Multiplizität berücksichtigt werden.

2.2.19 Figuren, die sich in einem Zug zeichnen lassen

Das Problem, eine Figur in einem Zug zu zeichnen und dabei jeden Bogen genau einmal zu durchlaufen, ist *dual* zum Färbungsproblem 2.2.18.

Es erstaunt daher nicht, wenn die Bedingungen des folgenden Satzes (den wir hier ohne Beweis angeben), der die „guten" von den „schlechten" Figuren zu unterscheiden erlaubt, denen des Färbungssatzes ähneln.

Satz: Ein Netz kann genau dann in einem Zug gezeichnet werden – wobei jede Kante genau einmal durchlaufen wird – wenn alle Ecken bis auf evtl. zwei, eine gerade Ordnung haben. Die beiden Ecken ungerader Ordnung sind Anfangs- und Endpunkt des zu durchlaufenden Weges.

Bemerkung:

Das Netz muß natürlich als zusammenhängend vorausgesetzt werden.

Zur Illustration des Satzes zeigt Bild 2.22 einige Beispiele

1, 2, 4 sind „gute" Figuren,
3, 5 sind „schlechte" Figuren.

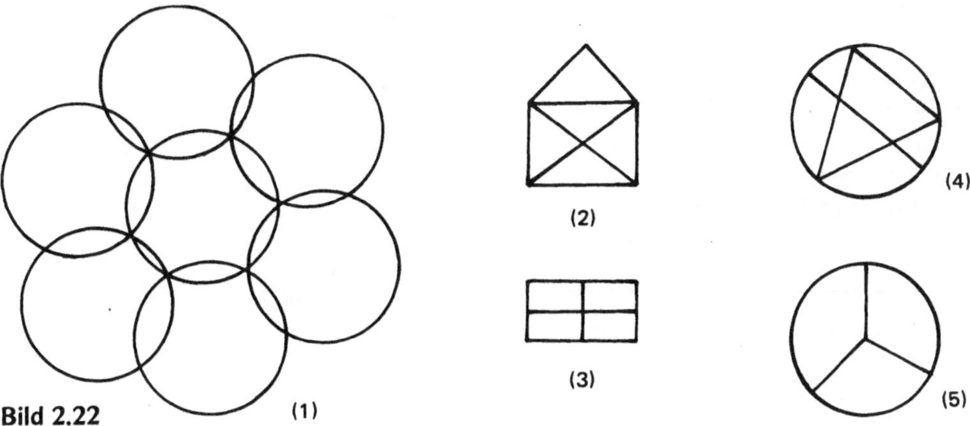

Bild 2.22

■ **1 Problem**

Eine weitere Illustration des Satzes ist das berühmte Königsberger Brückenproblem [10], auf das Euler (1736) stieß (Bild 2.23). Über den Pregel-Fluß führen in der angedeuteten Weise 7 Brücken. Gibt es einen Rundweg über sämtliche Brücken, so daß jede Brücke genau einmal überquert wird?[1)] [[21]]

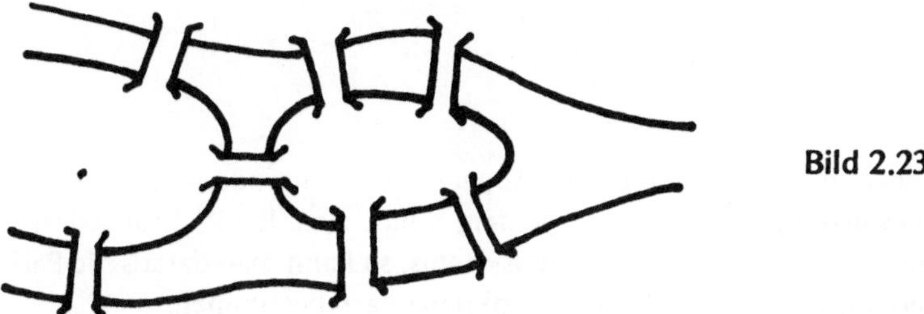

Bild 2.23

---

1) Im 19. Jahrhundert veröffentlichte der Spaßvogel Sam Loyd eine Karte von Königsberg mit 8 Brücken und gab eine schulmeisterliche Lösung des Problems, womit er Euler zum „Einfaltspinsel" stempelte.

■ 2 **Ein letztes Problem: [10]**

Auf einem Brett werden 23 Nägel so befestigt, daß sie die Ecken eines regulären, 23-seitigen Polygons bilden. Mit Hilfe eines Fadens wird das reguläre Polygon sowie sämtliche Sternpolygone mit 23 Seiten „gezeichnet" (das läuft darauf hinaus, sämtliche Strecken zu zeichnen, die zwei Ecken verbinden). Kann daraus durch einen einzigen Knoten eine Figur hergestellt werden, die eine geschlossene Kurve darstellt? [[22]]

Wie ist es, wenn man 24, 25 Nägel verwendet?

Vergleiche dieses Problem mit dem dritten Domino-Problem in 2.2.8.

2.2.20 Punkte, Strecken, Dreiecke, Zahnräder [6]

Auf einer Strecke wird eine gewisse Anzahl von Punkten verteilt, die man ebenso wie die Streckenendpunkte beliebig durch A oder B bezeichnet. Ein Beispiel zeigt Bild 2.24. Die Punkte zerlegen die ursprüngliche Strecke in 7 Teilstrecken. Eine Teilstrecke heißt vollständig, wenn ihre Endpunkte verschieden bezeichnet sind. Im obigen Beispiel haben wir 4 vollständige Teilstrecken.

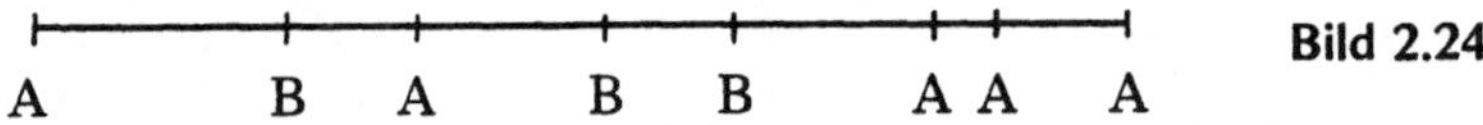

Bild 2.24

■ 1 **Problem**

Zeige: Wird die Ausgangsstrecke durch AB oder BA bezeichnet, so enthält sie eine ungerade Zahl vollständiger Strecken. Wird sie dagegen durch AA oder BB bezeichnet, so enthält sie eine gerade Zahl vollständiger Strecken.

(Bei der Untersuchung der verschiedenen Möglichkeiten, in denen ein weiterer Punkt hinzugefügt werden kann, stellt man fest, daß sich die Parität der Anzahl der vollständigen Strecken nicht ändert).

■ 2 **Anwendung**

Diese Überlegungen können in folgender Weise auf Apparate mit Zahnrädern oder parallelen bzw. gekreuzten Transmissionen angewendet werden. Kennt man den Richtungssinn am Eingang und Ausgang eines solchen Übertragungssystems, so kann man daraus die Parität der Anzahl der Zahnradpaare oder der Treibriemenkreuzungen bestimmen.

Bekannt sei etwa, daß sich die Antriebswelle des Motors, der die astronomische Uhr von Straßburg in Gang hält, entgegengesetzt zum großen Zeiger dreht. Bestimme die Parität der Zahl der Zahnräder, die am Antrieb des großen Zeigers beteiligt sind.

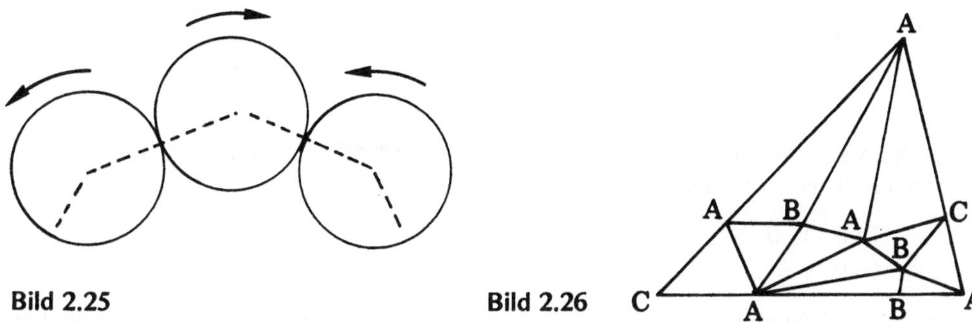

Bild 2.25 Bild 2.26

Die Achsen von Zahnrädern mit gleichem Durchmesser sind an den Ecken eines regulären Polygons befestigt; der Durchmesser der Zahnräder ist gleich der Seitenlänge des Polygons (Bild 2.25).

Können sich die Zahnräder um ihre Achse drehen?

Im folgenden behandeln wir eine Verallgemeinerung des Problems der vollständigen Strecken auf die Ebene.

■ 3 Problem

Wir betrachten ein Dreieck, in dessen Inneren und auf dessen Rand eine gewisse Zahl von Punkten gewählt wird (Bild 2.26). Diese Punkte werden so durch Strecken miteinander verbunden, daß das Ausgangsdreieck in Elementardreiecke zerlegt wird, und dabei keine Ecke eines solchen Dreiecks im Inneren der Seite eines anderen Dreiecks liegt. Die Figur enthält 11 Elementardreiecke.

Jede Ecke eines Dreiecks wird nun mit einem der Buchstaben A, B oder C versehen.

Ein Dreieck heißt „vollständig", wenn seine Ecken mit den Buchstaben A, B und C bezeichnet sind.

Zeige: Befindet sich auf dem Rand des Ausgangsdreiecks eine ungerade (gerade) Zahl vollständiger Strecken AB, dann tritt auch eine ungerade (gerade) Zahl vollständiger Dreiecke auf [[23]].

Die letzte, ihrem Wesen nach topologische Aussage ist ein sehr kraftvolles Instrument, da man mit seiner Hilfe z.B. den Brouwerschen Fixpunktsatz beweisen kann [6].

Zum Ausklang:

Wir haben 500 von 1 bis 500 durchnumerierte Karten sowie einen Stapel unbeschrifteter Karten. Nach Mischen der beschrifteten Karten werden zwei gezogen und stattdessen eine Karte (von den zunächst unbeschrifteten) mit der positiven Differenz der gezogenen Karten eingefügt. Nun wird erneut gemischt und die Operation wiederholt.

Wie groß ist die Wahrscheinlichkeit, daß die letzte Karte am Schluß des Spiels eine gerade Zahl trägt? [[24]]

2.3 Lösungen

[[1]]

Es genügt, wenn man sich mit den ersten vier Zahlen jeder Zeile beschäftigt. Die ersten vier Zahlen der Zeilen 3 und 4 werden folgendermaßen dargestellt.

```
   1 0 1 0
 1 1 0 1
```

wobei 0 bzw. 1 für eine gerade bzw. ungerade Zahl steht; es wird also m.a.W. *modulo* 2 gerechnet.

Die ersten vier Zahlen der folgenden Zeilen werden mit Hilfe der Regeln für die Konstruktion des Zahlendreiecks und der Eigenschaften der Parität bei Addition bestimmt. Man erhält:

```
        1 0 1 0      (3. Zeile)
      1 1 0 1        (4. Zeile)
    1 0 0 0          (5. Zeile)
  1 1 1 0            (6. Zeile)
1 0 1 0              (7. Zeile)
```

Offensichtlich stimmen die ersten 4 Zahlen der 3. und 7. Zeile überein (modulo 2). Die Zeilen 3, 4, 5, 6 enthalten wenigstens eine gerade Zahl. Die folgenden Zeilen sind von der gleichen Gestalt wie diese vier Zeilen, sie erscheinen in periodischer Folge. Daher enthält jede Zeile – ab der dritten – mindestens eine gerade Zahl.

[[2]] **Händeschütteln**

N sei die Zahl der Personen, n_k die Zahl der von der k-ten Person geschüttelten Hände. Ist m die Gesamtzahl von Händedrücken, so gilt

$$n_1 + n_2 + \ldots + n_N = 2m.$$

Da die Summe gerade ist, enthält sie eine gerade Zahl ungerader Summanden.

[[3]] **Das Zweifarben-Problem**

Der Beweis, daß sich die „Figur" in der angegebenen Weise färben läßt, wird durch vollständige Induktion geführt (Bild 2.27). Der Fall $n = 1$ ist klar. Nehmen wir also an, daß jede Figur mit $n-1$ Geraden „echt" gefärbt werden kann.

Nun wird die n-te Gerade eingezeichnet; sie zerlegt die Ebene in zwei Gebiete, von denen jedes „echt" gefärbt ist. In einem der beiden Gebiete werden sodann die Farben (der Teilgebiete) vertauscht. Dadurch entsteht für dieses Gebiet erneut eine „echte" Färbung, aber auch das Gesamtgebiet ist dadurch „echt" gefärbt.

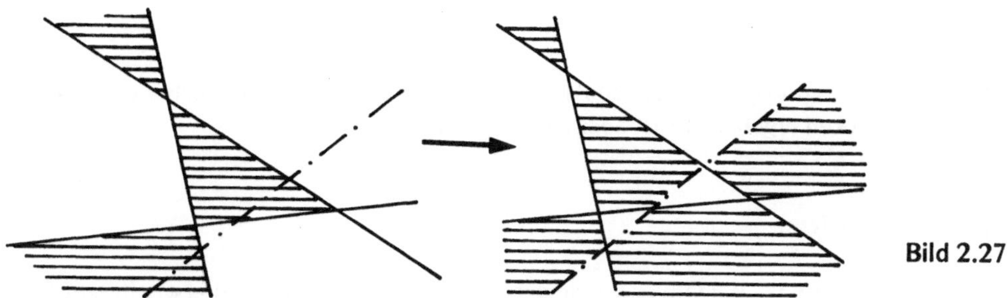

Bild 2.27

Dieser Beweis kann in folgender Weise illustriert werden. Jeder Geraden entsprechen zwei Halbebenen, von denen die eine positiv, die andere negativ genannt wird. Denkt man nun in Begriffen der Photographie und nimmt an, daß die Ebene anfangs schwarz ist, so ergibt sich die gesuchte Färbung.

Bei den Kreisen kann man ebenfalls vollständige Induktion anwenden. Der folgende Beweis steht jedoch in größerer Nähe zum Spiel: Bei jedem der Gebiete wird die Zahl der Kreise vermerkt, in deren Inneren sich das Gebiet befindet. Man erhält eine „echte" Färbung, wenn man alle Gebiete mit gerader Zahl in der einen, alle Gebiete mit ungerader Zahl in der anderen Farbe färbt.

Wie wir bald sehen werden, läßt sich die aus den n Kreisen entstandene Figur zeichnen, ohne dabei den Bleistift abzusetzen. Eine derart geschlossene Linie bildet eine Schleife. Die Zahl, mit der jedes der Gebiete versehen ist, hat die gleiche Parität wie der Index der Punkte dieses Gebiets in bezug auf die Schleife.

[[4]] Zerlegung in Parallelogramme

Nur die regulären Polygone mit einer geraden Zahl von Seiten können in Parallelogramme zerlegt werden.

[[5]] Das Barmixer-Problem

Die gestellte Frage muß mit „nein" beantwortet werden. Werden nämlich zwei beliebige Gläser umgedreht, dann ändert sich die Parität der Anzahl der aufrecht stehenden Gläser (d.h. Öffnung nach oben) nicht. Steht ein Glas mit der Öffnung nach oben, ein anderes mit der Öffnung nach unten, und wird dieses Gläserpaar umgedreht, dann sind danach genauso viele aufrecht stehende Gläser vorhanden wie zuvor. Stehen beide Gläser mit der Öffnung nach oben bzw. unten, und wird dieses Gläserpaar umgedreht, dann nimmt die Zahl der aufrecht stehenden Gläser um 2 ab bzw. zu; die Parität der aufrecht stehenden Gläser bleibt insgesamt erhalten. Ist also anfangs die Zahl der aufrecht stehenden Gläser (5) ungerade, so bleibt sie es, und es ist unmöglich, durch die beschriebene Operation einen Endzustand von 10 oder 0 aufrecht stehenden Gläsern zu erreichen.

[[6]]

Es existiert keine Figur der geforderten Art. Das Produkt $5 \cdot 3$ müßte nämlich die doppelte Anzahl von Strecken ergeben; 15 ist aber eine ungerade Zahl.

[[7]] **Dominoprobleme**

Das Dominospiel enthält 28 Dominos, jede der Ziffern (0, 1, 2, 3, 4, 5, 6) erscheint auf 8 – also auf einer geraden Zahl – Feldern. Innerhalb einer Kette kommt eine Ziffer eine gerade Zahl von Malen vor (bei benachbarten Dominos). Kommt eine Ziffer an einem Ende der Kette vor, so muß sie daher auch am anderen Ende der Kette erscheinen. Folglich ist es unmöglich, eine Kette aus allen Spielsteinen zu bilden, deren Enden von Dominos der Form

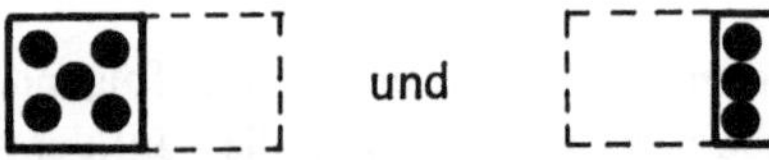

gebildet werden.
Will der Zauberer an den Enden der Kette die Ziffern 5 und 6 haben, so braucht er nur den Stein aus dem Spiel zu entfernen. Jede Kette, in der sämtliche verbleibenden Spielsteine vorkommen, hat an ihren Enden die Ziffern 5 und 6. Wie kann man verifizieren, daß nun das Spiel nur noch 27 Dominos enthält? Welchen Schluß kann der Zauberer ziehen, wenn er einen „Doppelstein", d.h. einen Domino mit zwei gleichen Zahlen, entfernt?

[[8]]

Eine derartige Überdeckung des Schachbrettes existiert nicht, weil jeder Domino ein schwarzes und ein weißes Feld bedeckt. Jeden von Dominos überdeckte Gebiet enthält daher gleich viel schwarze wie weiße Felder. Im vorliegenden Fall – wenn z.B. zwei schwarze Felder frei bleiben – würde das überdeckte Gebiet mehr weiße (2) als schwarze Felder enthalten.

[[9]]

Aus den gleichen Gründen existiert auch keine Überdeckung dieser Art, bei der zwei beliebige Felder gleicher Farbe frei bleiben. Haben die beiden freibleibenden Felder verschiedene Farben, so gibt es eine Lösung des Überdeckungsproblems. Durch die dicken Linien ist in Bild 2.28 angedeutet, wie die Dominos auf das Schachbrett gelegt werden müssen. (Würde man das Schachbrett „auseinanderziehen", ergäbe sich eine geschlossene Kette.) Die beiden frei bleibenden Felder zerlegen die Kette in zwei Abschnitte (von denen einer leer sein kann, wenn jene beiden Felder benachbart sind), von denen jeder eine gerade Anzahl von Feldern enthält.

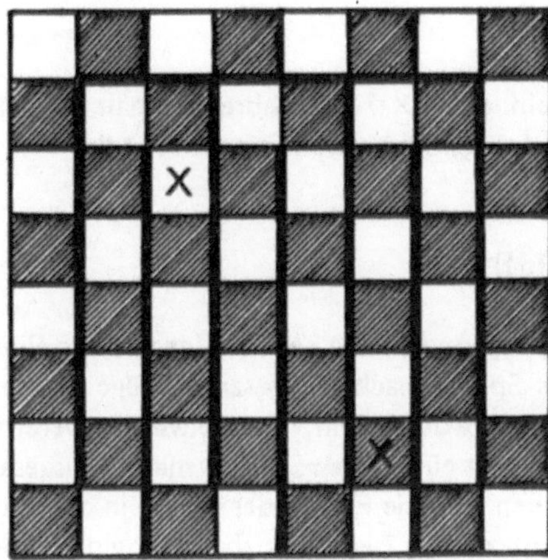

Bild 2.28

[[10]]

Nein. Angenommen, der Hutmacher verwendet zum Flechten des Bandes n Garnfäden. Jede „Überkreuzung" entspricht dann einer Transposition. Daher kann das Band nur nach einer geraden Zahl von Überkreuzungen nahtlos geschlossen werden, weil nur dann die ursprüngliche Reihenfolge der Fäden wieder hergestellt werden kann. Anders gesagt: Der Endzustand der Fäden geht aus dem Anfangszustand durch die identische Permutation mit dem Vorzeichen + 1 hervor.

[[11]]

Auf 32 Feldern der gleichen Farbe (z.B. Weiß) können 32 Springer untergebracht werden. Von da aus können sie sich nur auf schwarze Felder begeben. Daß nicht mehr als 32 Springer untergebracht werden können, zeigt man so: Nach der in 15. angegebenen Lösung des Springer-Problems durch Euler kann das Schachbrett nach entsprechender Umstrukturierung als Band mit 64 Feldern dargestellt werden. Verteilt man nun die Springer auf diesem Band, so dürfen keine zwei unmittelbar nebeneinander stehen (sonst würden sie sich attackieren). Somit ist die Maximalzahl gleich 32.
Insgesamt können also genau 32 Springer auf dem Schachbrett verteilt werden, ohne daß sie sich gegenseitig attackieren.

[[12]]

Nein. Beide Eckfelder haben die gleiche Farbe; nach 63 Zügen erreicht der Springer jedoch ein Feld, das eine andere Farbe hat als das Ausgangsfeld.

[[13]]

Nein; da dieses Feld nach 48 Zügen zu erreichen wäre, aber eine andere Farbe als das Ausgangsfeld hat.

[[14]]

Nein. Das 7 X 7-Schachbrett enthält 24 weiße und 25 schwarze Felder. Daher muß das Ausgangsfeld notwendig schwarz sein.

[[15]]

Könige und Türme konnten jeweils nur eine gerade Anzahl von Zügen gemacht haben. Jeder Spieler machte insgesamt 2 Züge mit den Bauern. Weder Läufer noch Damen konnten bewegt worden sein; letztere wurden bereits auf ihren Ausgangspositionen geschlagen. Die Springer eines jeden Spielers müssen insgesamt eine gerade Anzahl von Zügen zurückgelegt haben (vgl. die Farben der Felder in der Ausgangs- und Endposition). Weshalb? Die Gesamtzahl der Züge war daher bei beiden Spielern gerade. Daher war zuletzt Schwarz am Zug.

[[16]]

Zieht der König auf ein gleichfarbiges benachbartes Feld, so ändert sich die Parität seiner beiden „Koordinaten".

[[17]] **Das Problem von Sam Loyd**

Wenn sich Schwarz nicht einem unmittelbaren Matt aussetzen will, bleibt nichts anderes übrig, als den Läufer auf dem schwarzen Feld zwischen (8, 2) und (7, 1) hin- und herzuschieben. Es sei denn, der schwarze Läufer auf dem weißen Feld könnte Schach bieten, wobei der Bauer auf (6, 2) eine Dame einbringen und damit das Spiel eine neue Wendung nehmen würde. Weiß muß daher diese Situation um jeden Preis verhindern. Um die Partie dennoch zu entscheiden, darf nur der König bewegt werden, der in (8, 4) ankommen muß, wenn der schwarze Läufer in (8, 2) ist. Kann sich der König nur auf Feldern gleicher Farbe bewegen, ist dies wegen der zeitlichen Beschränkung unmöglich; der weiße König muß deshalb auf ein weißes Feld wechseln. Dies ist nur durch eine lange Reise über das Feld (1, 8) möglich, das als einziges nicht vom schwarzen Läufer auf (6, 1) angegriffen werden kann.

[[18]] **Das Problem von Tchekover**

Situationsanalyse. Der Läufer (6, 1) ist zur Sicherung des Feldes (7, 2) gebunden, von dem aus die weiße Dame sofort ein Matt erzielen könnte. Umgekehrt ist die Dame (8, 3) durch die Sicherung von (7, 2) gebunden; sie kann sich solange nicht bewegen, wie der Springer (8, 1) den Zug nach (7, 3) verhindert, zumal sie den Turm (8, 2) schützen muß. Die Eckfiguren, die den König umgeben, sind somit gebunden. Könnte indessen der Läufer (6, 1) dem weißen König Schach bieten, so könnte dieses Feld ohne Zeitverlust geräumt werden.

Die durch den Bauern (6, 2) gewonnene Dame würde danach den Läufer in der Sicherung von (7, 2) ersetzen und das Spiel von Schwarz entlasten.

Die Strategie von Weiß: der weiße König wird den Springer (8, 8) schlagen wollen, ohne sich einem Schach auszusetzen. Währenddessen kann der Springer nur zwischen dem Feld (8, 8) und dem Feld (6, 7) bzw. (7, 6) hin- und herwechseln, um zu verhindern, daß der weiße Bauer (8, 7) eine Dame gewinnt.

Der direkte Weg des weißen Königs längs der Diagonalen (1, 2), ..., (8, 8) würde dazu führen, den Springer auf einem weißen Feld zu schlagen und sich damit einem Schach (durch den schwarzen Läufer) auszusetzen. Es gilt daher, Zeit zu gewinnen! Dies wiederum kann nur durch den Weg über das Feld (1, 8) erreicht werden, das als einziges vom schwarzen Läufer nicht unmittelbar angegriffen werden kann (vgl. das Problem von Loyd, [[17]]).

Der Vergleich der Probleme von Loyd, Tschekover und „Katz und Maus“ zeigt deutlich, daß die gleiche heuristische Idee dem Anschein nach durch ganz verschiedene Situationen repräsentiert werden kann.

[[19]]

Man numeriere die horizontalen Reihen des Spielfeldes in gleicher Weise wie beim Schachbrett. Haben die Zahlen der Reihen, auf denen sich die Spielsteine anfangs befinden, gleiche (bzw. verschiedene) Parität, so gewinnt Schwarz (bzw. Weiß).

[[20]]

Der schwarze König kann nur zwischen den Feldern (8, 8) und (7, 8) hin- und herwechseln, da er seinen einzigen Bauern schützen muß, und der Zug auf das Feld (7, 7) durch den weißen König (8, 6) verwehrt ist. Weiß muß Mittel und Wege finden, um in (7, 6) anzukommen, wenn der schwarze König in (7, 8) ist (ein Vergleich der verschiedenen möglichen Wege zeigt, daß Weiß mit Sicherheit eine Dame gewinnen und sich dadurch den Sieg sichern kann). Ist Schwarz am Zug, und trifft der weiße Bauer in (7, 6) ein, wenn der schwarze König in (7, 8) ist, so führt die Partie notwendig zum Unentschieden. Hier wird die Möglichkeit des Bauern genützt, anfangs ein oder zwei Felder zurückzulegen.

[[21]]

An dem gestellten Problem ändert sich nichts, wenn wir zusätzlich annehmen, daß sich in jedem der 4 Gebiete ein Gebäude befindet (Bild 2.29), in das sich der Spaziergänger begeben muß, wenn er das betreffende Gebiet betritt. Wäre das Problem lösbar, so könnte der dadurch definierte Weg in einem Zug durchlaufen werden. Da aber von jedem der Gebäude eine ungerade Zahl von Wegen, bzw. auf der Karte eine ungerade Zahl von Linien ausgeht, ist dies nach dem Satz unmöglich.

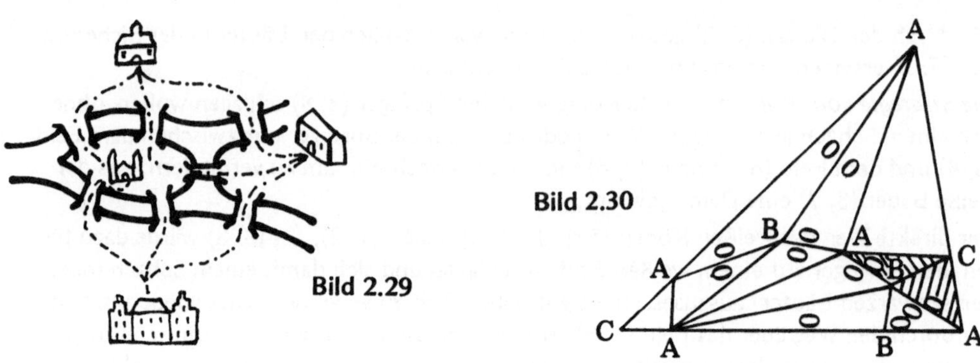

Bild 2.29

Bild 2.30

[[22]]

Jeder der 23 Nägel ist mit den anderen 22 durch einen Faden verbunden. Jede einem Nagel entsprechende Ecke hat daher eine gerade Ordnung. Die inneren Ecken, die durch den Schnitt von Strecken (durch die die Nägel verbunden sind) entstehen, haben ebenfalls eine gerade Ordnung. Nach dem Satz kann die Figur mit einem einzigen, nur einmal verknoteten Faden hergestellt werden.
Dies geht auch bei 25 Ecken, nicht aber bei 24.

[[23]]

In jedes der Elementardreiecke wird längs der Seiten AB oder BA eine kleine Spielmarke gelegt (Bild 2.30). Ein vollständiges Dreieck enthält dann genau eine Marke. (Weshalb)? Mit Ausnahme der Strecken AB auf dem Rand des Ausgangsdreiecks sind jeder Strecke AB zwei Marken zugeordnet.
Nun können die Marken auf zwei Arten gezählt werden: Man bestimmt einerseits die Summe aus den Marken, die neben den inneren Strecken (gerade Zahl) liegen, und denen die neben vollständigen Strecken AB auf dem Rand des Ausgangsdreiecks liegen. Andererseits bildet man die Summe der in vollständigen Dreiecken enthaltenen Marken und der in nicht vollständigen Dreiecken enthaltenen Marken; die Anzahl in den letzteren ist gerade.
Die Zahl der vollständigen Strecken auf dem Rand des Ausgangsdreiecks muß daher die gleiche Parität haben wie die Zahl der vollständigen Elementardreiecke.

[[24]]

Die Wahrscheinlichkeit ist 1.
Es genügt, bei dieser Aufgabe modulo 2 zu rechnen; daher kann die Differenz durch die Summenbildung ersetzt werden. Dabei ändert sich die Parität nicht. Unter Anwendung des Assoziativgesetzes erhält man die Parität der letzten Karte aus $250 \cdot 501$ mod 2.

2.4 Nachwort

Zunächst wollten wir dieses Buch mit einer Aufzählung der nicht behandelten Gegenstände beenden (diese Liste wäre sicherlich recht lang geworden: Parität und Logik, Anwendung auf Schaltkreise usw. ...). Dann hätte aber der Eindruck entstehen können, wir wollten das Thema erschöpfend behandeln; dies war jedoch nicht unser Ziel.

Wir beschließen dieses Buch mit der Wiedergabe einer kleinen Szene, die einer von uns bei der Akademie der Wissenschaften miterlebt zu haben vorgab. Zwei bedeutende Persönlichkeiten der Wissenschaft, die wir hier nur mit A und B zu bezeichnen wagen, nutzten die Diskussion, um dem Spiel „Gerade verliert" zu frönen:

Auf einem Tisch liegt ein Haufen mit einer ungeraden Anzahl von Streichhölzern. Vor dem Spiel wird die Maximalzahl p von Hölzchen vereinbart, die bei einem Zug vom Haufen entfernt werden dürfen. Nun nehmen die Spieler abwechselnd nach ihrer Wahl mindestens 1 und höchstens p Hölzchen vom Stapel. Ist der Haufen abgetragen, so hat derjenige gewonnen, der eine ungerade Anzahl von Streichhölzern hat; der andere ist der Verlierer.

Bourbaki, der den Saal durchstreifte, bemerkte A und B und erklärte den beiden herablassend, daß dieses Spiel in Wirklichkeit gar keines sei. Wenn nämlich die Zahl der im Haufen liegenden Streichhölzer sowie die Zahl p bekannt sind, so steht der Sieger (falls dieser nur richtig zu spielen versteht) von Anfang an fest. Beschämt über diesen Tadel senkten A und B die Köpfe, räumten die Streichhölzer zusammen, und jeder nahm sich ein Blatt Papier vor, um die Behauptung von Bourbaki zu verifizieren.

Wir wissen nicht, ob es ihnen gelungen ist[1]) .....

Bibliographie

[1] *D. O. Shklarsky, N. W. Chentzov, I. M. Yaglom,* "The U.R.S.S. Olympiad Problem Book" San Francisco W. H. Freedmann Co, 1962.

[2] Revue "Activités Recherches Pédagogiques" Octobre 1971.

[3] *M. Gardner,* Das gespiegelte Universum. Braunschweig 1967.

[4] *E. B. Dynkin, V. A. Uspenskii,* Mehrfarbenprobleme. Berlin 1955.

[5] *T. J. Fletcher,* "0 and 1", Mathematical Pie 1961. 9. Naschby Road Solihull. Nr. Birmingham (G.B.).

[6] *S. K. Stein,* "Mathematics, the man-made universe". San Francisco W. H. Freedman Co, 1969.

[7] *P. Cartier,* Remarques sur la signature d'une permutation, "Enseignement Mathématique" 2ème série – Volume 16, 1970.

[8] *W. Woolsey Johnson* et *W. E. Story,* "Notes on the 15 puzzle". "American Journal of Mathematics", 1879. Volume 2.

[9] *A. White,* "Sam Loyd and his Chess Problems", Dover (New York).

[10] *H. Steinhaus,* "Mathematiques en instantané". Paris, Flammarion, 1964.

[11] *M. Gardner,* "How to triumph at Nim by playing safe, and John Horton Conway's game Hackenbush". Sci. Amer. – 222 (1972) N° 1, 104–107.

[1]) Zu Anwendungen der Parität auf das Nim-Spiel vgl. [11].

3 Probleme und Aufgaben zur Inzidenzgeometrie

3.1 Einleitung

Die Inzidenzgeometrie im Dienste einer fortschrittlichen, polykonkreten Didaktik

Seit mehr als vier Jahren arbeitet das I.R.E.M Straßburg an diesem Teil einer Didaktik mathematischer Aufgaben und Probleme. Vielfach wird das hier erörterte Thema – Endliche Geometrie, Inzidenzgeometrie – als Kuriosität angesehen, die nur einige stark spezialisierte Mathematiker interessiert. Obwohl das Thema zu praktischen Anwendungen führt (z. B. zur Konstruktion von Versuchsplänen vgl. Abschnitt 3.5 Aufgabe 12) und im Zusammenhang mit der seit etwa einem Jahrzehnt wieder in lebhafte Entwicklung geratenen Kombinatorik gesehen werden kann, mutet es erstaunlich an, daß ein pädagogisches Forschungsinstitut soviel Mühe auf ein solches marginales Gebiet verwendet, das wohl kaum die Masse der Schüler angeht.

Allerdings hat der Mathematikunterricht neben der Vermittlung nützlichen Wissens noch andere Aufgaben: *Ein wesentlicher Punkt ist die Entwicklung geistiger Fähigkeiten.* – Dabei spielt das Merken von Informationen eine untergeordnete Rolle gegenüber dem *allmählichen Gewöhnen an korrektes Argumentieren und Schließen, dem Gebrauch von Abstraktionsweisen* um Probleme der Praxis zu lösen, dem *Vorstellungs- und Kombinationsvermögen und kreativem Verhalten angesichts gegebener Randbedingungen.*

Wir hoffen, im vorliegenden Kapitel zeigen zu können, daß das Thema Inzidenzgeometrie besonders gut auf diese pädagogischen Ziele zugeschnitten ist; es liefert eine Fülle interessanter Probleme unterschiedlicher Schwierigkeitsgrade. Anhand solcher Problemsituationen kann eine Reihe grundlegender mathematischer Begriffe und Methoden wie: *Struktur, Axiomatisches Arbeiten* und *Schließen, Isomorphie, Gruppenbegriff* usw. entwickelt werden.

Der Lehrer möge die „Inzidenzgeometrie" durcharbeiten und Überlegungen auf verschiedenen Ebenen (fachlich, pädagogisch usw.) anstellen. Wir erwarten von ihm, daß er sich den mathematischen Inhalt aneignet, daß er die Probleme selbständig zu lösen versucht und daß er ähnliche Aufgaben für seine Schüler stellt bzw. entwirft. Beständig sollte er zu beurteilen versuchen, welchen *Anstoß jede einzelne Übung auf die geistige Entwicklung* der Kinder ausübt. Dabei sollte er z. B. psychologische Hindernisse analysieren, denen Schüler bei ihren ersten mathematischen Problemlöseversuchen begegnen und mit uns nach geeigneten Hilfen suchen!

Der entscheidende Punkt einer erfolgreichen Mathematikerziehung ist der *definitive Bruch mit dem synkretischen Denken:* In den ersten Phasen seiner intellektuellen Entwicklung fängt das Kind aufgrund bestimmter Reizbündel vor dem Hintergrund einer Vielzahl überflüssiger Informationen nur ein *globales* Wissen seiner Umwelt ein.

Deduktiv denken zu lernen – eines der Ziele des Mathematikunterrichts – erfordert eine Analyse und Strukturierung der Flut der Vorstellungen: So muß etwa die Fähigkeit entwickelt werden, mathematische Argumente aus den sie verdeckenden „Hintergrundgeräuschen" herauszulösen.

Die traditionelle pädagogische Praxis hat sich um diese Dinge nur unzureichend gekümmert. Die offiziellen Lehrpläne ergehen sich weitschweifig in Details, was ein Schüler auf jedem Niveau *nachmachen* können muß. Dagegen werden etwa die Aktivitäten „deduzieren" und „beweisen" im Lehrplan für zehn- bis vierzehnjährige Schüler nicht einmal erwähnt.

Der Schüler sollte einem allgemeinen Beweis durch Rückgriff auf spezielle Figuren und Schemata folgen können: Dabei muß er die Aufmerksamkeit auf die sich von der Struktur abhebenden Elemente der Zeichnung richten und darf sich *nicht* von zufälligem „Hintergrundrauschen" *ablenken lassen.*

Natürlich erwirbt der Schüler im Rahmen formalen Schließens auch inhaltliche Kenntnisse: "une tête bien vide n'est pas une tête bien faite".[1]

Der Kern Mathematischer Erziehung verkürzt sich jedoch nicht auf die Art Gelehrsamkeit, die all das, was nicht unmittelbar nützlich ist, als untergeordnetes Nebenprodukt einstuft. Da die traditionelle Pädagogik den Schwerpunkt nicht auf die Entwicklung des deduktiven Denkens legt, wird sie nicht der Tatsache gewahr, daß gewisse Gepflogenheiten des Unterrichts die Schüler am Verständnis hindern. Ein Beispiel: Die Einführung des *Lotes* erfolgt fast ausnahmslos an Zeichnungen bei denen die Horizontale und Vertikale bevorzugt sind, ohne daß dies den Schülern mitgeteilt würde. Dreiecke werden (an der Tafel und im Lehrbuch) meist *über* einer horizontalen Grundlinie gezeichnet. Im üblichen Sprachgebrauch werden Lote *gefällt:* Diese Sprechweisen erzeugen in der mathematischen Argumentation erneut ein überflüssiges „Rauschen", zu dessen Überwindung der Schüler i. a. nicht angeregt wird. Man braucht sich deshalb nicht zu wundern, wenn Schüler Schwierigkeiten haben einzusehen, daß ein Dreieck drei Höhen hat, ein Lot „schief" liegen oder von unten nach oben gezeichnet werden kann.

Das im vorliegenden Teil zusammengestellte Material versucht solche pädagogischen Irrtümer zu vermeiden: Vor allem sollen *Effekte des Rauschens gedämpft werden.* Gewiß, das einzige Mittel zur vollständigen Eliminierung solcher Effekte wäre die Verwendung einer mathematischen Sprache, die den Schüler nicht durch störende Details ablenken würde. Die Beherrschung einer solchen Sprache wäre daher natürlich wünschenswert. Dennoch muß man sich darüber im klaren sein, daß dies eine Zielvorstellung, nicht jedoch der Ausgangspunkt ist. Mit Anfängern müssen daher andere Wege begangen werden.

Dazu bedienen wir uns systematisch der von André Lichnérowicz sog. *polykonkreten Pädagogik:* Aus einer Fülle konkreter Situationen die hinreichend variiert sind um Rausch-Effekte zu neutralisieren, tritt schließlich das gemeinsame Element, die zu untersuchende Struktur, hervor.

Ferner wird der Bruch mit dem synkretischen Denken und die Einführung in das mathematische Beweisen als *pädagogische Handlung* verstanden, deren *Anbahnung sorgfältig geplant* werden muß.

---

[1]) In Abänderung eines Wortes von M. de Montaigne: "Une tête bien faite vaut mieux qu'une tête bien pleine."

Wird die Axiomatik der affinen Inzidenzgeometrie mit Lineal-Zeichnungen eingeleitet, so kann es die Schüler große Mühen kosten, später von Maß- und Krümmungsvorstellungen zu abstrahieren. Eine einzigartige Gelegenheit im mathematischen Leben des Kindes würde in nicht wieder gutzumachender Weise vertan.

Im Gegensatz dazu sollen die Schüler sich mit einer Vielzahl von Situationen – analog den in diesem Teil beschriebenen – auseinandersetzen. Wenn in verschiedenen Kontexten die Wendung auftaucht

„Durch zwei verschiedene ... geht genau eine ...",

soll der Lehrer das Wort „Gerade" vermeiden, um die Nachricht nicht schon vorzeitig mit der Fülle von Bedeutungen zu belasten, die dieses Wort trägt und damit Strukturen wachruft, die erst viel später untersucht werden. Die Schüler sollen begreifen, daß der Rückgriff auf die Wahrnehmung nur ein Leitfaden sein kann, von dem während der logischen Formgebung abstrahiert werden muß.

Die Wahl des Themas „Inzidenzgeometrie" bietet eine Reihe weiterer pädagogischer Vorzüge. Die Modelle zur Inzidenzgeometrie (vgl. Abschnitt 3.2) liefern ein sehr einfaches aber bedeutungsvolles Beispiel für den Gedanken der *Struktur*. Dabei wird unmittelbar das Interesse der Mathematik an Relationen zwischen mathematischen Objekten, deren „Natur" ohne Belang ist, verständlich.

Zur „Kategorie" der Inzidenzmodelle gehört ein Isomorphiebegriff, den bereits zehnjährige an Hand konkreter Beispiele handelnd erfassen können. Obwohl man dabei ohne eine gelehrte Sprache auskommt, können dennoch eine Reihe von Problemen bearbeitet werden.

Insgesamt wird den Schülern im Rahmen unserer didaktischen Vorstellungen eine Vielfalt bildender Aktivitäten angeboten. Dabei wird vermieden, Fragen in dogmatischer Weise zu „verordnen", statt den Schülern Gelegenheit zu geben, selbst Fragen aufzuwerfen.

Schließlich sei angemerkt, daß ursprünglich unter dem Aspekt der Automorphismengruppe ein Kapitel zum *Gruppenbegriff* vorgesehen war. Diese Thema sollte im Stile des „exemplarischen Unterrichts" nach M. Wagenschein [15] abgehandelt werden, muß jedoch aus Platzgründen gesondert publiziert werden.

3.2 Inzidenzstruktur

In diesem für den *Gebrauch des Lehrers* gedachten Abschnitt werden die theoretischen Grundlagen der Inzidenzgeometrie dargestellt. Die angegebenen Aufgaben können jedoch auch im Unterricht von Schülern bearbeitet werden. Sie sollten jedoch nicht als Vorwand für theoretische Erörterungen benutzt werden, die erst dann von Wert sind, wenn die Schüler über ausreichendes Beispielmaterial verfügen.

3.2.1 Relationen – einmal anders

Gegenstand der Übungen dieses Abschnitts sind beliebige Relationen.[1] Zur Vorbereitung der folgenden Untersuchungen betrachten wir Beispiele, in denen die Elemente von **E**

Punkt, Stadt, Station, Spielmarke, Ecke usw. ...

und die Elemente von **F**

Wegstrecke, Schnur, Faden, Straße, Weg, Linie, Fahrstrecke, Block, Kante usw. ...

genannt werden.

Die Relation I wird durch Ausdrücke wie „p inzidiert mit A", „A inzidiert mit p", „p und A inzidieren", „p liegt auf A", „A geht durch p", „A enthält p" beschrieben; je nach Kontext können auch andere Wendungen verwendet werden.

Fast immer sollen in den folgenden Aufgaben Relationen auf ihre *Isomorphie* hin untersucht werden. Die Relation (**E**, **F**, I) heißt isomorph zur Relation (**E**′, **F**′, I′), wenn es Bijektionen φ von **E** auf **E**′ und ψ von **F** auf **F**′ gibt, die „die Relationen I und I′ respektieren"; genauer:

$$\forall\, e \in \mathbf{E}, \quad \forall\, f \in \mathbf{F}, \quad (e, f) \in I \iff (\varphi(e), \psi(f)) \in I'$$

Ein Isomorphismus einer Relation in sich heißt Automorphismus.

Häufig stellt man eine Relation I durch eine Tabelle dar; genau dann wenn $(e, f) \in I$, wird das Feld (e, f) der Tabelle durch ein Kreuz oder durch „1" markiert; ist $(e, f) \notin I$, so steht in der letzten Darstellungsweise auf dem entsprechenden Feld „0".

Anhand von Relationentabellen kann entschieden werden, ob zwei Relationen I, I′ isomorph sind; dazu wird versucht, die Elemente von **E** und **F** so aufzuschreiben, daß sich entsprechende Kreuze auf entsprechenden Feldern befinden.

■ 1 Übung

Wir betrachten ein Tetraeder D. **E** = {A, B, C, D} sei die Menge der Ecken von D und **F** = {X, Y, Z, T} die Menge seiner Seiten. I sei die Relation „Der Punkt ... gehört zur Seite ..." Fertige die Relationentabelle an.

Didaktische Bemerkung:

Auf einem Tetraeder aus Papier können die Schüler die Ecken mit A, B, C, D und die Seiten mit X, Y, Z, T beschriften. Die Inzidenzmatrix enthält in jeder Zeile und Spalte genau eine 0. Die Schüler sollen herausbekommen, daß man durch geschickte Bezeichnung die symmetrische Inzidenzmatrix in Bild 3.1 erhalten kann.

---

[1] Eine *Relation* ist ein Tripel (**E**, **F**, **I**) mit den Mengen **E** und **F**, und $\mathbf{I} \subseteq \mathbf{E} \times \mathbf{F}$; **I** heißt Graph der Relation. Sind Mißverständnisse ausgeschlossen, so spricht man zuweilen auch von der Relation **I**.

I	X	Y	Z	T
A	0	1	1	1
B	1	0	1	1
C	1	1	0	1
D	1	1	1	0

Bild 3.1

Bild 3.2

■ 2 Übung

Wir zeichnen in der Ebene vier Kreise A, B, C, D, von denen sich je drei in einem Punkt schneiden (Bild 3.2). Wir setzen

$$X = B \cap C \cap D, \quad Y = C \cap D \cap A, \quad Z = D \cap A \cap B, \quad T = A \cap B \cap C$$

Zeige: Die Relation (**E**, **F**, I) mit **E** = {A, B, C, D} und **F** = {X, Y, Z, T} und I: „Der Kreis ... geht durch den Punkt ...“ ist isomorph zur Relation aus der 1. Übung.

Bemerkung: Zunächst können die Schüler in Bild 3.2 Buchstaben so eintragen, daß die entsprechende Inzidenztabelle mit der aus der 1. Übung übereinstimmt. Bezeichnet man mit φ die Bijektion, die jeder Tetraederecke den Kreis mit dem gleichen Namen, und mit ψ die Bijektion, die jeder Tetraederseite den Punkt mit gleichem Namen zuordnet, so erhält man den gesuchten Isomorphismus.

■ 3 Übung

Zeichne für die Relationen in der 1. und 2. Übung Pfeildiagramme. Diese Diagramme können in verschiedener Weise angelegt werden; Bild 3.3 suggeriert eine weitere Relation, die zu den vorhergehenden isomorph ist.

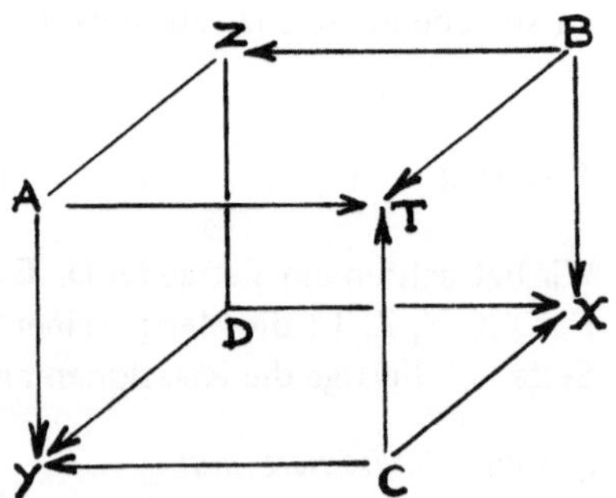

Bild 3.3

■ 4 Übung

Zerlege die Menge der Ecken eines Würfels so in zwei Teilmengen **E** und **F**, daß die Relation I: „Die zu **E** gehörende Ecke ..., ist mit der zu **F** gehörenden Ecke ... durch eine Kante verbunden“ isomorph zu den vorhergehenden Relationen ist.

Didaktische Bemerkung:

Natürlich wäre es wünschenswert, wenn die Schüler bei der Bearbeitung der 3. Übung selbstständig auf die 4. Übung kommen würden.

■ 5 Handlung mit konkretem Material: Relationen auf dem Schachbrett

Material: Ein Schachbrett, vier weiße Türme und vier schwarze Springer.

sei die Menge dieser Türme und $\mathcal{S}$ die Menge dieser Springer. Nun werden die Figuren auf das Schachbrett gebracht und zwar zunächst in der Anordnung wie in Bild 3.4 rechts oben, sodann wie in Bild 3.4 links unten.

Zeige: Die Relationen $(\mathcal{T}, \mathcal{S}, p)$, $(\mathcal{T}, \mathcal{S}, p')$ sind isomorph; dabei bezeichnen p bzw. p′ die Beziehungen:

„Der Turm ... bedroht den Springer ...“ bzw.
„Der Springer ... bedroht den Turm ...“.

(In dieser Weise können vier Relationen gebildet werden). Diese Relationen sind nicht isomorph zu den vorhergehenden Relationen.

Bemerkung: Die Inzidenztabellen können wie in den Bildern 3.4 und 3.5 dargestellt werden.

An dieser Stelle wäre herauszuarbeiten: Obwohl diese vier Relationen einander nicht „ähneln“ sind sie dennoch isomorph.

Die Diagramme in den Bildern 3.1 und 3.4 bzw. 3.5 sind natürlich nicht isomorph, obwohl es sich in beiden Fällen um 4 × 4-Tableaus handelt. Im ersten (zweiten) Fall enthält jedoch jede Zeile bzw. Spalte drei (zwei) Kreuze.

Bild 3.4

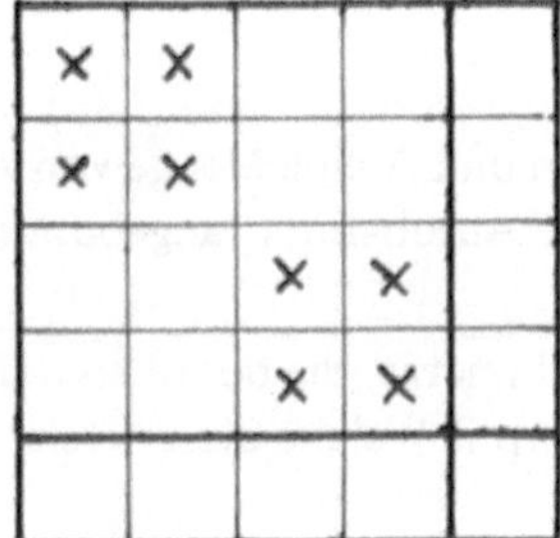

Bild 3.5

■ 6 Übung

Zeige: Die Anzahl der Kreuze in jeder Reihe bzw. Spalte der Inzidenztabelle – und somit die Gesamtzahl der Kreuze – bleibt unter Isomorphismen erhalten.

P∫	A	B	C	D	E	F
a	X	X	X			
b	X				X	X
c	X					
d		X	X	X		
e				X	X	X
f	X					X

Bild 3.6

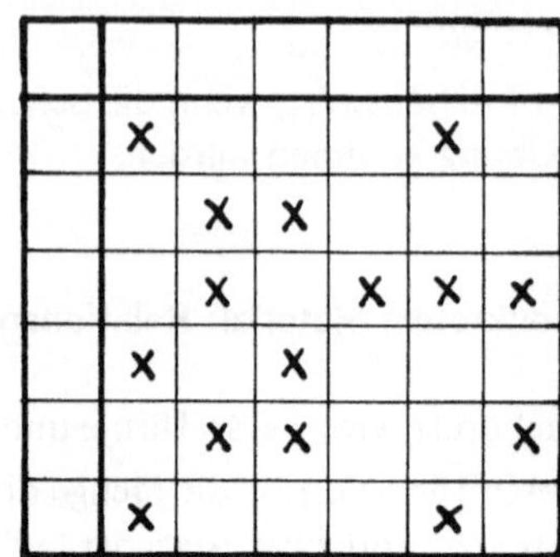

	X				X	
		X	X			
		X		X	X	X
	X		X			
		X	X			X
	X				X	

Bild 3.7

■ 7 Problem: Untersuchung von Isomorphien

Gegeben seien Inzidenzmatrizen zweier Relationen (Bilder 3.6 und 3.7). In der Matrix 3.7 sind die Zeilen – bzw. Spaltenbezeichnungen fortgelassen. Man zeige, daß sich diese Bezeichnungen so wählen lassen, daß beide Diagramme isomorphe Relationen darstellen. [[1]]

■ 8 Problem

Man entwerfe weitere Aufgaben zum Thema 7. Dabei können z. B. auch Kreuze bzw. Buchstaben in der zu vervollständigenden Tabelle fehlen!

■ 9 Etwas aus der Geographie

S sei eine Menge von Städten und A eine Menge von Autobahnen; wir betrachten die Relation: „Die Stadt ... ist an die Autobahn ... angebunden" (Die Stadt ... liegt an der Autobahn ...).

Bild 3.8 zeigt solche Autobahnnetze, die der oben definierten Relation entsprechen. Welche dieser Relationen sind isomorph? Welche dieser Relationen sind isomorph zu den bereits behandelten Relationen?

Bemerkungen: Die Straßennetze ① und ② sind isomorph, obwohl die Autobahnen, die in jedem Netz drei Städte versorgen, nicht topologisch äquivalent sind.

Das Netz ⑤ ist zu 5. isomorph. Die Inzidenzmatrix von ⑤ zeigt Bild 3.9. Die Relation 7 ist zum Straßennetz ⑥ isomorph, wenn {a, b, c, d, e, f} als Menge der Städte gewählt wird; 7. ist zu ⑦ isomorph, wenn S durch {A, B, C, D, E, F} dargestellt wird. Die Netze ⑥ und ⑦ sind nicht isomorph, sondern dual zueinander (vgl. Abschnitt 3.3.2).

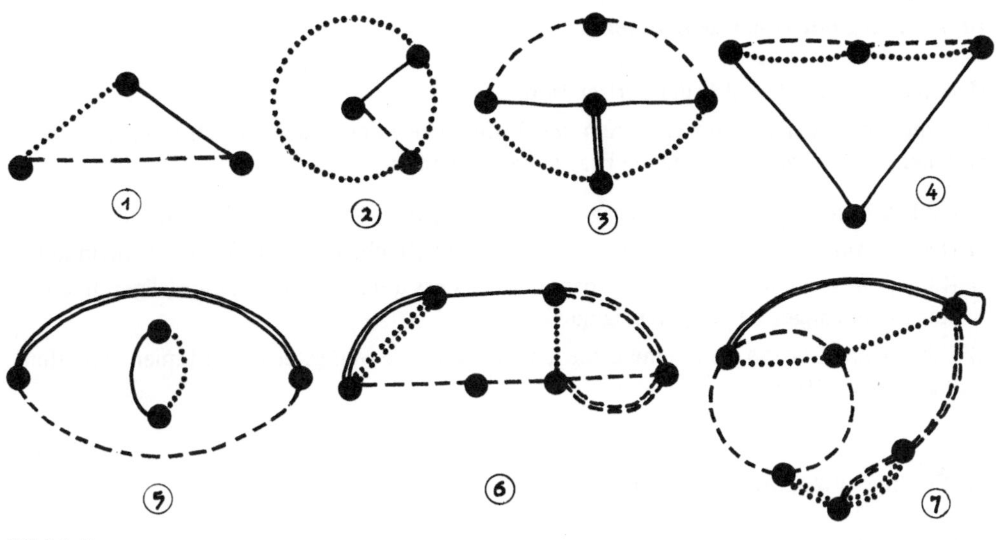

Bild 3.8

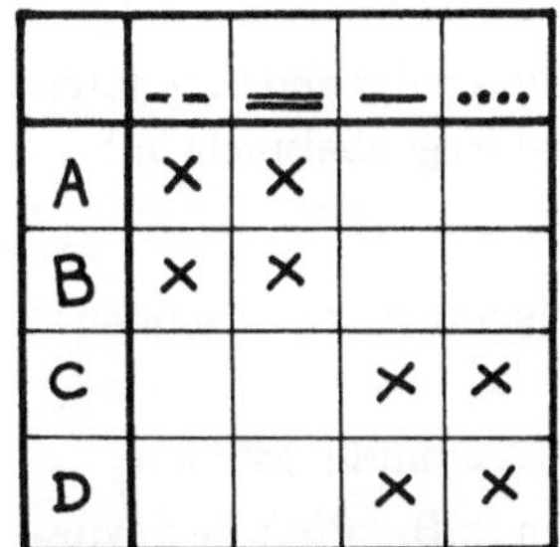

	– –	═	—	····
A	×	×		
B	×	×		
C			×	×
D			×	×

Bild 3.9

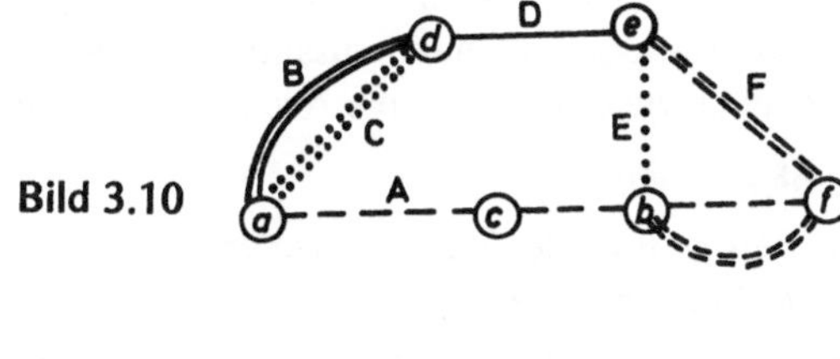

Bild 3.10

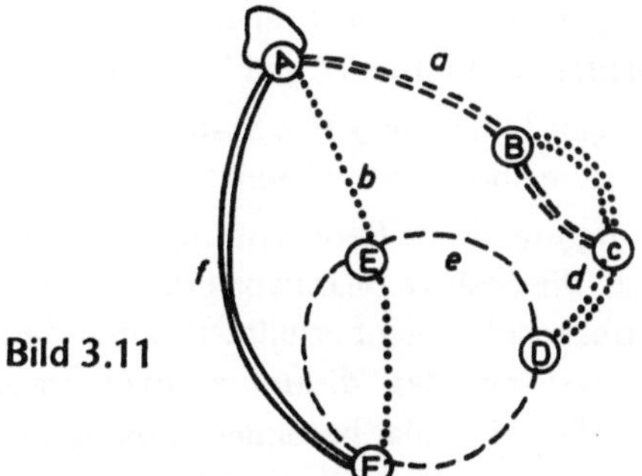

Bild 3.11

Bemerkung:

Möglicherweise werden die Wendungen „Anbindung einer Stadt an eine Straße", „Versorgung einer Stadt durch eine Straße" nicht von allen Schülern der unteren Klassen verstanden, dann müssen sie entsprechend dem vorhandenen Wortschatz umschrieben werden. In jedem Fall ist dem Wortschatz der Schüler Rechnung zu tragen!

■ 10 Handlung mit konkretem Material

Material: Ein Streckenplan der Pariser Metro[1])

S sei die Menge der U-Bahn-Stationen und **L** die Menge der Linien. Durch Studieren des Streckenplans lassen sich folgende Fragen beantworten:

a) Gibt es zu je zwei verschiedenen Stationen stets genau eine direkte Verbindungslinie?
b) Haben zwei verschiedene Linien stets mindestens (höchstens) eine Station gemeinsam?
c) Kann man von einer Station zu einer anderen stets durch höchstens einmaliges, höchstens zweimaliges Umsteigen gelangen?
d) Gibt es eine Station s und eine Linie l, so daß durch s wenigstens zwei Linien verlaufen, die l nicht treffen?

■ 11 Erschließungsaufgabe: Zusammenhang

a) **S** sei die Menge der Stationen, **W** die Menge der Wege eines Transportnetzes. Ist die in **S** definierte Relation „Die Stationen ... und ... sind durch einen direkten Weg verbunden" eine Äquivalenzrelation?
b) Ist die Relation „Die Station ... kann von der Station ... aus (und umgekehrt) durch endlich vieles Umsteigen erreicht werden" eine Äquivalenzrelation?
c) Ein Transportnetz heißt zusammenhängend, wenn jede Station von jeder anderen durch endlich vieles Umsteigen erreicht werden kann. Gib Beispiele und Gegenbeispiele an!

Bemerkungen:

Die Betrachtung des Metro-Streckenplans wird die Schüler (wahrscheinlich) zu folgenden Feststellungen führen:

Zwischen den Stationen „Etoile" und „Nation" gibt es drei direkte Verbindungslinien.

Es gibt verschiedene Linien die mehrere Stationen gemeinsam haben (z. B. "Pont de Sèvres-Mairie de Montreuil" und "Place Balard-Juilliottes").

Es gibt Linien die keine Stationen gemeinsam haben; die Linie "Porte de Vauves-Invalides" ist zum übrigen Streckennetz disjunkt.

Aufgrund dieser Beobachtungen können die gestellten Fragen beantwortet werden. So zeigt z. B. die positive Beantwortung von d), daß das Parallelenpostulat von Euklid im Metro-Streckenplan nicht erfüllt ist: durch die Station "Père Lachaise" verlaufen zur "Porte de Vauves-Invalides" disjunkte Linien. Im Zusammenhang mit Transportproblemen ist das Parallelenpostulat besonders unpassend!

d) Zeige, daß ein zu einem zusammenhängenden Netz isomorphes Netz zusammenhängend ist!

---

[1]) Natürlich können die folgenden Überlegungen auch an einem anderen geeigneten Streckenplan durchgeführt werden. Vielleicht ließe sich aber das hier erörterte Beispiel „Metro" in ein gemeinsames Projekt zwischen Mathematik-Französisch- u. Geographie-Unterricht einbetten (*d. Übers.*).

e) Übertrage d) auf den Fall einer beliebigen Relation und leite daraus die Definition einer zusammenhängenden (konnexen) Relation ab.

■ 12 Aus der Architektur

Familie Schmidt möchte ein Haus bauen. Das Haus soll ein Wohnzimmer, ein Elternschlafzimmer, zwei Kinderzimmer, ein Bad, eine Küche, ein WC und einen Flur enthalten. Außer dem WC sollen alle Räume ein Fenster zur Straßenseite haben. Mit Ausnahme des Badezimmers sollen alle anderen Zimmer eine Tür zum Flur haben. Das WC soll keine Tür zur Küche haben. Elternschlafzimmer und Bad sollen unmittelbar verbunden sein usw. (Natürlich kann diese Aufgabe entsprechend dem Geschmack der Schüler bzw. des Lehrers modifiziert werden.) Zeichne einen Grundriß der Wohnung!

Bemerkung:

Bei dieser Aufgabe sollen die Schüler das „Konkretisieren" eines „abstrakten" Schemas lernen. In der Tat gilt es für eine Menge von Zimmern und eine Menge von Mauern die Relation „Das Zimmer ... hat die Mauer ..." darzustellen.

Wenn die Schüler vom abstrakten Schema ausgehen, werden im allgemeinen die Grundrisse recht unterschiedlich ausfallen. Im Unterricht sollte hervorgehoben werden, daß die Angaben der Aufgabe nicht notwendig zu analogen Wohnungen führen werden. So ist auch fraglich, ob der Grundriß von Bild 3.12 unter den Plänen der Schüler vorkommen wird.

Bei dieser Aufgabe können die Schüler erkennen: Geometrien, die nur den Inzidenzaxiomen genügen, können sehr verschiedene Strukturen aufweisen. Zur weiteren Präzisierung sind zusätzliche Axiome erforderlich. In dieser Übung erfahren die Schüler, daß die Inzidenzaxiome für sich genommen insofern sehr „schwach" sind, als sie in unterschiedlichster Weise realisiert werden können. Um stärker zu präzisieren, bedarf es weiterer Axiome.

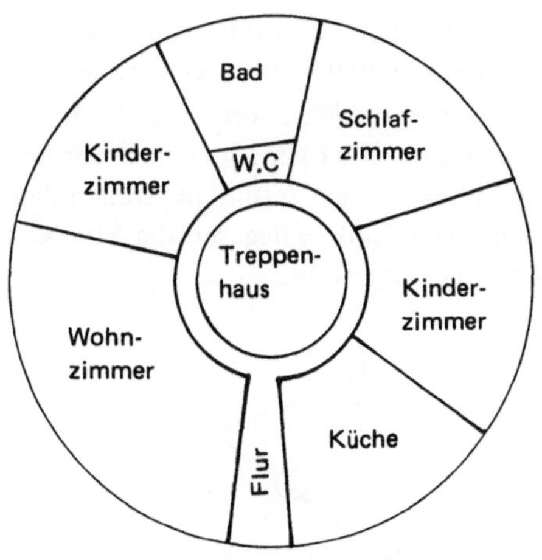

Bild 3.12

3.2.2 Einige theoretische Begriffe

■ **1 Übung**

(**E**, **F**, I) sei eine Relation. Der *Grad* eines Elements e ∈ **E** (bzw. f ∈ **F**) ist die Zahl der mit e in Relation stehenden Elemente f ∈ **F** (e ∈ **E**).

Zeige: Jedes Element von **E** oder von **F** hat unter einem Isomorphismus ein Bildelement vom gleichen Grad.

Zeige: Die Summe der Grade der Elemente von **E** ist gleich der Summe der Grade der Elemente von **F** (dies ist die Kardinalzahl von I).

■ **2 Übung**

Jeder Relation (**E**, **F**, I) kann durch (f, e) ∈ $\bar{I}$: ⟺ (e, f) ∈ I die *duale* Relation (**F**, **E**, $\bar{I}$) zugeordnet werden.

Zeige: Sind zwei Relationen isomorph, so sind auch ihre dualen Relationen isomorph.

a) Die Einführung von $\bar{I}$ neben I ist offensichtlich eine Pedanterie der mathematischen Sprache. Dem Übergang von I zu $\bar{I}$ entspricht in konkreten Beispielen häufig der Übergang von der grammatischen Form des Aktivs ins Passiv. Sei I z.B. die Relation: „Der Springer ... bedroht den Turm ...", dann wird $\bar{I}$ ausgedrückt durch: „Der Turm ... wird durch den Springer ... bedroht".

b) Es ist sehr wichtig, Schüler an die Ausführung eines *Transfers* zu gewöhnen: dabei sollen sie eine Problemsituation in eine „andere Sprache" übersetzen. So ist es z.B. manchmal günstiger, ein Problem der Inzidenzgeometrie in seiner dualen Form in Angriff zu nehmen.

   Beispiel: Offensichtlich läßt sich die Automorphismengruppe der in Bild 3.13 dargestellten Struktur (eine Permutation der Ecken läßt sie Struktur unverändert) sehr leicht bestimmen, während Bild 3.14 in dieser Hinsicht wenig suggestiv ist (hier läßt eine Permutation der Kanten die Struktur invariant) – die dargestellten Strukturen sind dual.

c) Ohne daß dies expliziert worden wäre, wurde bereits mehrere Male von folgender Konvention zur Darstellung einer Relation Gebrauch gemacht: Die Elemente von **E** werden durch Punkte (Ecken), die Elemente von **F** durch Strecken oder Verbindungslinien dargestellt; die Eigenschaft (e, f) ∈ I wird übersetzt in: „Der Punkt e liegt auf der Strecke f". Somit wird die Relation durch ein sog. *Inzidenzschema* dargestellt.

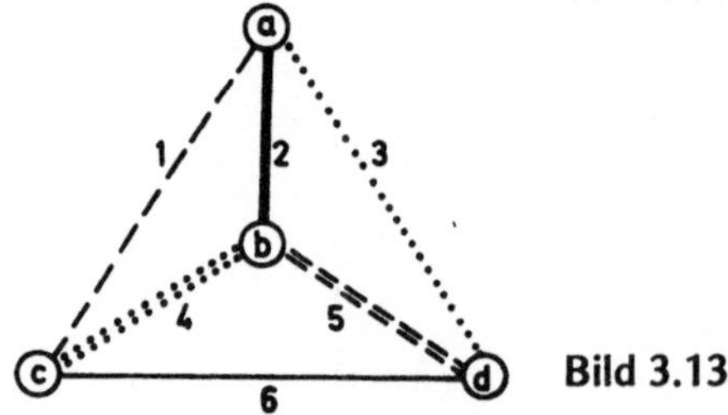

Bild 3.13

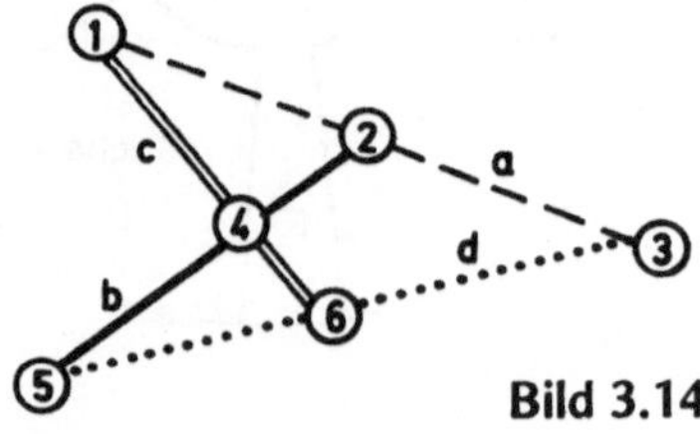

Bild 3.14

In der dualen Relation entsprechen die Punkte den Elementen von **F**, während die Strecken die Elemente von **E** darstellen: Dies ist z.B. in den Bildern 3.13 und 3.14 der Fall; die Elemente von **E** sind durch Buchstaben, die von **F** durch Ziffern bezeichnet. Im Bild 3.13 liegt der Punkt a auf der Strecke 2. In den anderen Darstellungsformen von Relationen (Inzidenzmatrix, Pfeildiagramm) ist der Dualitätsbegriff von untergeordnetem Interesse.

■ 3 Übung

Ein Inzidenzschema heißt *selbstdual,* wenn es sowohl eine Relation als auch deren duale Relation darstellt. Man gebe Beispiele und Gegenbeispiele für selbstduale Inzidenzschemata an. Ist ein Inzidenzschema selbstdual, so müssen die Mengen **E** und **F** gleich viele Elemente haben.

Man gebe ein Beispiel für ein nicht selbstduales Inzidenzschema an, wobei $|\mathbf{E}| = |\mathbf{F}| = 4$. (Wähle **E**, **F** derart, daß die Zahl der Punkte vom Grad 2 verschieden ist von der Zahl der Strecken vom Grad 2).

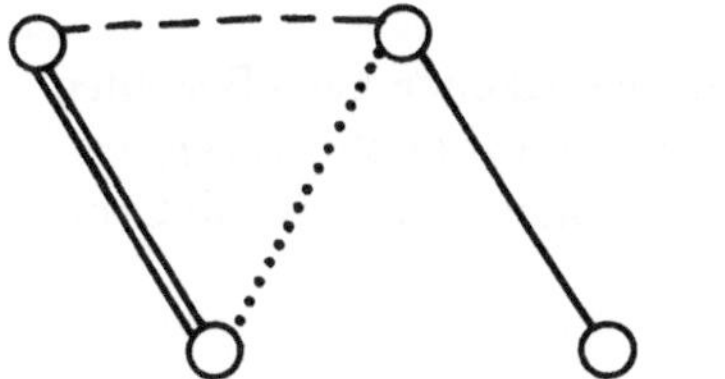

Bild 3.15

■ 4 Erschließungsaufgabe: Inzidenzmodelle

(**E**, **F**, **I**) sei eine Relation. Wir definieren eine Abbildung φ von **F** in die Potenzmenge P(**E**) von **E** (bzw. eine Abbildung ψ von **E** in P(**F**)) durch:

$$\varphi(f) = \{x \in \mathbf{E} \mid (x, f) \in \mathbf{I}\} \quad \forall \ f \in \mathbf{F}$$

$$\psi(e) = \{y \in \mathbf{F} \mid (e, y) \in \mathbf{I}\} \quad \forall \ e \in \mathbf{E}$$

Anhand der bisherigen Beispiele (oder einer Auswahl davon, oder anderer ...) untersuche man Eigenschaften der Funktionen φ und ψ (Injektivität, Surjektivität ...).

Das Tripel (**E**, **F**, **I**) heißt *Inzidenzmodell,* wenn die Abbildungen φ und ψ *injektiv* sind (in diesem Fall kann man die Elemente von **F** mit Teilmengen von **E** identifizieren und **I** bzw. $\bar{\mathbf{I}}$ durch $\in$ bzw. $\ni$ ersetzen).

Man gebe Beispiele und Gegenbeispiele an.

Ein Inzidenzschema bei dem die Verbindungslinien gleichartige Strecken sind, ist eine gute Darstellung für ein Inzidenzmodell (Vorsicht: nicht immer können alle Verbindungslinien durch „echte" Geraden dargestellt werden. Auf entsprechende Beispiele werden wir noch stoßen).

Bemerkungen:

a) Unter den Transportnetzen von Bild 3.8 finden sich geeignete Beispiele. Das 4. Netz enthält zwei Autobahnen, die zu den gleichen Städten führen; die Abbildung φ ist daher nicht injektiv. Eine Autobahn kann nicht durch die an sie angebundenen Städte charakterisiert werden.[1]) Das 3. Netz enthält zwei Städte, zu denen die gleichen Autobahnen führen, deshalb ist ψ nicht injektiv. Analoge Beobachtungen kann man bei der Lösung des 7. Problems, S. 201 machen.

b) *Vor- und Nachteile des eingeschlagenen Weges:*
Geometrisch interessante Begriffe anhand einer beliebigen Relation zu definieren, mag recht abstrakt erscheinen, da ja nicht auf die Bedeutung der betreffenden Elemente abgehoben wird. Bei der Einführung in die Inzidenzgeometrie ist es praktischer, die Ebene E als Punktmenge und Geraden als Teilmengen von E aufzufassen; die Relation I ist dann die Elementbeziehung $\in$.

Andererseits bringt diese Vereinfachung beträchtliche pädagogische Schwierigkeiten mit sich. Wird nämlich ein mathematischer Begriff in einem zu konkreten Kontext eingeführt, so müssen beim lernenden Kind alle Klippen des Synkretismus überwunden werden. Das Kind berücksichtigt nämlich nicht nur die jeweiligen „Spielregeln" (die Axiome) sondern auch das auf ganz anderen Wegen empfangene informelle Wissen zu dem betreffenden Gegenstand.

Die verfrühte Verwendung von Inzidenzmodellen schafft Schwierigkeiten beim Begreifen der Dualität: Wer meint, eine Gerade *sei* eine Menge von Punkten, wird sich anstrengen müssen, den erforderlichen Wechsel der Sprache vollziehen zu können, um z. B. ein Geradenbündel durch einen Punkt als Punkt zu identifizieren.

Der Lehrer sollte beide Standpunkte zu nutzen wissen.

c) Die Verwendung von Transportnetzen schafft Schwierigkeiten, die im Zusammenhang mit *Ordnungsrelationen* stehen. Bei der geographischen Untersuchung eines Wegenetzes abstrahiert man gewöhnlich nicht von der Tatsache, daß gewisse Städte *zwischen* anderen gelegen sind; berücksichtigt man jedoch diese Anordnung, so *verläßt man natürlich die Inzidenzstruktur.*

Die beiden Inzidenzmodelle sind isomorph (Bild 3.16) – unter dem Aspekt der Ordnung sind sie jedoch nicht isomorph; im zweiten Diagramm liegt jede Stadt zwischen den beiden anderen.

Den Schülern muß somit klar werden, daß Transportnetze unter verschiedenen Aspekten untersucht werden können. Um den Inzidenz-Aspekt zu begreifen helfen, kann man z. B. die an einer Route gelegenen Städte in alphabetischer Reihenfolge aufzählen, z. B.: LYON, MARSEILLE, PARIS; damit erhält man i. a. eine von der „natürlichen" Ordnung abweichende Ordnung.

Bild 3.16

[1]) Links-rechtsrheinische Autobahn zwischen Frankfurt und Köln.

Eine andere Möglichkeit: Die Städte werden durch Häfen rings um einen See, und die Straßen durch Schiffahrtsrouten ersetzt.

Definitionen:

Ein Inzidenzmodell heißt *Graph,* wenn jede Verbindungslinie mit zwei Punkten inzidiert.

Ein Graph heißt *vollständig,* wenn die Zahl der Verbindungslinien gleich der Zahl der verschiedenen Punktepaare ist. Da jede Verbindungslinie (Kante) eines Graphen nach Definition nur zwei Punkte enthält, kann man sämtliche Kanten zeichnerisch in gleicher Weise (z.B. in der gleichen Farbe) darstellen.

Bemerkung:

Das Wort „Graph" wird hier im Sinne der Graphentheorie verwendet und hat daher nur eine entfernte Beziehung zum Graphen einer Relation. Vorsicht bei möglichen Verwechslungen!

■ **5 Übung**

Zeige, daß ein Graph mit n Ecken höchstens $\frac{n(n-1)}{2}$ Kanten hat!

■ **6 Erschließungsaufgabe**

Jedem Inzidenzmodell M kann in folgender Weise der sog. *komplementäre Graph* $\complement M$ zugeordnet werden: Als Ecken von $\complement M$ wählt man die Punkte von M; zwei Ecken von $\complement M$ werden genau dann durch eine Kante verbunden, wenn sie in M nicht auf der gleichen Verbundungsstrecke liegen.

Zeige: Man erhält auf diese Weise in der Tat einen Graphen. Sind die beiden Inzidenzmodelle M und M′ isomorph, so sind auch ihre komplementären Graphen $\complement M$ und $\complement M'$ isomorph (vgl. Abschnitt 3.4.2, 5 Erschließungsaufgabe).

■ **7 Problem**

Zeige, daß die beiden Graphen in Bild 3.17 nicht isomorph sind:

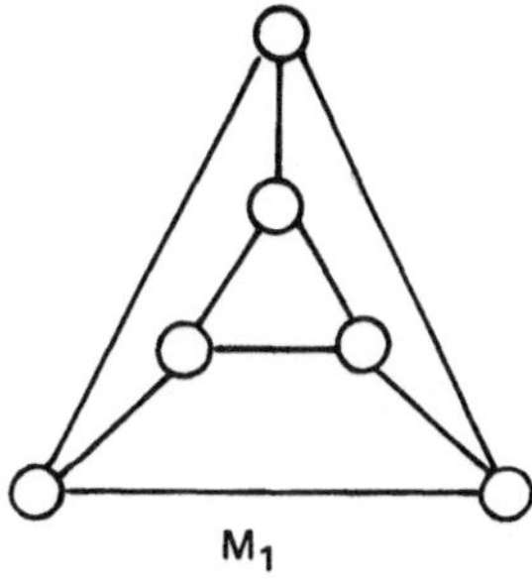

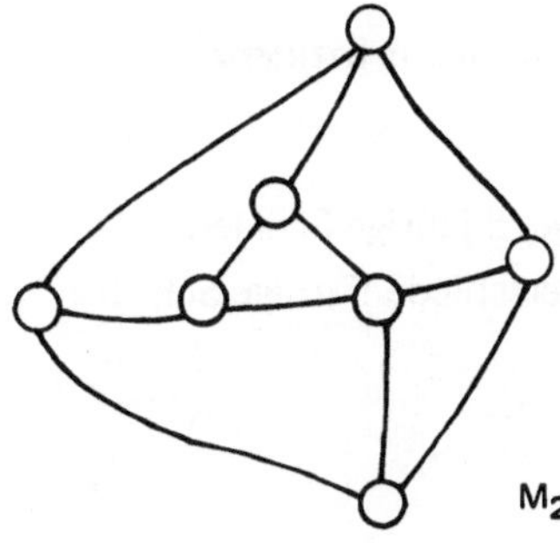

Bild 3.17

Didaktische Bemerkung:

Stellt man dieses Problem unmittelbar nach ■ 6 so ergibt sich eine leichte Erschließungsaufgabe. Fehlt hingegen der Bezug zu 6., so ist das Problem schwierig: Beide Inzidenzmodelle sind Graphen mit je 6 Ecken und 9 Kanten und die Eckengrade sind jeweils 3. Die einfachsten Invarianten erlauben somit keine Unterscheidung der beiden Graphen. Die komplementären Graphen erweisen sich allerdings als nicht isomorph ([[2]]): Der eine ist zusammenhängend, der andere nicht.
Intuitiv gesehen ist der Übergang zum komplementären Graphen klug, da „viele" Kanten somit „wenig" unverbundene Punkte vorliegen, und daher der komplementäre Graph recht einfach wird.

■ **8 Übung**

Zeige: Sind die Relationen (**E**, **F**, I) und (**E**′, **F**′, I′) isomorph, so sind auch die Relationen (**E**, **F**, nicht – I) und (**E**′, **F**′, nicht – I′) isomorph.
Sei (**E**, **F**, I) ein Inzidenzmodell; ist dann auch (**E**, **F**, nicht – I) ein Inzidenzmodell?

3.3 Erste mathematische Gehversuche

Das vorliegende Kapitel enthält einige didaktische Vorschläge zur Einführung in mathematisches Schließen. Es wird empfohlen, das Kapitel nicht in extenso zu lesen; vielmehr sollte sich der Lehrer je nach Geschmack und entsprechend seiner Klasse zu dem einen oder anderen Arbeitsthema (bzw. Unterrichtssequenz) anregen lassen.

3.3.1 Spiel mit Plättchen

Im folgenden ist eine Zusammenfassung von mehreren Unterrichtsversuchen dargestellt, die auf verschiedenen Stufen einer Grundschule (angegliedert an die Ecole Normale de Sélestat) durchgeführt worden sind. Das jeweilige mathematische Thema ist in den Überschriften der Teile I und II ausgewiesen.

I. Experimentelle Erfahrungen zur Inzidenz

A. Plan der Unterrichtsstunde

Niveau: 6-jährige, 7-jährige, 8-jährige Schüler.
Material: Plättchen und verschiedenfarbige Schnüre

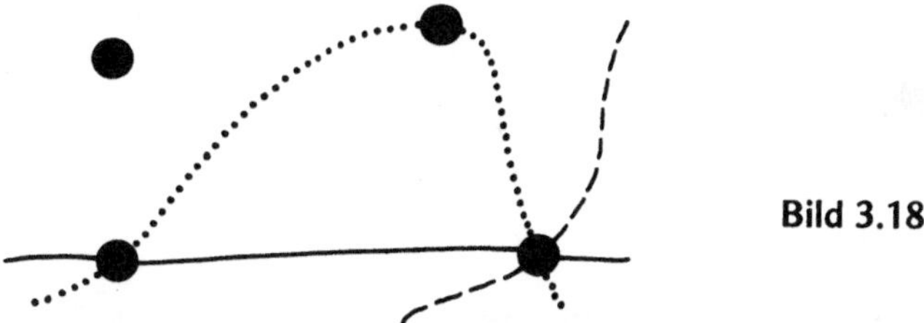

Bild 3.18

1. Auf einem Tisch ist Bild 3.18 vorbereitet.
   Die Kinder sitzen um den Tisch herum. Analyse der Situation: Der Lehrer stellt eine Reihe von Fragen um die Schüler zur Beschreibung der Situation anzuregen.
   - Was seht ihr da?
   - Wo befindet sich dieses Plättchen? (auf der Schnur ...)
   - Wie viele Plättchen liegen auf dieser Schnur?
   - ...

Erste Regel: Auf jeder Schnur liegen höchstens 2 Plättchen.

Ist diese Regel in der vorliegenden Situation erfüllt?

Man lasse die Figur verändern.

Ist jetzt die Regel erfüllt? (jede Schnur wird gesondert untersucht).

2. Gruppenarbeit:

   An jede Gruppe werden 3, 4, 5 Plättchen und einige Schnüre verteilt. Die Schüler sollen Figuren legen, bei denen die Regel erfüllt ist (man lasse die Regel wiederholen).
3. Zurück zur Ausgangssituation:
   - Ist jedes Plättchen mit jedem anderen durch eine Schnur verbunden? (Jedes Plättchen ist zu untersuchen.)

Zweite Regel: Jedes Plättchen muß mit jedem anderen durch eine Schnur verbunden werden.

Man lasse die Ausgangssituation entsprechend verändern (es gibt mehrere Möglichkeiten).

Sind nun beide Regeln erfüllt?

4. Gruppenarbeit

   3, 4, 5 Plättchen und einige Schnüre werden verteilt.

   Die Schüler sollen Figuren legen in denen beide Regeln erfüllt sind (die Regeln werden zunächst wiederholt).

   Nun werden die gefundenen Figuren darauf hin untersucht, ob auch die Regeln erfüllt sind.
5. Arbeit mit der Klasse.

   Wir untersuchen Bild 3.19.

   Welche Plättchen liegen zugleich auf der punktierten und der gestrichelten Schnur?

   Welche Plättchen liegen zugleich auf der punktierten und der schwarzen Schnur?

   Gibt es noch andere Plättchen, die durch mehrere Schnüre verbunden sind?

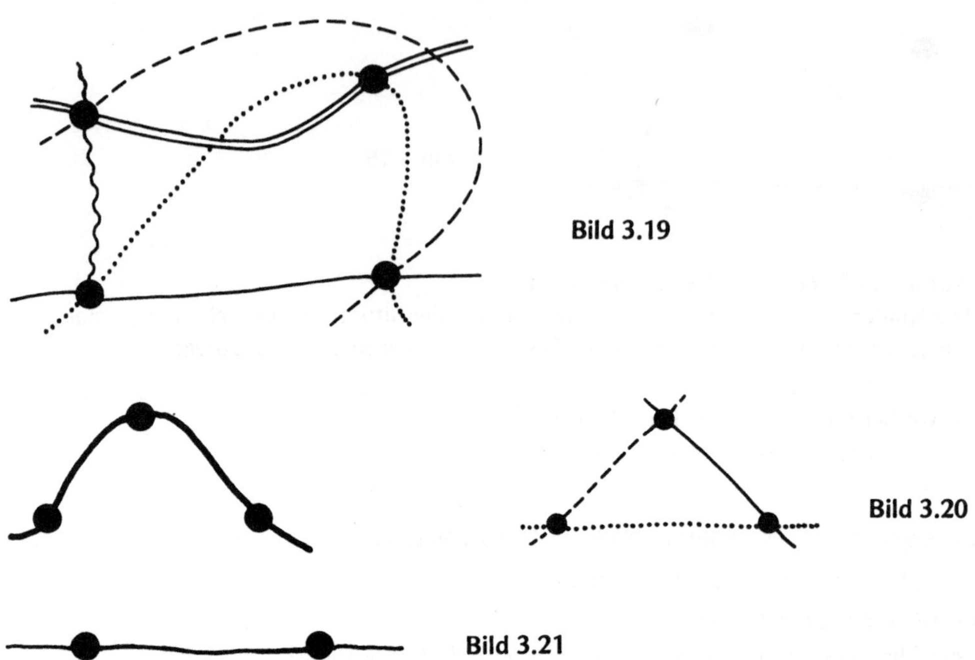

Bild 3.19

Bild 3.20

Bild 3.21

Dritte Regel: Zwei Schnüre dürfen nur ein einziges Plättchen gemeinsam haben.

Wird diese Regel von der obigen Figur erfüllt?

Man lasse die Figur entsprechend ändern (es gibt wieder mehrere Möglichkeiten: Man kann z.B. die schwarze oder aber die punktierte Schnur entfernen, muß dann jedoch mehrere Schnüre hinzufügen um den Regeln zu genügen).

6. Gruppenarbeit

   Material: 3 Plättchen und einige Schnüre.

   Die Schüler sollen eine Figur finden, für die alle drei Regeln gelten. Nun werden die von den Schülern gefundenen Figuren (zwei Möglichkeiten bei 3 Plättchen) untersucht (Bild 3.20).

   Schüler, die die beiden Figuren gefunden haben, sollen jetzt Figuren mit 4 Plättchen legen.

   Niveau: 9-jährige, 10-jährige Schüler.

   Die gleiche Untersuchung, jedoch die beiden ersten Regeln vor der Gruppenarbeit.

B. Fortsetzung des Themas

2 Plättchen; wie viele Möglichkeiten gibt es?

1 Plättchen: Können die Regeln erfüllt werden, braucht man Schnüre (Bild 3.21)?

4 Plättchen: Welche Schnüre haben keine gemeinsamen Plättchen (Bild 3.22)?

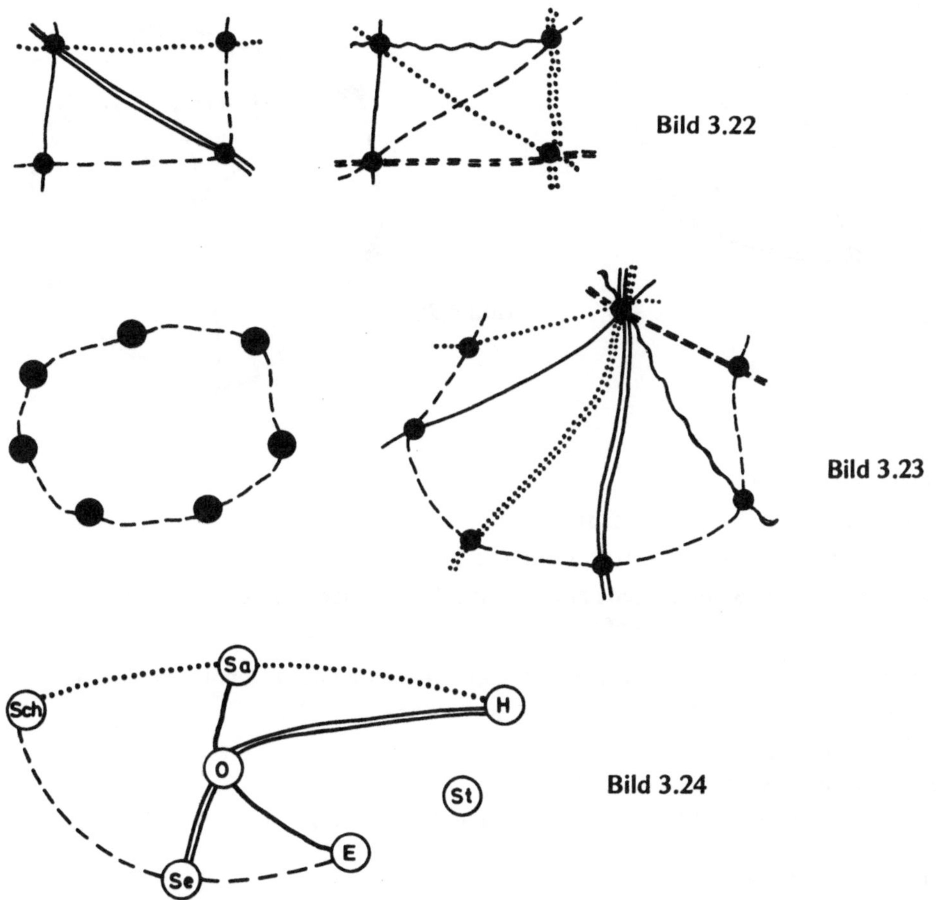

Bild 3.22

Bild 3.23

Bild 3.24

C. Spiel mit 7 Plättchen und einer weiteren Regel (Ausprobiert mit 8-jährigen Schülern)

1. Eine Schnur oder sieben Schnüre:

   Welche Figuren kann man unter Berücksichtigung der bisherigen drei Regeln mit 7 Plättchen herstellen, wenn

   – 1 Schnur
   – 7 Schnüre verwendet werden?

   Beispiele (Bild 3.23):

2. Autobahnnetz

   7 Städte – dargestellt durch Plättchen, sowie zusätzlich folgende Regel:

Vierte Regel: An jeder Autobahn befinden sich drei Städte.

An die Tafel werden 7 den Schülern bekannte Städte geschrieben: Haguenau (H), Saverne (Sa), Obernai (O), Strasbourg (St), Schirmeck (Sch), Erstein (E), Sélestat (Se); außerdem vier Autobahnen (Bild 3.24).

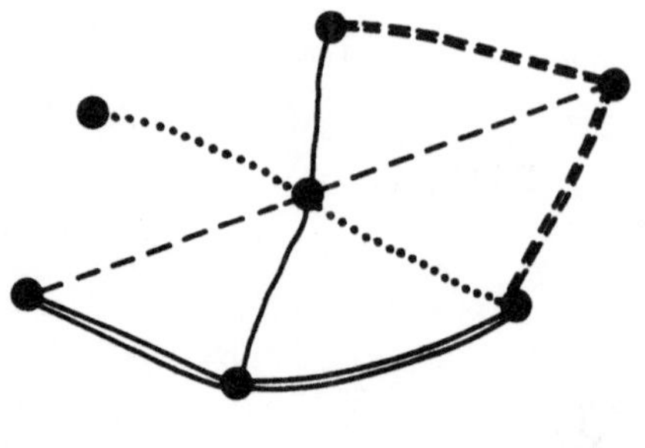

Bild 3.25

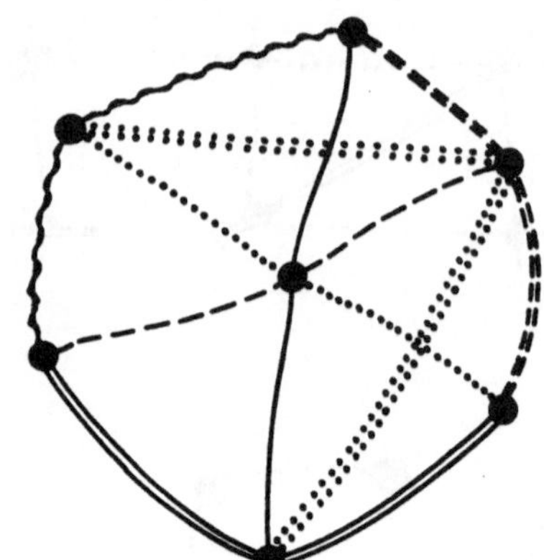

Bild 3.26

Untersuchung der Figur

- Liegen an jeder Autobahn drei Städte?
- Gibt es Städte, die durch zwei Autobahnen verbunden sind?
- Kann man von jeder Stadt aus jede andere ohne Wechsel der Autobahn erreichen? (nein, welche Autobahn müßte man einfügen?)

Einzel- oder Gruppenarbeit. Den Schülern wird ein Blatt mit einer Zeichnung wie in Bild 3.25 gegeben: Vervollständige die Zeichnung (gemäß Regeln 1–4);

- Wie viele Straßen gibt es?
- Wie viele Straßen führen durch jede Stadt?

(Bild 3.26 ist eine mögliche Lösung: 7 Plättchen und 7 Schnüre).

Didaktische Bemerkung

a) Läßt der Lehrer die Schüler die erste Figur betrachten und läßt er beschreiben was sie sehen, so werden die Schüler i. a. synkretisch reagieren.

   Bei der Beschreibung kommt es u. a. auf die Verwendung von Inzidenzbegriffen an: Nur eine einzige Schnur geht durch drei Plättchen; ein isoliert liegendes Plättchen, liegt auf keiner Schnur usw.

   Die Schnüre sind – zur Unterscheidung – verschieden gefärbt.

   Daß jedoch genau diese Schnur grün, jene blau, diese gekrümmt und jene ungekrümmt ist, wäre vielleicht Teil einer synkretischen Beschreibung, spielt aber in den vorliegenden Aufgaben keine Rolle.

   In Wirklichkeit haben sich die Kinder durch diese überflüssigen Informationen nicht stören lassen; durch den Dialog mit der Lehrerin haben sie allmählich gemerkt, was man beachten mußte, und was man vergessen konnte.

b) Sehr junge Schüler können im allgemeinen nicht mehr als drei Regeln gleichzeitig beachten. Somit ist man gezwungen, die drei Axiome behutsam nach und nach einzuführen, und sich zu überzeugen, ob sie verstanden und behalten worden sind.

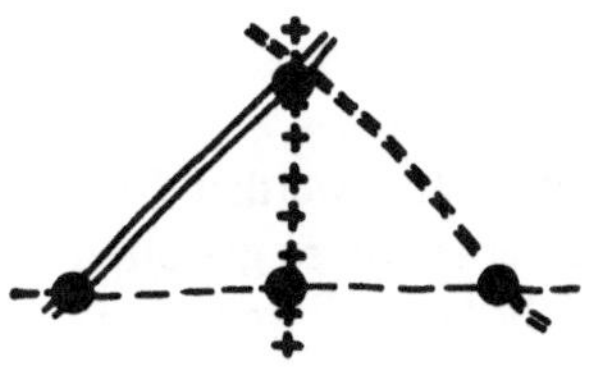

Bild 3.27

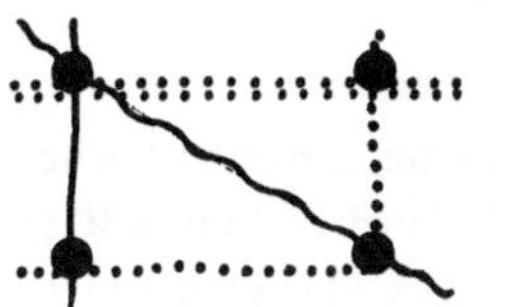

Bild 3.28

II. Erfahrungen zur Isomorphie

A. Plan zu einem Unterrichtsversuch für 8-jährige Schüler

Ausgangspunkt der Unterrichtseinheit ist eine in einer vorhergehenden Stunde bei den Schülern durch die Bilder 3.27 und 3.28 erzeugte Konfliktsituation; nicht alle Kinder waren nämlich der Meinung, daß diese Bilder die gleiche Situation darstellten.

Material: Plättchen und verschieden farbige Schnüre.

1. Die beiden Figuren werden auf einen Tisch gelegt. Sodann wird durch langsames Verformen der einen Figur versucht, die andere zu erhalten.
2. Nun vergleichen wir die beiden Ausgangsfiguren
   - Welche Schnüre entsprechen sich? Weshalb? (Es entsprechen sich etwa die gestrichelte und die punktierte Schnur, da auf beiden 3 Plättchen liegen).
   - Kann die gestrichelte Schnur auch einer anderen als der punktierten Schnur entsprechen?
   - Die weiße Schnur entspricht der schwarzen Schnur; kann sie auch einer anderen Schnur entsprechen?
   - Welche Plättchen entsprechen sich? Weshalb?
   - Kann ein Plättchen mehreren anderen entsprechen?

   Auf diese Weise sollen die Schüler erfahren, daß sich zwei Schnüre nur dann entsprechen können, wenn sie die gleiche Anzahl von Plättchen tragen, und daß sich zwei Plättchen nur dann entsprechen können, wenn sie beide auf der gleichen Anzahl von Schnüren liegen.
3. Beschäftigung mit einem Arbeitsblatt

   An die Schüler – die alleine oder zu zweit arbeiten können – werden Arbeitsblätter verteilt, auf denen die Bilder 3.27 und 3.28 mehrfach abgebildet sind (jeder Schüler sollte so viele Exemplare bekommen, wie er zur Arbeit benötigt).

   Nun sollen die Schüler jedes in Bild 3.27 abgebildete Plättchen mit dem ihm entsprechenden des Bildes 3.28 verbinden.

   Ferner sollen sie noch weitere, evtl. alle Verbindungsmöglichkeiten herausfinden.

   Bei dieser Arbeit werden Kriterien entdeckt, wie z.B.: Die Plättchen, die auf 3 Schnüren liegen, können nur wieder mit solchen Plättchen verbunden werden.

   (Bei dem Unterrichtsversuch haben alle Schüler 2 Möglichkeiten gefunden; nur sehr wenige haben mehr als 3 Möglichkeiten angegeben und niemand hat im Verlauf dieser Stunde sämtliche 6 Möglichkeiten herausgefunden).

B. Ein anderer Weg

1. Arbeit mit der gesamten Klasse

   Aus Schnüren einer einzigen Farbe und nicht unterscheidbaren Plättchen werden die Figuren der Bilder 3.29 und 3.30 gelegt (um hier die Figuren besser lesbar zu gestalten wurde – abweichend – eine andersfarbige) Schnur gewählt; auf ihr liegen jeweils drei Plättchen). Wer kann zwei Plättchen angeben, die sich entsprechen? (Wenn die anderen Kinder mit der getroffenen Wahl einverstanden sind, werden die beiden Plättchen durch zwei gleichfarbige ersetzt).

   Dies wird so lange fortgeführt, bis alle Plättchen ersetzt sind.

   Hätte man auch eine andere Zuordnung der Plättchen treffen können; welche?

2. Beschäftigung mit dem Arbeitsblatt

   Die Plättchen der linken Figur sind gefärbt. Nun sollen die dargestellten Plättchen der zweiten Figur so gefärbt werden, daß entsprechende Plättchen die gleiche Farbe tragen.

   Wenn dafür gesorgt wurde, daß die ersten Figuren alle in der gleichen Weise gefärbt wurden (um den Vergleich zu begünstigen), fanden etwa 3/4 der Schüler (in rund einer Viertelstunde) sämtliche 6 Möglichkeiten.

3. Zusammenfassung an der Tafel

   Konstruktion eines Baumdiagramms zur Darstellung sämtlicher Möglichkeiten (Bilder 3.33 und 3.34). Das Plättchen a kann nur dem Plättchen 1 entsprechen, b kann den Plättchen 2, 3 oder 4 entsprechen (Bild 3.35).

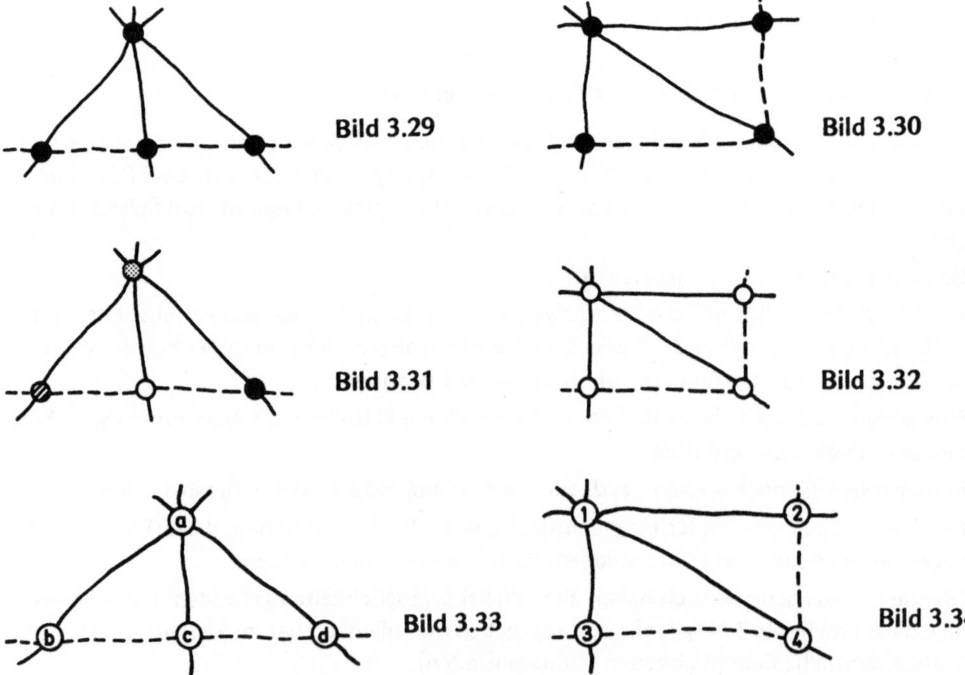

Bild 3.29

Bild 3.30

Bild 3.31

Bild 3.32

Bild 3.33

Bild 3.34

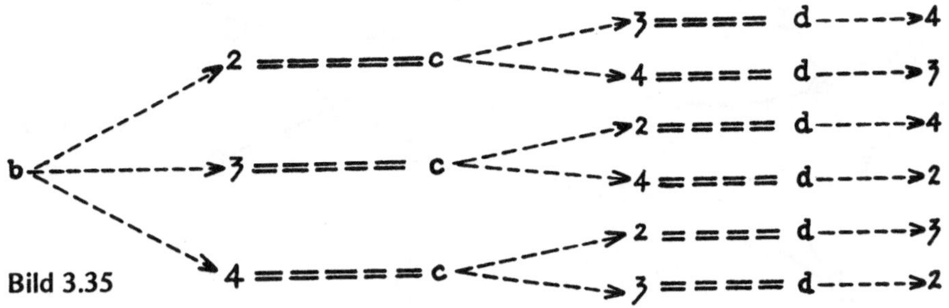

Bild 3.35

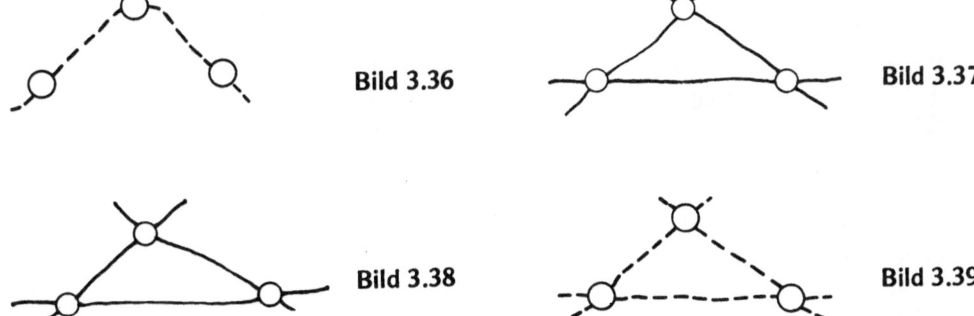

Bild 3.36

Bild 3.37

Bild 3.38

Bild 3.39

C. Fortsetzungsmöglichkeiten des Themas

Man kann die gleiche Untersuchung mit anderen Konfigurationen durchführen lassen, z. B. mit 3 Plättchen.

Vergleiche die Bilder 3.36 und 3.37 (welche Plättchen können einander zugeordnet werden?):

Wie viele Zuordnungsmöglichkeiten gibt es zwischen den Bildern 3.38 und 3.39?

Man vergleiche andere Konfigurationen mit 4 Plättchen.

D. Das vollständige Viereck (Ausprobiert mit 8-jährigen Schülern)

1. Handlung mit konkretem Material (im Klassenverband).

   Material:
   - 4 Schnüre der gleichen Farbe, 6 Plättchen der gleichen Farbe,
   - 4 Schnüre einer anderen Farbe, 6 Plättchen einer anderen Farbe.
   - 6 Paare jeweils gleichfarbiger Plättchen (die sich jedoch von den vorigen Plättchen durch Farbe oder Form usw. unterscheiden müssen).

   Nun werden die Bilder 3.40 a) und b) auf einem Tisch gelegt; die Kinder sitzen um den Tisch herum.

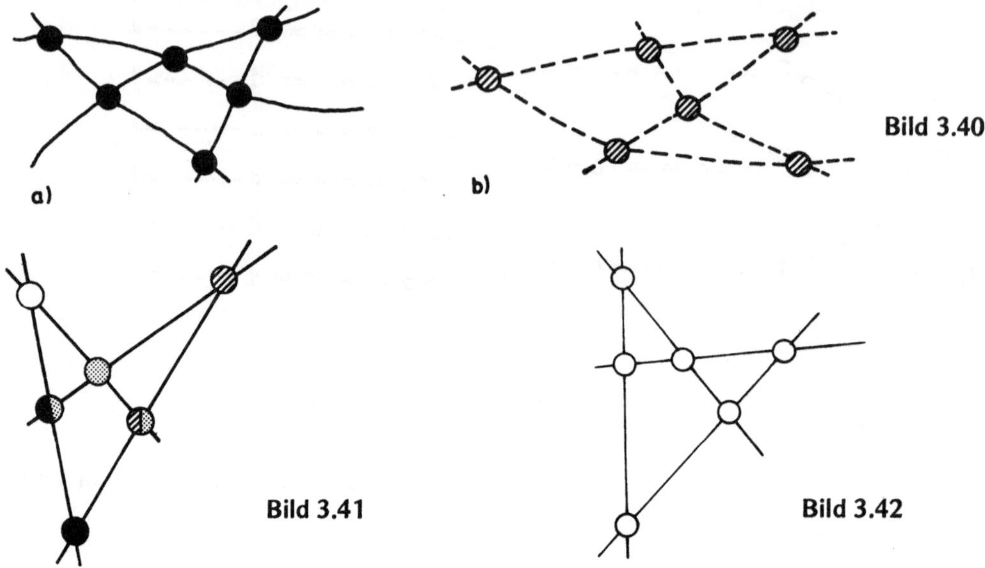

Bild 3.40

Bild 3.41

Bild 3.42

Untersuchung der Figuren:

- 4 Schnüre
- 6 Plättchen
- 3 Plättchen auf jeder Schnur
- durch jedes Plättchen gehen 2 Schnüre.

Wer kann zwei sich entsprechende Plättchen angeben? (Diese Plättchen werden sodann durch zwei gleichfarbige ersetzt.)

Welche Plättchen entsprechen sich noch? (Wenn die anderen Schüler mit der getroffenen Wahl einverstanden sind, werden die Plättchenpaare jeweils durch gleichfarbige ersetzt.)

In dieser Weise wird fortgefahren bis sämtliche Plättchen ersetzt sind. Sehr schnell merken die Schüler: Liegen zwei Plättchen in der einen Figur auf der gleichen Schnur, so liegen sie auch in der anderen Figur auf der gleichen Schnur; sind zwei Plättchen der einen Figur nicht miteinander verbunden, so sind die entsprechenden Plättchen der anderen Figur ebenfalls nicht durch eine Schnur verbunden.

Ferner werden die Schüler herausfinden, daß die Plättchen einer Figur paarweise „assoziiert" sind (es gibt drei Paare): Jedes Plättchen ist mit genau einem Plättchen nicht durch eine Schnur verbunden. Gibt es zwischen den Plättchen der beiden Figuren noch andere Zuordnungsmöglichkeiten? (ja).

2. Jeder Schüler arbeitet für sich (oder Schüler arbeiten in Zweiergruppen)

   Material:

   - Auf Arbeitsblättern sind die Bilder 3.41 und 3.42 (in dreifacher Ausführung) vorbereitet, wobei die Plättchenfarben der linken Figur vorgegeben sind.
   - sechs Plättchen von jeder Farbe wie in Bild 3.41.

Als erstes sollen die Schüler ihre Plättchen in die freien Plätze der rechten Figur legen und zwar so, daß sich die Farben der Plättchen entsprechen. Wenn sich die Schüler von der Korrektheit der Zuordnung überzeugt haben, färben sie die freien Plätze entsprechend (d. h. in den Farben der darauf liegenden Plättchen).

Die Verwendung der Plättchen erleichtert einerseits die Überlegungen, andererseits zieht sich die Untersuchung in die Länge; recht schnell geht ein großer Teil der Schüler zur direkten Färbung der freien Plätze über. Insgesamt werden sich i. a. mehrere verschiedene Zuordnungen ergeben; die Untersuchung sämtlicher 24 Lösungsmöglichkeiten ist jedoch recht langwierig.

Durch „Symmetrie" kann man aus einer Lösung leicht eine weitere erhalten (Bilder 3.43 und 3.44).

Wird ein Plättchen festgehalten, so gibt es zu diesem 4 Lösungen; dies führt zur Gesamtzahl von 24 = 4 · 6 Lösungen (Bild 3.45).

Didaktische Bemerkung:

Die von Schülern spontan benutzte Methode besteht in einer *Verschiebung* der Plättchen. Bezieht man dagegen den dualen Standpunkt so ergibt sich eine wesentlich schnellere Lösung des Problems: in diesem Fall müssen die Schnüre ersetzt werden.

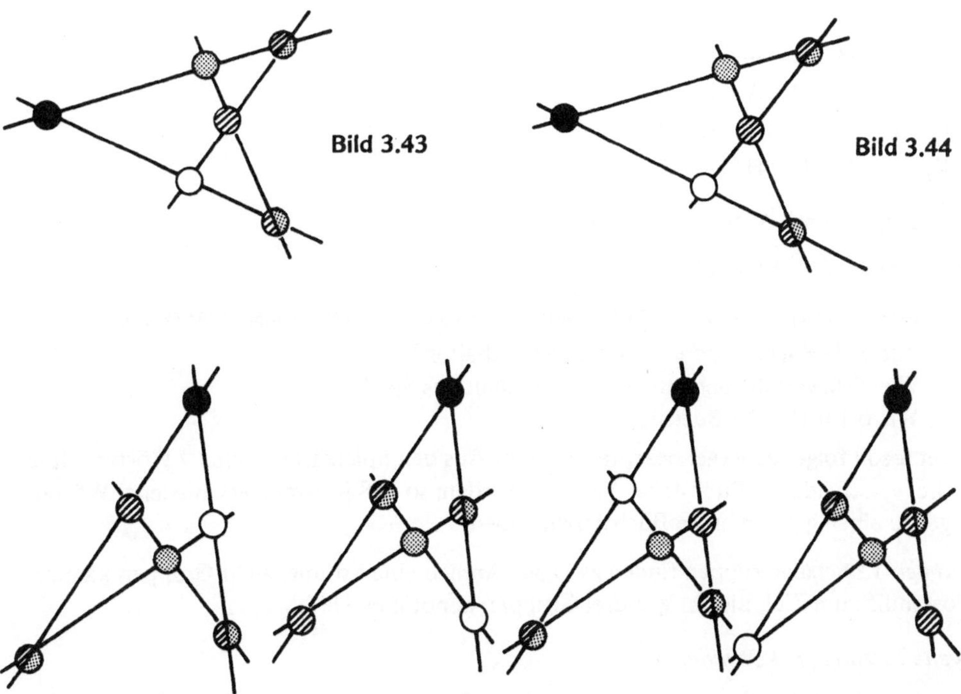

Bild 3.43

Bild 3.44

Bild 3.45

Es gibt $1 \cdot 2 \cdot 3 \cdot 4 = 24$ Möglichkeiten, die Farben der Seiten des vollständigen Vierecks zu färben. Jede dieser Färbungen führt zu einem Isomorphismus (hingegen gibt es $6! = 720$ Möglichkeiten die Ecken des vollständigen Vierecks zu permutieren). Von diesen 720 Permutationen ergeben nur 24 Isomorphismen.

Damit die Schüler die Wirksamkeit der beiden Verfahren vergleichen könne, sollte man ihnen – wenn sie nicht selbst darauf kommen – auch die Methode der Schnur-Permutationen vorschlagen; sie können dann auch ihre eigene Leistung einschätzen.

3.3.2 Spiel mit Buchstaben

Wir berichten über Erfahrungen an der Ecole Normal von SELESTAT. (Die entsprechenden Aufgaben wurden sinngemäß ins Deutsche übertragen.)

Das mit dem Spiel verfolgte mathematische Ziel war es, die Schüler mit den Axiomen für die projektive 7-Punkteebene bekanntzumachen, ohne daß die Begriffe „Punkt", „Gerade" benutzt würden. Eine genaue Untersuchung dieser Ebene bringt Abschnitt 3.5.

Material: Spiel mit 21 Kärtchen, die jeweils einen Buchstaben aus genau einer der folgenden Listen enthalten (jeder Buchstabe erscheint auf drei Kärtchen).

- A, R, U, N, L, T, I
- A, E, U, T, S, R, M
- D, I, A, S, N, U, E
- A, N, H, R, B, E, U
- M, U, E, O, A, L, D
- U, F, I, E, T, L, A
- R, I, U, E, H, A, T

1. Experiment mit 9-jährigen Schülern

Erste Sitzung (1/2 Stunde)

1. Je zwei Schüler erhalten ein Spiel; dann sollen sie folgende Fragen beantworten:
   - Wie viele Karten sind in einem Spiel enthalten?
   - Wie viele verschiedene Buchstaben enthält das Spiel?
   - Wie oft tritt jeder Buchstabe auf?

3. Jetzt soll folgende Regel beachtet werden: Aus den Spielkarten sollen 7 Wörter mit je drei verschiedenen Buchstaben gebildet werden, so daß je zwei (verschiedene) Wörter genau einen gemeinsamen Buchstaben haben.

Von den 12 Schülergruppen finden zwei auf Anhieb eine Lösung. Acht Gruppen kamen selbständig zum Ziel, die übrigen drei Gruppen benötigten Hilfen.

Zweite Sitzung (1/4 Stunde)

Eine der gefundenen Wortreihen wird an die Tafel geschrieben AUE, BAR, NAH, HUB, NUR, REH, BEN.

1. Die Schüler verifizieren, daß jedes Paar (ohne Berücksichtigung der Anordnung) verschiedener Buchstaben in genau einem Wort vorkommt.
2. Nun wird Bild 3.46 gezeichnet. Die Schüler erkennen die Figur „Autobahnnetz" wieder, mit der ein Jahr zuvor experimentiert worden ist (vgl. S. 121).

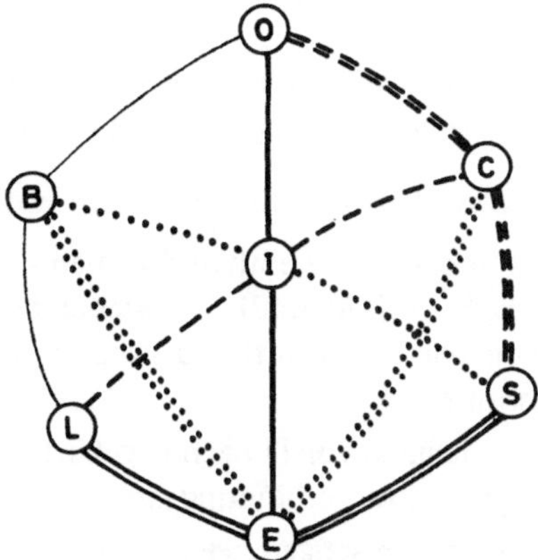

Bild 3.46

2. Experiment mit 10-jährigen Schülern (zwei Sitzungen)

- In der ersten Sitzung (1/2 Stunde) sollten sich die Schüler mit dem „Wortspiel" befassen und Wortreihen gemäß der 3. Aufgabe (s. o.) finden. Keine der Gruppen schaffte dies in der zur Verfügung stehenden Zeit.
- In der zweiten Sitzung sollte beobachtet werden, ob sich die Schüler einer Strategie zur Bildung von Wortreihen bedienten.

Eine Gruppe bemerkte, daß man zwei Vokale austauschen könne. Die Schüler hatten die Liste:

OIE LIS BIC BOL SOC CIE SEB.

BIC und SEB standen nicht im Wörterbuch (obwohl es eine Kugelschreibermarke BIC gibt und einen Kochtopf SEB). Anstelle von LIS und BIC schrieben sie LES und BEC; CIL und BIS ersetzten sie durch CLE und SEB.

Eine andere Gruppe schlägt folgenden Weg ein: Nachdem einige Wörter konstruiert sind, untersuchen sie die Buchstaben, die z. B. günstig mit O verbunden werden können. Ist z. B. das Wort OIE gebildet, so bleiben (aus der Buchstabenreihe B, E, I, L, O, S, T) noch die Buchstaben B, L, S, T übrig. Nun kann man z. B. BOL und SOT bzw. BOT und SOL bilden; es wird eine Wahl getroffen, wobei sich die Schüler freilich den Weg offen halten, die Wörter zu wechseln, wenn sich herausstellen sollte, daß aus den verbleibenden Buchstaben keine Wörter mehr gebildet werden können (Sukzessive Lösungsapproximation).

Am Ende der zweiten Sitzung wird angeregt, daß die Schüler unter sich das „Wortspiel" durchführen sollen. Sie können auch nach Buchstabenreihen suchen und die entsprechenden Spielkarten herstellen.

Bemerkung:

Die französischen Kinder hatten bei Buchstabenreihen mit vier Vokalen mehr Schwierigkeiten als bei Reihen mit nur drei Vokalen.

3.3.3 Die U-Bahn

Im folgenden stellen wir die Unterlagen zu einem Unterrichtsversuch am Ende der Quinta vor; Ziel war die Vorbereitung der Inzidenzgeometrie zu Beginn der Quarta.

A. Das Streckennetz der U-Bahn von Bidon-les-Patates

Das Streckennetz enthält 4 Linien ——, —//—, —/—, ═══, mit den 7 Stationen A, B, C, D, E, F, G (Bild 3.47). Die Steuerzahler von Bidon sind nicht recht zufrieden mit ihrer U-Bahn. Die Konstruktion der letzten Linie (—//—) sagen sie, ist ein wahrhafter Skandal! Warum?

Wenn jemand von D nach G gelangen will, so muß er – da es zwischen diesen Stationen keine direkte Verbindung gibt – umsteigen.

Muß man umsteigen, wenn man von D nach F will?

Gibt es zwischen A und C, zwischen C und D, zwischen D und F eine direkte Verbindung?

Zwischen D und G gibt es nur eine *indirekte Verbindung:* Man muß nämlich umsteigen. Gibt es noch andere Stationen, die indirekt verbunden sind? Gibt es Paare von Stationen, die durch keine U-Bahnlinie verbunden sind?

Die Linien —/— und ═//═ haben keine Station gemeinsam. Haben die Linien —— und ═══ eine Station gemeinsam? Was läßt sich über die Linien —/— und —— bzw. —/— und ═══ sagen?

B. Die Diskussionsrunde

Die Mitglieder eines Stammtisches treffen sich allabendlich in der Brasserie von Bidon. Bei diesen Treffen wird heftig über das U-Bahnnetz diskutiert; jeder macht dann Vorschläge, wie er das U-Bahnnetz geplant haben würde. Es wird beschlossen, einen Wettbewerb für die Planung eines U-Bahnnetzes durchzuführen, das **7 Stationen** verbindet, und die folgenden 3 Regeln erfüllt:

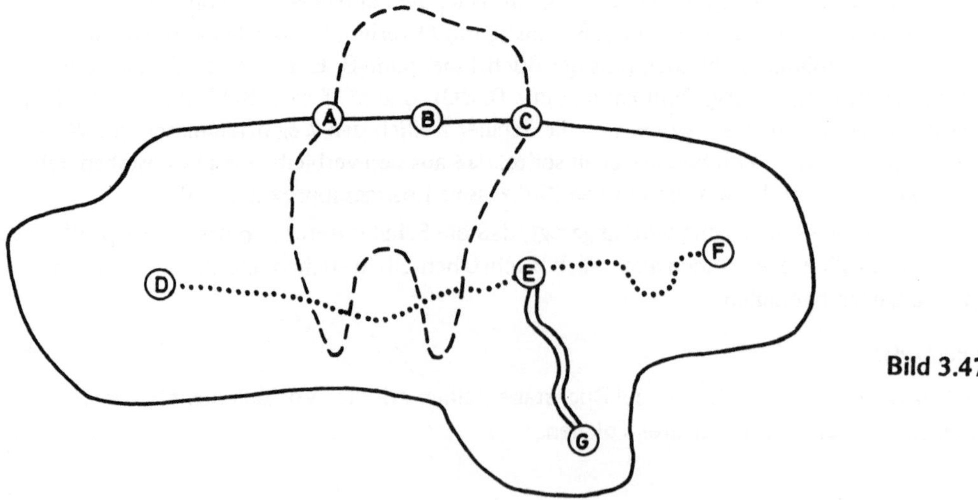

Bild 3.47

1. *Benutzerfreundlichkeit.* Von jeder Station soll zu jeder anderen eine direkte Linie – die also kein Umsteigen erfordert – führen.
2. *Ökonomie.* Zwischen zwei verschiedenen Stationen darf es höchstens eine direkte Verbindung geben.
3. *Gute Verbindungen.* Zwei verschiedene Linien haben stets eine Station gemeinsam.

Aufgabe 1: Zeige, daß das gegenwärtige U-Bahnnetz von Bidon keine dieser Regeln erfüllt.

Fragen: Angenommen, ein U-Bahnnetz erfüllt die drei Bedingungen; können dann zwei verschiedene Linien *mehrere* Stationen gemeinsam haben? Wie viele Linien gibt es zwischen zwei Stationen? Trage die Antworten in die beiden Rechtecke ein!

C. Planungsvorschläge

Bei den Organisatoren des Wettbewerbs gehen fünf Planungsvorschläge ein. Zunächst werden am Stammtisch die ersten drei Projekte diskutiert:

1. Projekt von Népomucène Contretout: Überhaupt keine U-Bahnlinien zwischen den „Stationen".
2. Projekt von Agénor Padetrop: Die kleinstmögliche Zahl von U-Bahnlinien.
3. Projekt von Ernestine C. Padur: Ein U-Bahnnetz mit einer Linie, die [6 Stationen] umfaßt, sowie andere Linien, die er für den „Pendelverkehr" vorsieht.

Sehr schnell wird man sich über den Wert dieser drei Projekte einig. Warum? Versuche diese drei Pläne zu skizzieren:

Kannst du erraten, was Ernestine C. Padur mit „Linien für den Pendelverkehr" meint? Schreibe deinen Vorschlag in das Kästchen:

D. Der Plan von Sosthène C. Padur

Sein Plan enthält eine Linie, die 5 Stationen verbindet, sowie weitere Linien. Bei der Vorstellung seines Projekts hat Sosthène C. Padur mit der Zeichnung in Bild 3.48 begonnen, die er dann noch zu vervollständigen versuchte.

Aus dem Diskussionslärm konnte man einige Gesprächsfetzen heraushören; versuche, die unvollständigen Gesprächsteile zu ergänzen und die obige Skizze des U-Bahnnetzes schrittweise zu vervollständigen.

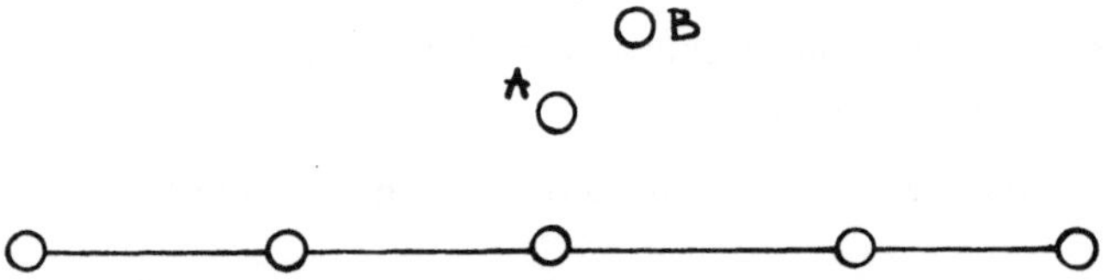

B

A

Bild 3.48

Agénor Padetrop: Wie viele Linien deines Netzes enthalten genau 3 Stationen?
Sosthène C. Padur: Notgedrungenermaßen eine!
Alle: Warum?
Sosthène C. Padur: . . . .
. . . .

Ernestine C. Padur: Wie viele Stationen enthält die A und B verbindende Linie?
Sosthène C. Padur: . . . .
. . . .

Ernestine C. Padur: Gibt es in deinem Projekt Linien für den Pendelverkehr?
Sosthène C. Padur: . . . .
. . . .

Ernestine C. Padur: In deinem Projekt wirst du niemals sämtliche Regeln erfüllen können da du nicht um Linien für den Pendelverkehr herumkommst, die . . .
. . . .

Sosthène C. Padur: Ach, Quatsch!

E. Das Projekt von Jean Lefaible

Sein U-Bahnnetz enthält nur Linien mit je drei Stationen. Lefaible erläutert seinen Plan anhand des Bildes 3.49, das zunächst eine Linie mit drei Stationen enthält. Sodann vervollständigte er den Plan unter Berücksichtigung der Regeln durch weitere Linien mit je drei Stationen und durch Hinzufügen weiterer Stationen, ohne jedoch die Gesamtzahl von 7 Stationen zu überschreiten. Vervollständige den Plan von Jean Lefaible.

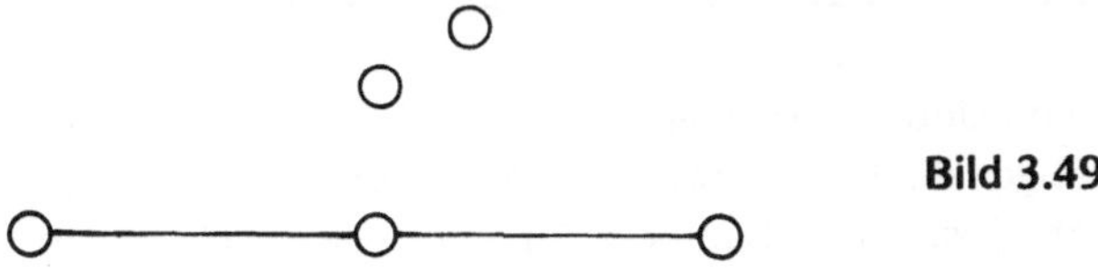

Bild 3.49

Didaktische Bemerkungen:

Durch das Fehlen der Worte „Punkt", „Gerade", „Parallele", sowie durch den besonderen Stil werden die Schüler kaum argwöhnen, daß es sich bei dieser Aufgabe um ein Thema aus der Geometrie handelt.

Auf Wunsch von Schülern, die am Ende einer Unterrichtsstunde ihre Überlegungen nicht unterbrechen wollten, haben wir in den Versuchsklassen sofort eine weitere Stunde angehängt. Dadurch sind wir bis *D* gekommen. Nach zwei Wochen wollten wir im Thema fortfahren, dabei ergaben sich jedoch große Schwierigkeiten. Eine Wiederholung des zuvor Bearbeiteten schien vonnöten, zumal die in *D* angedeutete Argumentation durch Widerspruch an die Grenzen der Leistungsfähigkeit der Quintaner ging (obwohl in *D* die Schwierigkeiten der mathematischen Sprache vollständig eliminiert sind).

Man wird diesen Unterrichtsvorschlag sicher einer Revision unterziehen und ihn z. B. in zwei kleinere Einheiten zerlegen müssen. Dabei sollen auch die Beobachtungen berücksichtigt werden, die wir zum Verhalten der Schüler bei der Arbeit machen konnten.

In der vorliegenden Version liegt dem Unterrichtsvorschlag die projektive 7-Punkte-Ebene zugrunde. Eine der Schwierigkeiten rührt von der Notwendigkeit her, gleichzeitig mit 3 Axiomen zu arbeiten; für den Beginn axiomatischer Arbeit ist das schon ziemlich schwer.

Der ersten Version lag die affine 9-Punkte-Ebene zugrunde, dies war noch weniger erfreulich, da hierbei 4 noch schwieriger zu begreifende Axiome erforderlich waren.

3.3.4 Das Mühlespiel

Die Idee, das Mühlespiel zur Einführung in die Axiomatik der Inzidenzgeometrie zu verwenden, stammt bekanntlich von H. Schupp; der betreffende Lehrgang liegt in programmierter Form vor [11].

Wir treten hier nicht für den Einsatz von Unterrichtsprogrammen ein, da wir der Meinung sind, daß man dadurch einen übermäßigen direktiven Unterricht erhält, der den Schülern jegliche Initiative nimmt. Das genannte Buch von Schupp enthält jedoch eine Fülle brillanter didaktischer Ideen. Besonders eindrucksvoll ist die Einführung in axiomatisches Arbeiten ohne formalen und sprachlichen Ballast, wie man ihn gewöhnlich bei anderen derartigen Einführungen findet. Wir geben eine kurze Zusammenfassung von [11] und überlassen die Einzelheiten dem Leser.

Dem Mühlespiel liegt bekanntlich ein Spielplan zugrunde, wie ihn Bild 3.50 zeigt. Er enthält 24 Felder und 16 Linien[1]) (mit je drei Feldern). Jeder der beiden Spieler verfügt über 9 Spielsteine einer Farbe (meist: schwarz/weiß).

Zu Beginn des Spiels setzen die Spieler abwechselnd jeweils einen Stein auf ein freies Feld. Dabei versuchen sie eine „Mühle", d.h. eine Linie von 3 gleichfarbigen Steinen herzustellen bzw. den Gegner am Bau einer Mühle zu hindern.

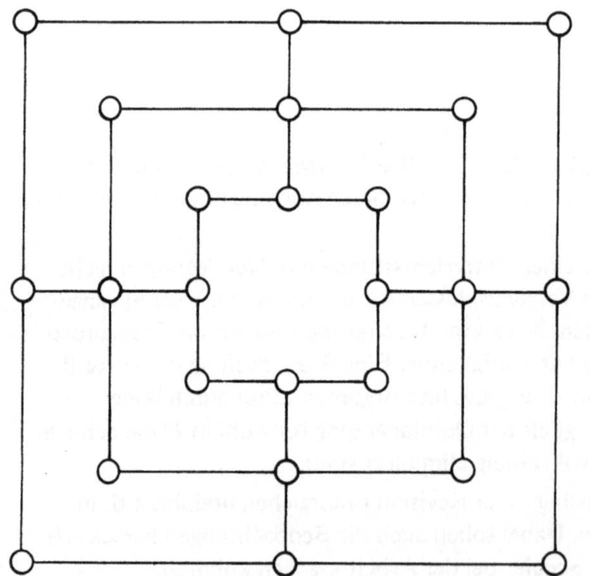

Bild 3.50

---

1) **Hier fehlt ein terminus technicus; die „Linien" sind nur die horizontalen/vertikalen Teile der Mühlefigur.**

Sind sämtliche Steine auf das Spielbrett gesetzt, so dürfen die Spieler jeweils einen Stein längs einer Linie auf ein freies benachbartes Feld verschieben.

Gelingt es einem Spieler eine Mühle herzustellen, so darf er einen gegnerischen Stein seiner Wahl entfernen.

Hat ein Spieler nur mehr 4 Steine, so darf er mit jeweils einem Stein auf ein beliebiges freies Feld „springen".

Das Spiel ist zu Ende, wenn einer der Spieler keine Mühle bauen kann (sei es, weil er weniger als drei Steine hat, sei es, weil der Gegner die möglichen Stellungen blockiert hat).

Natürlich kann die in [11] entwickelte didaktische Idee nur dann wirksam werden, wenn alle Schüler das Mühlespiel bereits kennen: Dazu muß man das Spiel früh genug im Unterricht einführen. Einer der Vorzüge der Schuppschen Idee ist die Möglichkeit, die Schüler über eine ihnen schon vertraute Situation nachdenken zu lassen, indem eine bereits vollständig assimilierte Sprache verwendet wird. Dabei kann eine der Fallen umgangen werden, die den Schülern bei der Einführung in die Axiomatik Schwierigkeiten bereitet: das Zusammentreffen logischer und sprachlicher Schwierigkeiten, von denen bereits jede für sich genommen die volle Aufmerksamkeit der Schüler erfordert. Die von Schupp vorgeschlagene Methode konzentriert die Anstrengungen auf das axiomatische Denken und vermeidet sprachliche Schwierigkeiten.

Die Arbeit der Schüler beginnt mit der sorgfältigen Beschreibung des Spielplans; der Spielplan ist ein Beispiel für ein Inzidenzschema. Dabei erhält man:

[M_1] Jede Linie enthält 3 Felder.

[M_2] Durch jedes Feld gehen 2 Linien.

[M_3] Zwei verschiedene Felder gehören zu höchstens einer Linie.

(Es gibt Paare von Feldern, die durch keine Linien verbunden sind.)

Zentraler Gedanke von [11] ist die Frage: Kann Mühle auch auf anderen – vom gewöhnlichen Spielplan verschiedenen – Spielplänen gespielt werden? Als Anregung zur Antwort: Damit das Spiel interessant ist, muß der Spielplan genügend viele Felder (z.B. mindestens 6) und Linien enthalten, ferner sind gewisse Bedingungen zu beachten. Die Bedingungen [M_1], [M_2], [M_3] erscheinen vernünftig. Gäbe es nämlich ein Feld, durch das mehr Linien verlaufen würden als durch die anderen Felder (z.B. Fig. 2 in Bild 3.51), so hätte der Spieler, der dieses Feld besetzt, einen beträchtlichen Vorteil; damit wäre aber ein erhebliches Ungleichgewicht im Spiel geschaffen.

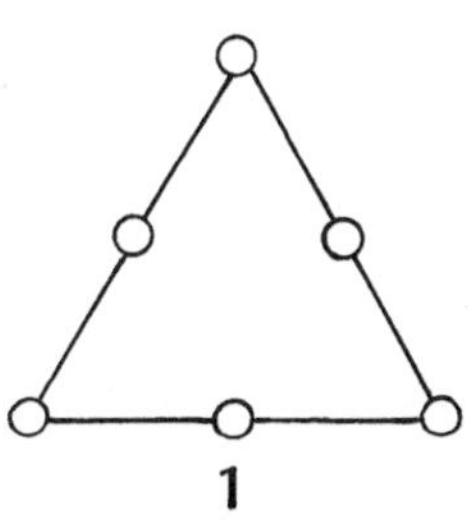
1

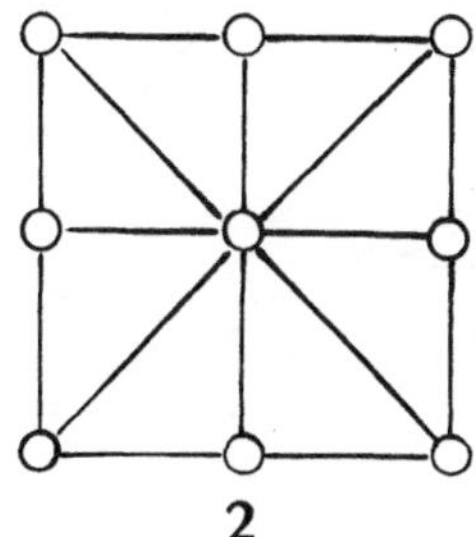
2

Bild 3.51

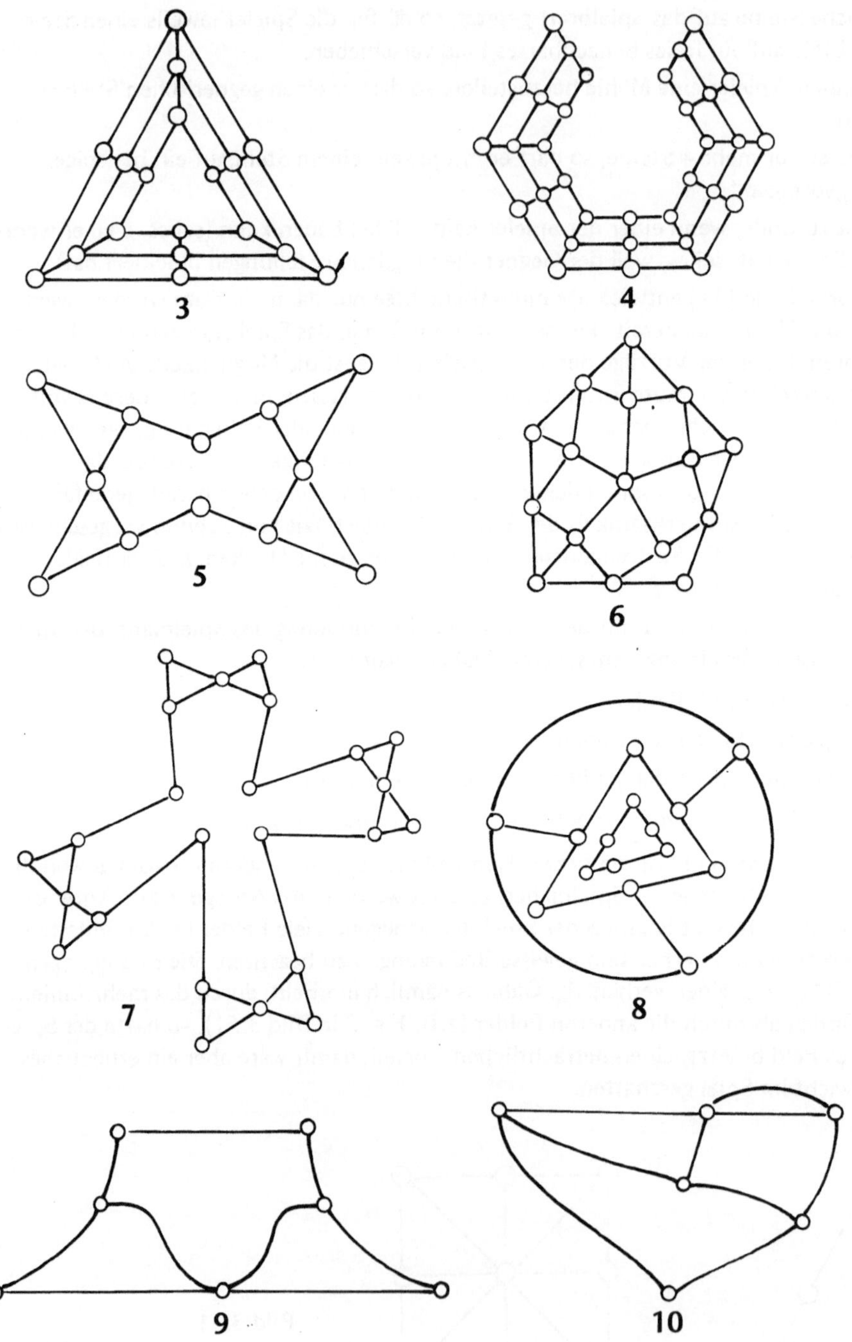

zu Bild 3.51

Die vorgeschlagenen Aktivitäten sind unterschiedlicher Natur:

- Man zeige, daß der gewöhnliche Spielplan, die Regeln [M_1], [M_2], [M_3], erfüllt.
- Man überprüfe, ob ein gegebener Spielplan die Regeln erfüllt.
- Man vergleiche unter diesem Gesichtspunkt (aber auch hinsichtlich der Zahl der Felder bzw. Linien) andere Spielpläne (z.B. Fig. 4) mit dem üblichen Spielplan.
- Ergänze (bzw. verändere) einen Spielplan so, daß er die drei Bedingungen erfüllt.
- Konstruiere einen Spielplan, der den drei Bedingungen genügt und möglichst wenige Felder (Linien) hat.....

Sprechweise:

In [11] wird die Wendung „Dieser Spielplan ist für das Mühlespiel geeignet" synonym gebraucht zu „Der Spielplan genügt den Bedingungen [M_1], [M_2], [M_3]".

Problem:

Man charakterisiere alle Spielpläne, auf denen man Mühle spielen kann.
Schrittweise führt Schupp die Schüler an die im folgenden Satz dargestellte Lösung heran:

Satz (vgl. Abschnitt 3.4)

Auf einem Spielplan mit f Feldern und l Linien kann man genau dann Mühle spielen, wenn gilt

$$2 \cdot f = 3 \cdot l$$

Das Programm von Schupp wurde während mehrerer Jahre mit Hunderten von Schülern ausprobiert und immer wieder verbessert. Dabei werden die Schüler – ausgehend von einer bekannten Situation – zu einer Fülle mathematischer Aktivitäten angeregt.

3.4 Das Erwachen deduktiver Argumentation

Die mathematische Entwicklung des Individuums vollzieht sich – ebenso wie etwa das Schwimmen-Lernen – in Stufen, deren Überschreitung jeweils mit spontanen Veränderungen verbunden ist. Es besteht ein wesentlicher Unterschied zwischen einem, der von einem Schwimmgürtel getragen und vom Bademeister unterstützt im Wasser korrekte Schwimmbewegungen ausführt, und einem, der ohne jegliche Hilfe recht und schlecht fünf Schwimmzüge schafft; dieser schwimmt bereits, während jener noch nicht einmal sicher sein kann, ob er es je lernen wird.

In ähnlicher Weise wird der Schüler, dem es einmal im Leben gelungen ist, einen korrekten mathematischen Beweis zusammenzubasteln, i.a. sicher sein dürfen, daß er noch weitere finden wird.

Für den Mathematikpädagogen ist dieses Erwachen deduktiven Denkens – auf individueller Ebene vergleichbar mit dem „griechischen Wunder" – der entscheidende Augenblick, der den Erfolg didaktischer Bemühungen bezeugt.

Im folgenden haben wir eine Reihe von Aufgaben zusammengestellt, die das Erwachen deduktiven Denkens erleichtern helfen können.

3.4.1 Logisches Denken: Vollständige Aufzählungen

Bei den Beispielen handelt es sich um Beweisaufgaben, bei denen das Element der Strenge dadurch hinzukommt, daß bei der Gewinnung einer Übersicht über eine Klasse *nichts vergessen werden darf.* Als Hilfsmittel für die Aufzählung aller möglichen Fälle wird häufig das Baumdiagramm verwendet.

■ **1 Problem**

Bestimme sämtliche paarweise nicht isomorphen zusammenhängenden Graphen (vgl. 11. Erschließungsaufgabe in Abschnitt 3.2.1) mit 4 Ecken.

Didaktische Bemerkung:

Natürlich ist es leicht, einige dieser Graphen zu zeichnen. Der entscheidende Punkt bei dieser Aufgabe ist es jedoch, keinen Graphen zu vergessen und keinen (aufgrund von Isomorphie) doppelt zu zählen. Insgesamt gibt es 6 Modelle (Bild 3.52).

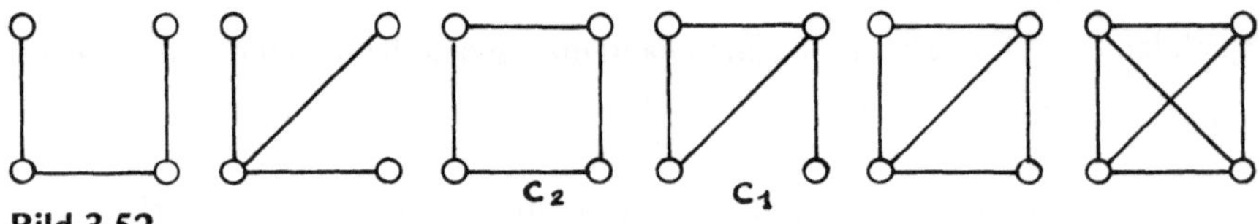

Bild 3.52

a) Ein Graph mit 4 Ecken hat höchstens 6 Kanten. Alle vollständigen Graphen mit 6 Kanten sind isomorph.
b) Durch Weglassen einer Kante aus einem vollständigen Graphen mit 6 Kanten erhält man einen Graphen mit 5 Kanten. Alle so gewonnenen Graphen sind isomorph (vgl. Abschnitt 3.2.1, 6 Übung).

Zeige, daß die beiden Modelle in Bild 3.53 isomorph sind (man bilde die Ecken a, b auf a′, b′ ab).

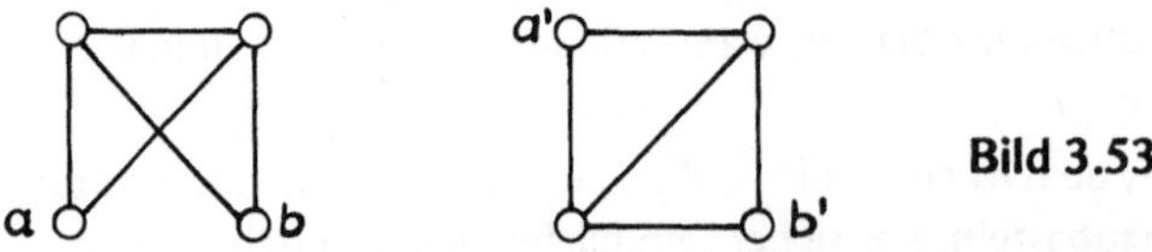

Bild 3.53

c) Man untersuche sorgfältig die Graphen, die sich ergeben, wenn zwei Kanten des vollständigen Graphen entfernt werden. Es ergeben sich zwei nicht isomorphe Modelle, je nachdem, ob der von den entfernten Kanten (vgl. 6 Übung, S. 143) gebildete Graph zusammenhängend ist oder nicht. Man kann aber auch so argumentieren: Der eine Graph hat eine Ecke der Ordnung drei, der andere nicht.

d) Es gibt zwei Graphen mit 4 Ecken und 3 Kanten.
e) Ein Graph mit 4 Ecken und 2 Kanten (oder weniger) ist nicht zusammenhängend: jede der Kanten hat 2 Ecken; wegen des Zusammenhangs müssen die Kanten eine Ecke gemeinsam haben, und es bleibt eine isolierte Ecke übrig.

■ 2 Problem

Die „Landkarte" in Bild 3.54 soll mit 4 Farben, z.B. blau (schraffiert), rot (gerastert), weiß und schwarz gefärbt werden. (Dabei sollen zwei Färbungen als gleich betrachtet werden, wenn benachbarte Länder der einen Karte entsprechend gefärbt sind, wie benachbarte Länder der zweiten Karte.)

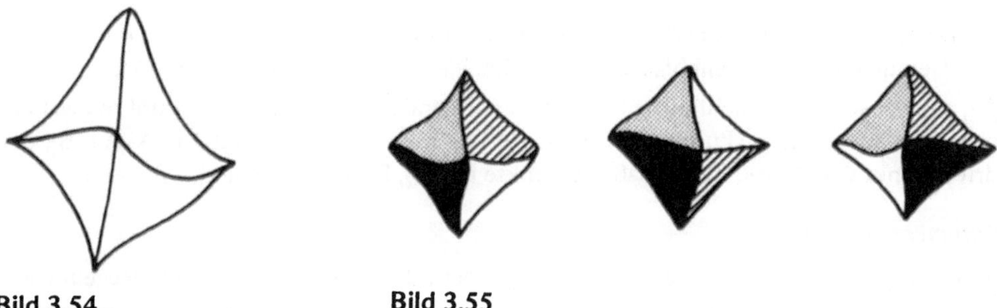

Bild 3.54 **Bild 3.55**

Bemerkung:

a) Es ist möglich – aber unnütz – hier die Sprache der Inzidenzrelationen zu verwenden, indem z.B. die Menge der Länder {B, R, W, Sch} und die Menge der Grenzen eingeführt sind.
b) Zunächst werden die Schüler verschiedene Färbungen durchführen und schließlich folgende Feststellungen treffen:
   1. Die drei Karten in Bild 3.55 sind nicht „in gleicher Weise" gefärbt.
   2. Jeder weitere Versuch, eine Färbung zu finden, führt auf eine zu den drei Karten isomorphe Färbung.

Einem tüchtigen Lehrer wird es hier vielleicht gelingen, ein Beweisbedürfnis für die Frage zu erzeugen: Gibt es tatsächlich keine anderen Färbungsmöglichkeiten?

Ein Argument, das jede Kontroverse schnell beseitigt: Auf einer nicht gefärbten Karte ist jedes Land Nachbar von genau zwei anderen Ländern; daher kann z.B. W nur zu den Ländern B, Sch bzw. R, Sch, bzw. R, B benachbart sein. Da somit auch in jedem Fall die vierte Farbe bestimmt ist, ergeben sich die drei Färbungen eindeutig.

Um den pädagogischen Wert dieser Aufgabe zu beurteilen, muß man sich klar machen, ob die Schüler zwischen einer *plausiblen* und einer *bewiesenen* Aussage unterscheiden. Sind sie überzeugt, daß sie mit der obigen Überlegung ein Verfahren besitzen, das keine Färbung „entwischen" läßt?

■ 3 Problem

Dieses kleine Problem beschäftigt sich mit der Fanoebene: der projektiven 7-Punkt-Ebene, die wir genauer im Abschnitt 3.5 untersuchen. Die Punkte und Geraden dieser Ebene können durch das Diagramm Bild 3.56 dargestellt werden:

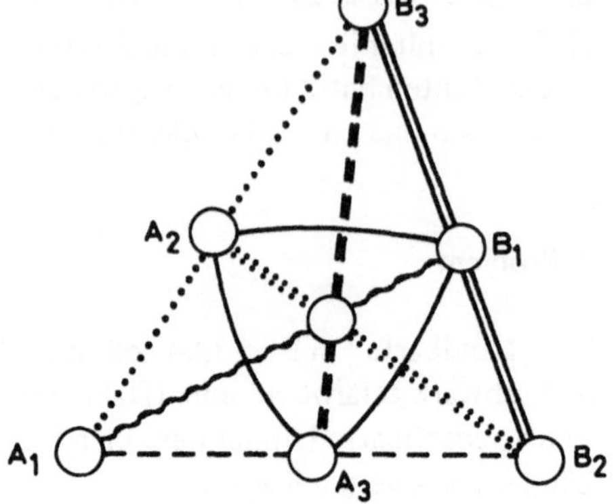

Bild 3.56

Man stellt fest: Jede Gerade der Fanoebene enthält drei Punkte, durch jeden Punkt gehen drei Geraden und zwei beliebige Geraden schneiden sich in genau einem Punkt.

A_1, A_2, A_3 seien drei nicht auf einer Geraden liegende (nicht kollineare) Punkte der Fanoebene; B_1 sei der dritte Punkt der Geraden A_2A_3, B_2 der dritte Punkt von A_1A_3, B_3 der dritte Punkt von A_1A_2. Zeige, daß die Punkte B_1, B_2, B_3 kollinear sind.

Kommentierte Lösung:

In dieser Aufgabe bietet sich eine gute Gelegenheit, den Verstand gemäß der Regeln von Descartes „walten zu lassen". Der Beweis erfordert kaum Phantasie; es kommt nur auf die Klarheit der Gedanken an. Die einzige „heuristische" Schwierigkeit besteht darin, zu beachten, daß sich die Geraden $[B_1B_2]$ und $[A_1A_2]$ in einem einzigen Punkt schneiden müssen. Daher liegt eine der drei folgenden Situationen vor:

B_1, B_2, A_1 sind kollinear
B_1, B_2, A_2 sind kollinear
B_1, B_2, B_3 sind kollinear.

Somit genügt es, die ersten beiden Möglichkeiten auszuschließen. Nun schneidet aber die Gerade $[B_1B_2]$ die Gerade $[A_1A_3]$ genau im Punkt B_2 (nach Definition dieses Punktes), daher ist $A_1 \notin [B_1B_2]$. Ebenso ergibt sich $A_2 \notin [B_1B_2]$; somit bleibt nur noch: B_1, B_2, B_3 sind kollinear.

Natürlich würde man diese Argumente im üblichen „Lehrbuchstil" in einer stärker „linearen" Ordnung darstellen; etwas verkürzt sähe das für diesen Fall etwa so aus:

1. Die Gerade $[B_1B_2]$ schneidet die Gerade $[A_1A_2]$ in einem der drei Punkte A_1, A_2, B_3.
2. $A_1 \notin [B_1B_2]$
3. $A_2 \notin [B_1B_2]$
4. $B_3 \in [B_1B_2]$

Gewiß ist es vorteilhaft, wenn man die Schüler auf diese Stilunterschiede aufmerksam macht. Das Redigieren von Beweisen in der zweiten Form, wenn die einzelnen Beweisschritte bekannt sind, ist sicherlich eine gute Übung.

■ 3′ Problem

Färbt man die 7 Punkte einer Fanoebene mit zwei Farben (z. B. blau und rot, so gibt es stets eine Gerade, auf der nur gleichfarbige Punkte liegen. [[3]]

■ 4 Problem

Jedes System aus drei Kanten eines Graphen, die paarweise drei verschiedene Ecken des Graphen verbinden, heißt *Dreieck.* Ein *Dreistern* besteht aus drei Kanten eines Graphen, die eine Ecke gemeinsam haben.

Beweise: Färbt man die Kanten eines vollständigen Graphen mit 4 Ecken mit den Farben blau oder rot, so erhält man genau dann ein monochromatisches Dreieck (d. h. die Kanten des Dreiecks sind gleichfarbig), wenn ein monochromatischer Dreistern existiert.

Didaktische Bemerkung:

Die Beobachtung der um eine Lösung ringenden Schüler bringt deutlich einen Kontrast zwischen *Logik* und *Überzeugung* zutage. Zunächst gibt es den banalen Fall von Schülern, die – im Sinne eines Glaubensaktes – von der Richtigkeit des Resultats überzeugt sind, ohne die Notwendigkeit eines Beweises zu empfinden.

Dann gibt es Schüler, die, nachdem sie die Aufgabe verstanden haben, damit beginnen, einen Dreistern z. B. blau zu färben, und nun versuchen, die Färbung zu vervollständigen. Diese Schüler stellen fest: Wenn sie eine weitere Kante blau färben, so ergibt sich ein monochromatisches Dreieck in blau; färben sie (außer dem Dreistern) alle weiteren Kanten rot, so ergibt sich ein monochromatisches Dreieck in rot.

Der beobachtende Lehrer war zunächst versucht anzunehmen, die Schüler hätten den Beweis gefunden. Zu seinem großen Erstaunen begannen jene Schüler, die gleiche Überlegung für andere blaue und dann rote Dreisterne zu wiederholen. Anders ausgedrückt: Jene Schüler sind sich nicht bewußt geworden, ein Argument allgemeiner Tragweite gefunden zu haben. Erst nach zahlreichen Versuchen riefen schließlich die Schüler aus: „Es ist ja immer das gleiche."

Erst in diesem Augenblick wurde offenbar den Schülern die Äquivalenz der Dreisterne (bzw. Färbungen) bewußt. Übrigens spielte sich die gleiche Szene – kaum verkürzt – ab, als die Schüler umgekehrt von einem monochromatischen Dreieck ausgingen und die Färbung so vervollständigen wollten, daß dabei ein monochromatischer Dreistern vermieden würde.

Ferner sollte man den Schülern verständlich machen: Obwohl das Problem an einem speziellen Graphen erläutert wurde, gilt der Beweis für beliebige vollständige Graphen mit 4 Ecken; auch für die in Bild 3.57 nicht „ähnlich" aussehende Graphen.

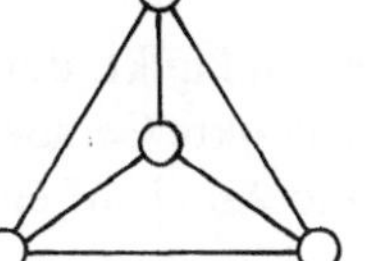

Bild 3.57

3.4.2 Semireguläre und reguläre Konfigurationen

■ **1 Übung**

Wir betrachten ein Inzidenzmodell (vgl. S. ••) mit p Punkten und a Verbindungslinien. Dieses Inzidenzmodell heißt *semireguläre Konfiguration,* wenn jede Verbindungslinie die gleiche Zahl n von Punkten trägt und wenn durch jeden Punkt m Verbindungslinien gehen (n bzw. m sind die Grade (vgl. 1 Übung in Abschnitt 3.2.2) der Verbindungslinien bzw. der Punkte).

Beweise: $p \cdot m = a \cdot n$ [[4]]

■ **2 Problem**

Gibt es semireguläre Konfigurationen mit 10 Punkten und 5 Verbindungslinien, so daß jede Verbindungslinie den Grad 4 hat? Sind die Konfigurationen – vorausgesetzt sie existieren – isomorph? [[5]]

■ **3 Problem**

Gibt es semireguläre Konfigurationen mit 12 Punkten und 6 Verbindungslinien mit je 4 Punkten? Wenn ja, sind sie dann isomorph? [[6]]

■ **4 Problem**

Wir betrachten die beiden folgenden Eigenschaften eines Inzidenzmodells (**E**, **F**, I):

a) Zu jedem Paar $(A, A') \in \mathbf{E} \times \mathbf{E}$ existiert ein Automorphismus des Modells, der A in A' abbildet.

b) Zu jedem Paar $(\Delta, \Delta') \in \mathbf{F} \times \mathbf{F}$ existiert ein Automorphismus des Modells, der Δ in Δ' abbildet.

Man beweise, daß diese beiden Eigenschaften voneinander unabhängig sind.

Lösungsskizze:

Angenommen a) ist erfüllt. Dann müssen alle Punkte den gleichen Grad m haben.
Um ein Gegenbeispiel anzugeben, genügt es, ein Modell zu finden, in dem die Geraden nicht alle den gleichen Grad haben. Am einfachsten ist es, m = 2 und Geraden vom Grad 2 und 3 zu wählen.
Aus a) folgt: Gibt es einen Punkt, durch den eine Gerade vom Grad 2 (bzw. 3) geht, so gehen durch sämtliche Punkte Geraden vom Grad 2 (bzw. 3); d. h., jeder Punkt liegt auf einer Geraden vom Grad 2 und auf einer Geraden vom Grad 3.

Bild 3.58

Ein solches Modell läßt sich leicht zeichnen; es besteht aus zwei Geraden vom Grad 3 und 3 Geraden vom Grad 2 (Bild 3.58). Man verifiziert sofort, daß dieses Inzidenzmodell 12 Automorphismen besitzt. Einer der Punkte kann auf einen beliebigen der 6 Punkte abgebildet werden. Andererseits kann durch einen Automorphismus nicht eine Gerade vom Grad 2 auf eine Gerade vom Grad 3 abgebildet werden.

■ 5 Erschließungsaufgabe: Reguläre Konfigurationen

Eine *reguläre Konfiguration* ist ein Inzidenzmodell, das die Eigenschaften a) und b) des vorhergehenden Problems erfüllt.

1. Jede reguläre Konfiguration ist semiregulär.
2. Man nenne ein Beispiel einer semiregulären nicht zusammenhängenden Konfiguration, die nicht regulär ist.
3. Ist eine Konfiguration regulär, so ist der komplementäre Graph ebenfalls regulär.

Hinweise: Man gehe mit einem geeigneten Automorphismus von einem beliebigen Punkt (bzw. Verbindungslinie) zu einem beliebigen Punkt (bzw. Verbindungslinie) über: Die Grade der Punkte (bzw. Verbindungslinien) müssen daher gleich sein.

Nicht zusammenhängende Konfigurationen mit der Eigenschaft 2. erhält man, wenn zwei nicht isomorphe semireguläre Konfigurationen, deren Ecken- und Punktegrade gleich sind, nebeneinander gestellt werden, z. B. die disjunkte Vereinigung eines Dreieck- und Viereck-Graphen.

Ein berühmtes Beispiel zu 2. zeigt Bild 3.59 (vgl. [8]); die Konfiguration ist zusammenhängend. Der komplementäre Graph dieser Konfiguration ist nicht zusammenhängend; er besteht aus der disjunkten Vereinigung eines Dreiecks- und eines Sechseck-Graphen. Der Leser möge den komplementären Graphen zeichnen.

■ 6 Übung

Beweise: Das vollständige Viereck (vgl. S. 125) ist eine reguläre Konfiguration.

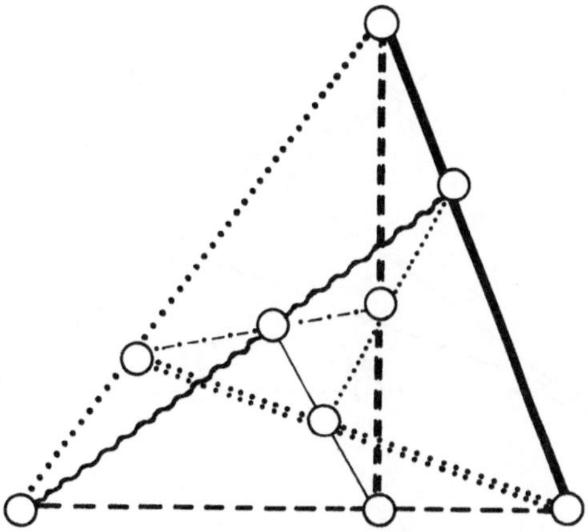

Bild 3.59

3.4.3 Der schöpferische Einfall

In den folgenden Aufgaben können die Schüler ihre Phantasie spielen lassen.

■ **1 Problem**

Wie können 12 Lampen in 6 Reihen zu je 4 Lampen angeordnet werden? ■ 3 Problem in Abschnitt 3.4.2 enthält eine Lösung dieses Problems mit Hilfe semiregulärer Konfigurationen. Kann man das Problem noch anders lösen?

Bemerkungen:

Die semireguläre Lösungskonfiguration enthält drei Paare von Parallelen. Wir haben gesehen, daß mehr Parallelen nicht vorkommen können; deshalb untersuchen wir nun die Fälle mit weniger Parallelen.

Zunächst der Fall von zwei Parallelenpaaren: Man zeichnet ein Parallelogramm und versucht durch Hinzufügen zweier weiterer Geraden in allgemeiner Lage eine Lösung zu finden; dieser Versuch scheitert jedoch. Bleibt noch der Fall von *höchstens einem* Parallelenpaar. Es werden fünf Geraden in allgemeiner Lage gezeichnet, und man erhält (■ 2 Problem, S. 142) 10 Punkte und 5 Geraden mit je 4 Lampen. Nun sind noch 2 Lampen übrig. Man legt durch zwei der 10 Punkte, die noch nicht durch eine Gerade verbunden sind, eine Gerade und setzt auf diese die restlichen beiden Lampen; man erhält Bild 3.60.

Auf den mit (?) markierten Punkt darf keine Lampe gesetzt werden, da sich sonst auf einer Geraden fünf Lampen befinden würden. Geeignete Positionen sind z. B. die mit (!) markierten Punkte. Der Punkt (?) könnte vermieden werden, wenn die sich in (?) schneidenden Geraden als Parallelen gewählt würden.

Allerdings ist dann die entsprechende Konfiguration nicht mehr semiregulär, weil es Punkte vom Grad 1, 2 und 3 gibt.

Bemerkung: Man stelle sicher, daß die Schüler den Ausdruck „in einer Reihe stehen" nicht mit „horizontal" gleichsetzen!

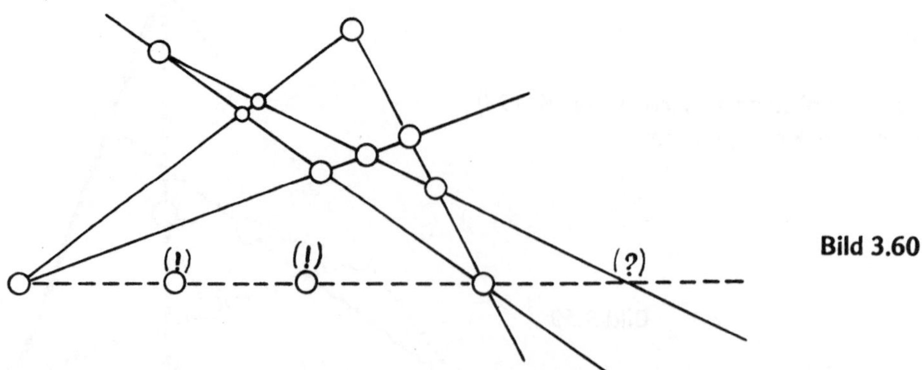

Bild 3.60

■ 2 Problem

Können in der reellen affinen Ebene $\mathbb{R}^2$ sechs (bzw. 7 bzw. 8) Strecken so angeordnet werden, daß sich drei beliebige verschiedene Strecken nicht in einem Punkt schneiden und jede Strecke genau drei andere Strecken schneidet. [[7]]

■ 3 Problem

Die Konfiguration in Bild 3.61 ist regulär. Gibt es einen Isomorphismus, der die roten (gerasterten) in die blauen (schraffierten) Ecken abbildet? [[8]]

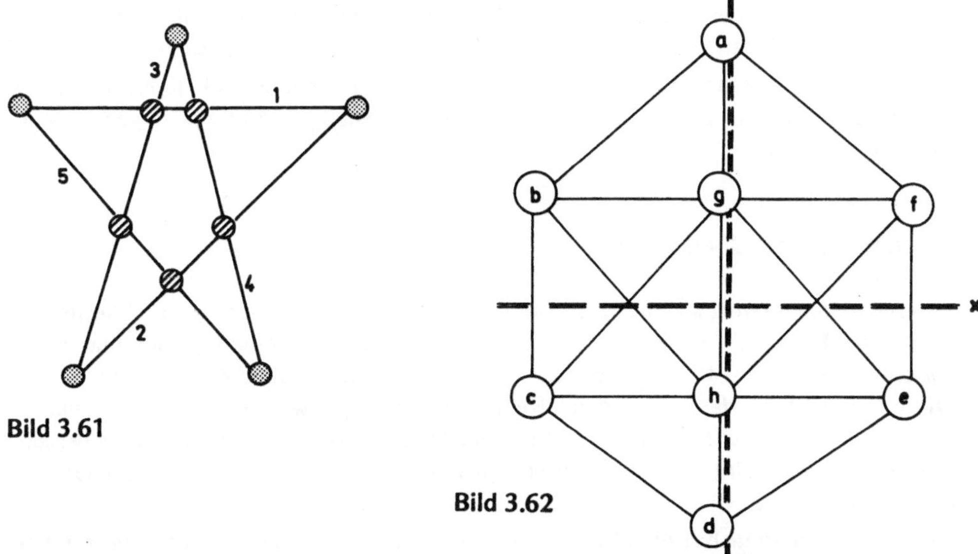

Bild 3.61

Bild 3.62

■ 4 Problem

Dieses Problem ist aus Martin Gardners „Logik unterm Galgen" [7]. In die Felder von Bild 3.62 sind die natürlichen Zahlen von 1 bis 8 so einzutragen, daß benachbarte Zahlen nicht durch eine Linie verbunden sind. [[9]]

■ 5 Problem

Wie kann man auf die Felder des Bildes 3.63 natürliche (nicht notwendig verschiedene) Zahlen so verteilen, daß ihre Summe auf allen Verbindungslinien gleich ist? [[10]]

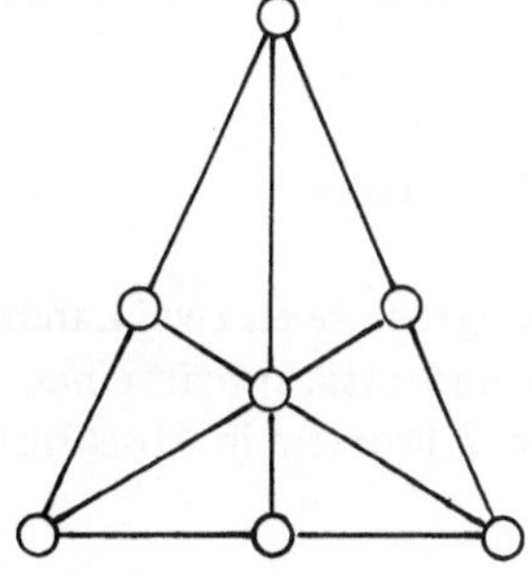

Bild 3.63

■ **6 Problem**

Rund um das Ufer eines Sees befinden sich 6 „Häfen". Diese Häfen sollen durch Schifffahrtslinien verbunden werden, die den folgenden Bedingungen genügen:

1. Jede Linie berührt 3 Häfen.
2. Um von einem Hafen zu einem anderen zu gelangen, kann der Passagier zwischen genau 2 Linien wählen.
3. Verschiedene Linien laufen nicht die gleichen Häfen an. [[11]]

Andere Darstellungen des gleichen Problems:

1. Bestimme 6 verschiedene Buchstaben, aus denen 10 (französische) Wörter mit je drei Buchstaben konstruiert werden können, so daß folgende Bedingung erfüllt ist: Jedes der aus den 6 Buchstaben bildbaren 15 Buchstaben-Paare tritt in genau zwei der Wörter auf.
2. Gegeben sind 6 Punkte. Man zeichne 10 verschieden farbige Dreiecke (Jedes Dreieck sei einfarbig) derart, daß die Verbindungsstrecke von 2 beliebigen Punkten zu genau zwei Dreiecken gehört.

3.4.4 Beweis und Überzeugung

Eine vernünftige Antwort auf die schon zum Ritus gewordene Schüler-Frage: „Warum müssen wir Beweise führen?" wäre: „Solange eine Aussage nicht bewiesen ist, kann man nicht sicher sein, ob sie wahr ist." In der üblichen Unterrichtspraxis kann dieses Argument jedoch häufig genug nicht mit der notwendigen Redlichkeit vertreten werden, weil die Schüler – zu Recht oder zu Unrecht – von vielen zu beweisenden Aussagen von vornherein überzeugt sind. Dann aber erscheint der Beweis als eine pedantische Zeremonie, die man eben dem Lehrer zuliebe macht.

Außerdem trifft man nicht selten Schüler, die zwar einen Beweis führen und aufschreiben können, die jedoch von den zwingenden Argumenten offensichtlich nicht überzeugt sind (vgl. Didaktischen Kommentar auf S. 139). Kurzum: Es bedarf pädagogischer Bemühungen, um Logik und Psychologie, hier den mathematischen Beweis und die Überzeugung der Schüler, in Einklang zu bringen.

Einige Fragen, deren Antwort a priori nicht evident, vielmehr überraschend ist, haben wir schon erörtert. Hier sind noch einige weitere:

■ **1 Problem**

Gegeben seien zwei Landkarten C und C′ mit je 8 Ländern (Bild 3.64). Die linke Karte ist gefärbt (sie enthält einen See). Kann man die zweite Karte in gleicher Weise färben (vgl. ■ 2 Problem in Abschnitt 3.4.1)?

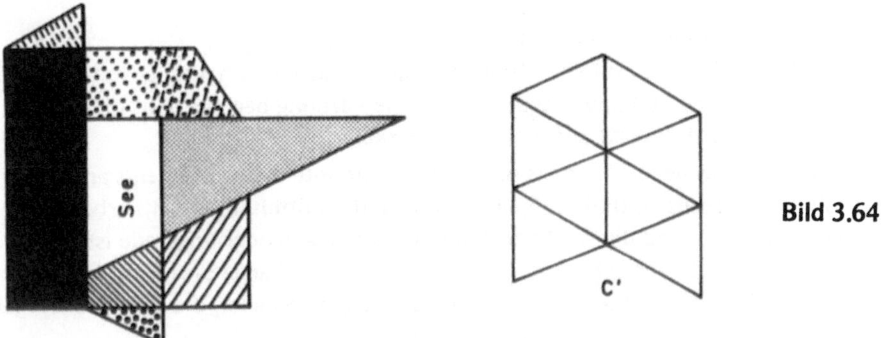

Bild 3.64

Bemerkung:

Absichtlich wurde die unsymmetrische Form der gefärbten Karte gewählt, die sich dadurch stark von der zweiten, symmetrischen Karte ohne „Loch" (entsprechend dem See in der linken Karte) abhebt. Eine Antwort auf die obige Frage aufgrund des gesunden Menschenverstandes ist a priori wohl nicht möglich.

Grundlage unserer Überlegung ist folgende Beobachtung: Auf jeder Karte gibt es nur zwei Länder, die zu drei anderen Ländern benachbart sind. Somit können in C′ die Länder identifiziert werden, die *blau* und *schwarz* gefärbt werden müssen. Ist etwa das Land, das schwarz gefärbt werden soll, gewählt (2 Möglichkeiten), so ergibt sich die weitere Farbbelegung eindeutig; bis auf Symmetrie läßt C′ genau eine Färbung der gewünschten Art zu. Die Frage ist also zu bejahen.

Zu diesem Thema kann der Lehrer natürlich noch weitere Aufgaben, mit mehr oder weniger vorhersehbaren Antworten entwerfen.

■ 2 Problem

Kann die Landkarte in Bild 3.65 so mit 3 Farben gefärbt werden, daß Länder mit gemeinsamer Grenze verschiedene Farben erhalten?

Lösung:

Die Länder 2 und 4 haben zwei gemeinsame Nachbarn (1 und 5), die verschiedene Farben erhalten müssen; somit erhalten 2 und 4 die gleiche Farbe.

Ebenso 2 und 7 (wegen 3 und 6)
7 und 10 (wegen 6 und 11)
9 und 4 (wegen 5 und 8)

Also sind 9 und 10 gleich gefärbt (wegen der Transitivität der Gleichheitsrelation) im Widerspruch zur Voraussetzung.

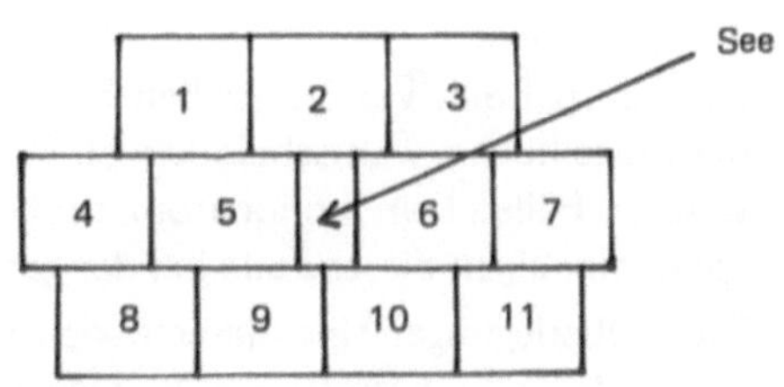

Bild 3.65

Didaktische Bemerkung

Es scheint so (?), daß Anfänger diese Aufgaben nach genügend langem „Herumbasteln" lösen können. Durch eine Vielzahl von Versuchen müssen sie merken, daß es stets an der Färbung der Länder 9 und 10 hapert, egal wie man die Färbung beginnt. Auf diese Weise könnte diese Aufgabe *ermutigend* auf die Schüler wirken.

Schließlich sei noch eine vielleicht etwas suggestivere Variante dieses Problems angedeutet: Dabei soll die Margerite in Bild 3.66 einschließlich des Mittelteils mit 3 Farben gefärbt werden. Je nachdem, ob die Zahl der Blütenblätter gerade oder ungerade ist, gibt es eine Lösung oder nicht. Der Schluß ist derselbe wie im Landkartenproblem; dennoch könnte es (für den Lehrer) instruktiv sein zu untersuchen, ob Schüler, die die erste Aufgabe nicht lösen können, in der zweiten Version Erfolg haben.

Bild 3.66

■ 3 Problem: Ein Satz von Ramsey [2]

Gegeben sei der vollständige Graph mit 6 Ecken und 15 Kanten. Gibt es bei jeder Färbung der Kanten mit 2 Farben wenigstens ein monochromatisches Dreieck?

Didaktische Bemerkung:

Angenommen die Schüler bearbeiten dieses Problem ohne Kenntnis von ■ 3 Problem in Abschnitt 3.4.1. Dann werden sie i.a. zunächst verschiedene Färbungen der Kanten (mit zwei Farben) von vollständigen Graphen mit 6 Ecken durchführen; in jedem dieser Fälle erhalten sie ein monochromatisches Dreieck. Dann wird der Lehrer darauf aufmerksam machen, daß es $2^{15} = 32\,768$ verschiedene solche Färbungsmöglichkeiten gibt und man sicher nicht alle diese Fälle durchmustern möchte, um die Gültigkeit des Satzes von Ramsey zu verifizieren.

Nach einer Reihe von Versuchen werden die Schüler denken, daß eine bejahende Antwort der Frage höchst wahrscheinlich ist. Man wird dagegen einwenden: Wenn vielleicht in höchstens 10 Fällen kein monochromatisches Dreieck existiert, so wird die Wahrscheinlichkeit klein sein, einen dieser Fälle bei der geringeren Zahl von Versuchen zu „entlarven", usw.

Diese Überlegungen sind äußerst wichtig, können sie doch bei den Schülern ein *Beweisbedürfnis* für die betreffende Aussage erzeugen. Solange der Satz von Ramsey nicht *bewiesen* ist, bleiben hinsichtlich seiner Gültigkeit Zweifel.

Um die Schüler bei der Suche nach einem eigenen Beweis zu unterstützen, kann man zunächst die Lösung einfacherer Probleme anregen: z.B. die entsprechende Färbung des vollständigen Graphen mit 4 Ecken (vgl. ■ 4 Problem in Abschnitt 3.4.1).

Nach diesen Vorbereitungen ist der Beweis des Satzes von Ramsey einfach. Von einer beliebigen Ecke des Graphen gehen 5 blau oder rot gefärbte Kanten aus („oder" im einschließenden Sinn!); drei dieser Kanten müssen die gleiche Farbe tragen. Somit enthält jeder vollständige Graph mit 6 Ecken, dessen Kanten mit 2 Farben gefärbt sind, mindestens einen monochromatischen Dreistern: OA, OB, OC.

Wird nun das erwähnte Problem auf den von den Ecken O, A, B, C erzeugten vollständigen Teilgraphen angewandt, so ergibt sich die Existenz eines monochromatischen Dreiecks.

Der vollständige Graph mit 5 Ecken kann hingegen so gefärbt werden, daß *kein* monochromatisches Dreieck entsteht.

■ **4 Problem**

Beweise: In jeder Färbung der 171 Kanten eines vollständigen Graphen mit 19 Ecken durch 3 Farben existiert mindestens ein monochromatisches Dreieck. [[12]]

■ **5 Übung**

Wir betrachten die rekursiv definierte Folge von natürlichen Zahlen p_n

$$p_n = n \cdot p_{n-1} + 1, \qquad p_2 = 6.$$

Jede Färbung der Kanten eines vollständigen Graphen mit p_n Ecken durch n Farben enthält wenigstens ein monochromatisches Dreieck.

Bemerkung: Die Lösung dieser Aufgabe gestaltet sich einfach, wenn zuvor die beiden vorhergehenden Probleme gelöst worden sind.

3.5 Minigeometrie

3.5.1 Projektive Ebenen

■ **1 Handlung mit konkretem Material**

Im Abschnitt 3.3 wurde eine hübsche Einführungsaufgabe – das Wortspiel – erörtert. Bei diesem Spiel müssen aus einem „Alphabet" von 7 Buchstaben 7 Wörter mit drei verschiedenen Buchstaben gebildet werden, so daß gilt:

Zwei verschiedene Wörter haben genau einen Buchstaben gemeinsam.

Man verifiziert dann:

Jedes Paar verschiedener Buchstaben kommt in genau einem Wort vor.

Wir geben einige solche Wortlisten an:

A, R, U, N, L, T, I:	RAU,	INA,	ULI,	ALT,	TUN,	TRI,	NRL
A, N, H, R, B, E, U:	AUE,	BAR,	NAH,	HUB,	NUR,	REH,	BEN
A, D, E, O, U, M, L:	ADE,	LAU,	MAO,	UDO,	EMU,	LEO,	MDL
R, I, U, E, H, A, T:	URI,	REH,	RAT,	EIA,	HIT,	UTE,	HAU

In ■ 3' Problem auf S. 141 wurde bewiesen: Färbt man die Punkte einer Fanoebene mit zwei Farben, so gibt es mindestens eine monochromatische Linie. Da es im Deutschen – bis auf Abkürzungen (z. B. MDL, „Mitglied des Landtags“) keine Wörter mit drei Konsonanten gibt – muß jede „gute“ Wortliste ein Wort aus drei Vokalen enthalten. Diese Bemerkung ist sowohl für den Entwurf der Liste als auch für die Auswahl der 7 Buchstaben nützlich.

■ 2 Übung

Können die folgenden Inzidenzmodelle durch Hinzufügen einer möglichst kleinen Zahl von Punkten oder Verbindungslinien so vervollständigt werden, daß gilt:

P_1 Je zwei verschiedene Punkte inzidieren mit genau einer Verbindungslinie.

P_2 Je zwei verschiedene Verbindungslinien inzidieren mit genau einem Punkt.

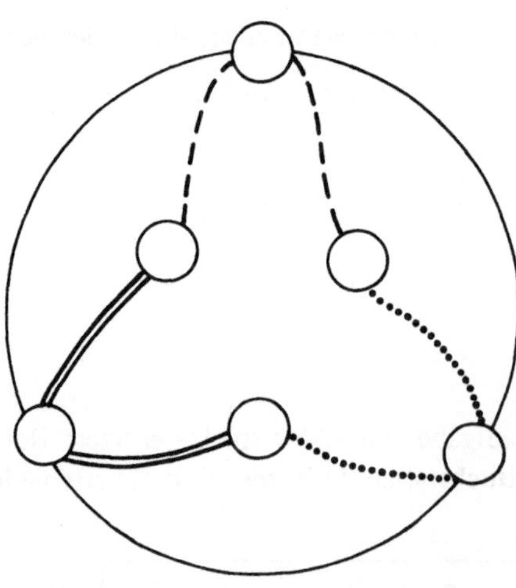

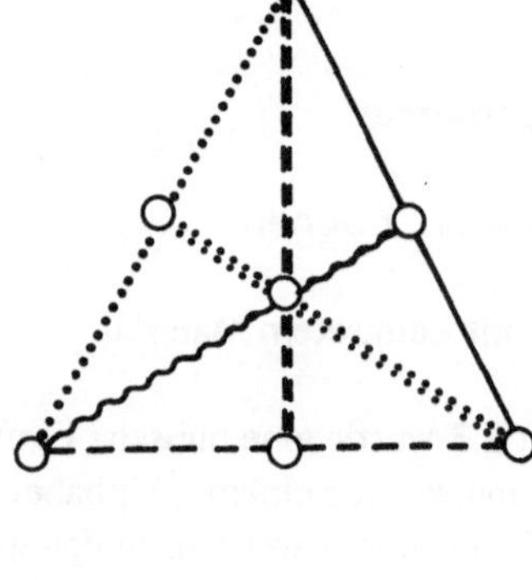

Bild 3.67

■ 3 Erschließungsaufgabe

Ein Inzidenzmodell heißt *schwach projektive Ebene*, wenn es die Axiome $\mathbf{P_1}$ und $\mathbf{P_2}$ erfüllt.

a) Man gebe Beispiele für schwach projektive Ebenen an, für die die Menge der Punkte (bzw. die Menge der Verbindungslinien) leer, ein- oder zweielementig ist.

b) Kann man für eine schwach projektive Ebene zeigen, daß jeder Punkt (jede Verbindungslinie) mit mindestens zwei Verbindungslinien (Punkten) inzidiert?

Didaktische Bemerkung:

Es ist kein Zufall, daß die leere Menge erst im Abschnitt 3.5 ins Spiel kommt: Der Scharfsinn unserer Schüler soll auf genügend reichhaltige Situationen gelenkt werden, um Gelegenheiten für schöpferische Aktivitäten zu bieten.

Dennoch ist es aber wichtig, die Schüler zur rechten Zeit mit trivialen Beispielen bekannt zu machen, deren einziges Interesse darin liegt, zur Kohärenz des Gebäudes der Mathematik beizutragen. So sind etwa die *Null*, die *leere Menge*, die einelementige Gruppe usw. nur deshalb wichtig, weil sie die „Schlußsteine" von Theorien bilden. Gewisse Sätze könnten bei Ausklammerung der Trivialfälle nicht in der gewünschten Allgemeinheit formuliert werden, und manche Beweise würden durch die Berücksichtigung von Ausnahmefällen kompliziert. Andererseits wäre es natürlich ein pädagogischer Fehler, mit trivialen Beispielen zu einer Theorie, die weder typisch noch anregend sind, zu beginnen.

Unter den Inzidenzmodellen (E, F, I), die $\mathbf{P_1}$ und $\mathbf{P_2}$ erfüllen, befinden sich die folgenden Spezialfälle:

$E = \emptyset$, $F = \emptyset$

$E = \emptyset$, F ist einelementig

E ist einelementig, $F = \emptyset$

In allen Fällen ist $I = \emptyset$ (wegen $E \times F = \emptyset$).

Bild 3.68 zeigt einige weitere wenig interessante Beispiele. Sie zeigen indessen, daß mit Hilfe von P_1 und P_2 allein die folgenden Aussagen nicht bewiesen werden können:

„Jede Verbindungslinie enthält mindestens zwei Punkte."
„Durch jeden Punkt gehen mindestens zwei Verbindungslinien."
„Es existieren mindestens zwei Punkte (Verbindungslinien)."
„Es gibt mindestens drei Punkte, die nicht auf einer Verbindungslinie liegen."
„Es gibt mindestens drei Verbindungslinien, die nicht durch einen Punkt gehen."

Wird hingegen die Inzidenzgeometrie aus einer „monokonkreten", auf die Vorstellung von Lineal-Zeichnungen gegründeten Perspektive unterrichtet, kann natürlich kaum ein Schüler begreifen, daß jene Sätze *weder evident noch wahr* sind. Gegenbeispiele wird der Schüler vermutlich nicht anerkennen; er wird sagen: „Dies sind ja keine richtigen Geraden."
Eine interessante Theorie ergibt sich, wenn man durch ein weiteres Axiom, das in verschiedenen Varianten formuliert werden kann, diese marginalen Beispiele ausklammert.

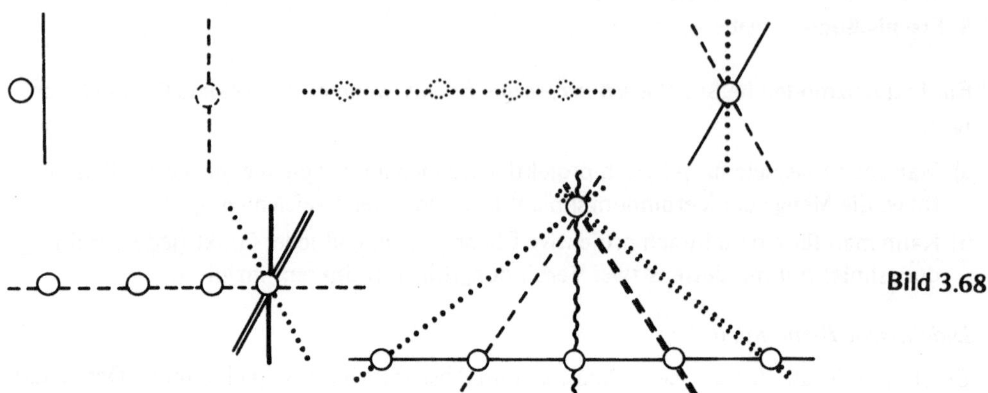

Bild 3.68

Definition:

Eine *projektive Ebene* ist eine schwach projektive Ebene, die zusätzlich das folgende Axiom $\mathbf{P_3}$ erfüllt:

$\mathbf{P_3}$ Es gibt 4 Punkte A_1, A_2, A_3, A_4, von denen keine drei kollinear sind.

Wohlgemerkt: $\mathbf{P_1}$ und $\mathbf{P_2}$ sind die wesentlichen Axiome, während $\mathbf{P_3}$ aus „hygienischen" Gründen eingeführt wird, um unerwünschte „Unreinheiten" zu eliminieren.

Vorsicht! $\mathbf{P_3}$ ist nicht äquivalent zu der Forderung: Es gibt 4 nicht kollineare Punkte. Der Plan von Ernestine C. Padur (Abschnitt 3.3.3) erfüllt zwar diese Forderung, nicht jedoch $\mathbf{P_3}$.

■ **4 Übung**

Werden von den Buchstaben R, I, U, E, H, A, T die drei Buchstaben eines der hieraus gebildeten Wörter (s. S. 150) entfernt, so kann aus den restlichen Buchstaben keines der übrigen Wörter der zugehörigen Liste gebildet werden.

■ **5 Übung**

Zeige: Keines der in ■ 3 Erschließungsaufgabe unter a) angegebenen Beispiele ist eine projektive Ebene.

■ **6 Erschließungsaufgabe**

Beweise: Jede projektive Ebene enthält mindestens 7 Punkte und 7 Verbindungslinien. Die Grade aller Punkte und Verbindungslinien sind gleich.

Sind X und Y zwei verschiedene Punkte einer Ebene E, so bezeichnen wir mit [XY] die eindeutig bestimmte Gerade, die X und Y verbindet.

Bemerkung:

Das Axiom P_3 sichert die Existenz von 4 Punkten A_i ($i \in \{1, 2, 3, 4\}$), so daß die Geraden $[A_i A_j]$ mit $i \neq j$ und $\{i, j\} \subseteq \{1, 2, 3, 4\}$ sämtliche voneinander verschieden sind; falls $h \neq i$ und $h \neq j$ ist, gehört nämlich der Punkt A_h nicht zu $[A_i A_j]$. Nach P_2 haben die Geraden $[A_1 A_2]$ und $[A_3 A_4]$ genau einen Punkt – wir nennen ihn L – gemeinsam.

In gleicher Weise mögen sich $[A_1 A_3]$ und $[A_2 A_4]$ in M bzw. $[A_1 A_4]$ und $[A_2 A_3]$ in N schneiden.

Außerdem sind die Punkte L, M, N von A_1, A_2, A_3, A_4 verschieden (wäre nämlich z.B. $L = A_1$, so würde $A_1 \in [A_3 A_4]$ gelten im Widerspruch zu P_3). Wäre ferner $L \in [A_1 A_3]$, so hätte man $[A_1 A_2] = [A_1 L] = [A_1 A_3]$, und damit einen Widerspruch.

Hieraus folgt, daß die Punkte L, M, N sämtlich verschieden sind. ($L \neq M$, da $L \in [A_1 A_3]$, während $M \in [A_1 A_3]$). Damit ist aber auch die Existenz von mindestens 7 verschiedener Punkte in E gezeigt: A_1, A_2, A_3, A_4, L, M, N.

Da $L \neq M$, ist die Gerade [LM] definiert; wegen $L \notin [A_1 A_3]$ ist $[LM] \neq [A_1 A_3]$. Analog zeigt man, daß [LM] mit keiner der Geraden $[A_i A_j]$ übereinstimmt.

Hieraus ergibt sich die Existenz von wenigstens 7 verschiedenen Geraden: die 6 Geraden $[A_i A_j]$ sowie [LM].

Bemerkung:

Man ist vermutlich versucht, auch die Geraden [LN] und [MN] zu betrachten. Aus P_1, P_2, P_3 folgt jedoch nicht, daß die drei Geraden [LM], [LN], [MN] von einander verschieden sind. In der Tat gibt es Modelle der projektiven Ebene, die genau 7 Punkte und 7 Geraden enthalten.

Wir betrachten nun einen beliebigen Punkt 0 und eine beliebige Gerade Δ, die nicht durch 0 geht. Aufgrund von P_1 und P_2 existiert eine Bijektion, die jedem Punkt P von Δ die Gerade [0P] zuordnet; somit stimmen der Grad von 0 und der von Δ überein (vgl. Abschnitt 3.2.2, ■ 1 Übung).

Wird 0 (bzw. Δ) festgehalten und läßt man Δ (bzw. 0) variieren, so ergibt sich, daß die Grade sämtlicher Geraden gleich sind.

■ 7 Problem

Der Grad der Punkte und Geraden einer projektiven Ebene E sei $k + 1$. Bestimme die Zahl der Punkte und Geraden von E. [[13]]

■ 8 Erschließungsaufgabe [5]

Im Körper Z_{13} der ganzen Zahlen modulo 13 betrachten wir die Menge $S = \{0, 1, 3, 9\}$.

a) Verifiziere, daß sich sämtliche von 0 verschiedene Elemente aus Z_{13} in genau einer Weise als Differenz zweier verschiedener Elemente von S darstellen lassen.

b) Wir betrachten folgendes Inzidenzmodell $\mathcal{M} = \{\mathcal{P}, \mathcal{G}, I\}$ „Punkte" seien 13 Objekte $p_i \in \mathcal{P}$, die durch $i \in Z_{13}$ inzidiert sind; „Geraden" seien 13 Objekte $G_i \in \mathcal{G}$, die durch $i \in Z_{13}$ inzidiert sind; p_i inzidiert mit G_j genau dann, wenn $i + j \in S$. Zeige, daß $\mathcal{M}$ eine projektive Ebene ist.

Lösung:

a) Wir brauchen nur die Verknüpfungstabelle für die Operation „–" in der Menge S aufzuschreiben; außerhalb der Diagonalen tritt jedes von Null verschiedene Element aus Z_{13} genau einmal auf.

b) Sind zwei verschiedene Punkte p_i und $p_{i'}$ gegeben, so müssen wir Existenz und Eindeutigkeit einer Geraden G_j und zweier Elemente α, α' aus S zeigen, mit

$$i + j = \alpha \qquad i' + j = \alpha'.$$

Nun kann aber $i - i' \in Z_{13}$ eindeutig als Differenz $\alpha - \alpha'$ zweier Elemente α, α' aus S dargestellt werden; somit existiert auch ein eindeutig bestimmtes j mit $i + j = \alpha$.

In gleicher Weise kann auch $\mathbf{P_2}$ verifiziert werden. Schließlich findet man leicht 4 Punkte, die $\mathbf{P_3}$ erfüllen: Diese Untersuchung wird durch die folgende Aufgabe erleichtert.

■ 9 Problem

Man stelle die Inzidenzmatrix des vorhergehenden Inzidenzmodells auf. Fertige eine Tabelle mit den Eingängen i, i', die dem Paar (i, i') $i \neq i'$ den eindeutig bestimmten Index j der Geraden G_j zuordnet, die p_i und $p_{i'}$ verbindet. Man kann diese Tabelle auch so lesen: Dem Paar (i, i') wird der Punkt p_j zugeordnet, der Schnittpunkt der Geraden G_i, $G_{i'}$ ist; man definiert $j = i * i'$.

Die Durchführung dieser Aufgabe zur Schulung der Präzision ist weit weniger aufwendig und unangenehm, wie es zunächst erscheinen mag. Gewiß – es müssen zwei Tabellen mit je 169 Feldern ausgefüllt werden (Bild 3.69). Nach wenigen Berechnungen, automatisieren sich jedoch die Rechnungen; dem liegt folgender Sachverhalt zugrunde: Für alle $k \in Z_{13}$ gilt: inzidiert p_i mit G_j, so inzidiert p_{i+k} mit G_{j-k}.

Ebenso verifiziert man, daß das Paar (i + k, i' + k) den gleichen Werten α und α' entspricht (vgl. die Lösung von ■ 8) wie das Paar (i, i'). Hieraus folgt $(i + k) * (i' + k) = (i * i') - k$.

Nun können die Tabellen leicht längs Paralleler zu den Diagonalen ausgefüllt werden. Mit Hilfe der ersten Tabelle kann die zweite bearbeitet werden.

Wohlgemerkt sollte man für die Konstruktion dieser Tabellen nur dann Zeit aufwenden, wenn man mit den Tabellen auch arbeitet.

Frage:

Kann man in dem vorhergehenden Beispiel die Menge S durch eine andere Teilmenge S' ersetzen?

P_i \ D_j	0	1	2	3	4	5	6	7	8	9	10	11	12
0	*	*								*			
1	*		*						*				*
2		X						X				X	X
3	*						*				*	*	
4						X				X	X		X
5					X				X	X		X	
6				X				X	X		X		
7			X				X	X		X			
8		X				X	X		X				
9	*				*	*		*					
10				X	X		X						X
11			X	X		X						X	
12		X	X		X						X		

i \ i'	0	1	2	3	4	5	6	7	8	9	10	11	12
0		0	1	0	9	9	3	9	1	0	3	3	1
1	0		12	0	12	8	8	2	8	0	12	2	2
2	1	12		11	12	11	7	7	1	7	12	11	1
3	0	0	11		10	11	10	6	6	0	6	11	10
4	9	12	12	10		9	10	9	5	5	12	5	10
5	9	8	11	11	9		8	9	8	4	4	11	4
6	3	8	7	10	10	8		7	8	7	3	3	10
7	9	2	7	6	9	9	7		6	7	6	2	2
8	1	8	1	6	5	8	8	6		5	6	5	1
9	0	0	7	0	5	4	7	7	5		4	5	4
10	3	12	12	6	12	4	3	6	6	4		3	4
11	3	2	11	11	5	11	3	2	5	5	3		2
12	1	2	1	10	10	4	10	2	1	4	4	2	

Bild 3.69

Antwort:

S' muß genau 4 Elemente enthalten; da außerdem S nur zur Bildung von Differenzen dient, kann S durch Addition einer Konstanten zu den Elementen von S einer „Translation" unterzogen werden.

Diese Aktivität, die einer Gruppe von Praktikanten des I.R.E.M. vorgeschlagen worden ist, ist aus folgenden Gründen ein großer Erfolg geworden:

Ursprünglich sollte diese Gruppe eine Berechnung mit einer gewissen Originalität durchführen, deren Resultate später „angewandt" werden könnten. In der Tat war dies eine gute Gelegenheit für die Praktikanten von recht unterschiedlichem Niveau (Agregationsprüfung, Certificat, P.E.G.C.), ihre Kenntnisse über projektive Räume zu vergleichen. Dabei konnten die einen, die z. B. die Definition komplexer projektiver Räume kannten, diese Aufgabe im Rahmen ihrer Kenntnisse bearbeiten, und den anderen war die Möglichkeit gegeben, ihren Horizont über projektive Räume an Hand einer leichten Aufgabe zu erweitern.

10 Problem

Material: Die beiden Tabellen in Bild 3.69.

Ein Spezialfall des Satzes von Desargues (vgl. Abschnitt 3.6) lautet:

ABC und A'B'C' seien zwei Dreiecke derart, daß A' auf der Geraden [BC], B' auf der Geraden [AC], C' auf der Geraden [AB] liegt, und sich die Geraden [AA'], [BB'], [CC'] in einem Punkt M schneiden. A" (bzw. B", bzw. C") sei der Schnittpunkt von [BC] und [B'C'] (bzw. [AC] und [A'C'], bzw. [AB] und [A'B']); dann sind die Punkte A", B", C" kollinear.

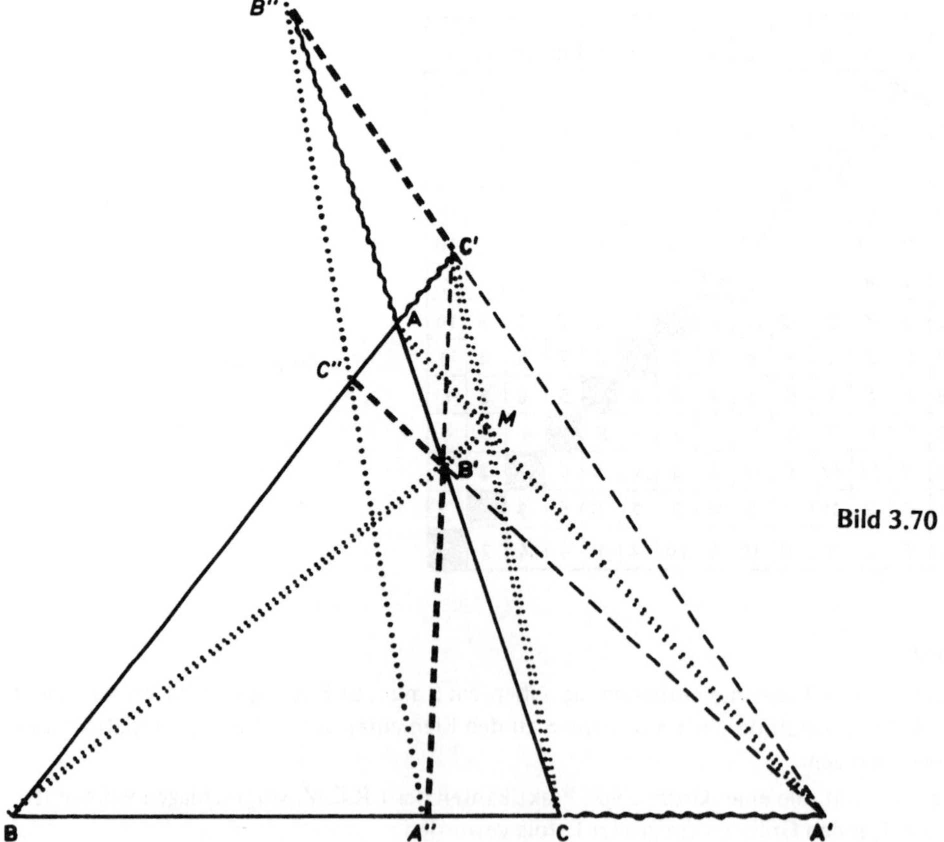

Bild 3.70

Am Spezialfall der projektiven 13-Punktebene verifiziere man die Gültigkeit dieses Satzes.
Wir gehen von drei sich nicht in einem Punkt schneidenden Geraden (z.B. G_0, G_1, G_5) aus, die ein Dreieck erzeugen (Bild 3.70). Aus der Tabelle entnimmt man die Ecken des Dreiecks: $A = p_9$, $B = p_8$, $C = p_0$.
Sodann wählen wir einen Punkt M (z.B. p_5), der nicht auf den Geraden G_0, G_1, G_5 liegt. Die Geraden [AM], [BM], [CM] stimmen überein mit G_4, G_8, G_9; hieraus ergibt sich $A' = p_{12}$, $B' = p_1$, $C' = p_4$ und $[B'C'] = G_{12}$, $[C'A'] = G_{10}$ und $[A'B'] = G_2$.
Fener ist $A'' = p_2$, $B'' = p_3$, $C'' = p_{11}$, und man verifiziert sofort, daß diese Punkte auf der Geraden G_{11} liegen.
Bei dieser Aktivität kann die Fähigkeit geschult werden, mit verschiedenen Typen von Repräsentationen gleichzeitig zu arbeiten, hier z.B. mit einer Zeichnung und einer Tabelle. Außerdem muß zur Lösung dieser Aufgabe ein hohes Maß an Sorgfalt und Genauigkeit aufgebracht werden.

■ **11 Problem**

Man gebe eine zu ■ 8 Erschließungsaufgabe analoge Darstellung der Fanoebene (mit 7 Punkten) an.

Lösung:

Anstelle von Z_{13} arbeite man mit Z_7 und wähle $S = \{0, 1, 3\}$.

3.5.2 Affine Inzidenzebenen

Ein Inzidenzmodell (E, F, I) – wobei die Elemente von E „Punkte" und die Elemente von F „Geraden" heißen – ist eine *schwach affine Inzidenzebene,* wenn die folgenden Axiome erfüllt sind:

A_1	Je zwei verschiedene Punkte inzidieren mit genau einer Geraden.
A_2	Zu jeder Geraden $G \in F$ und jedem Punkt A, der nicht mit G inzidiert, gibt es genau eine zu G disjunkte Gerade.

Axiom $\mathbf{A}_1$ ist identisch mit $\mathbf{P}_1$. Die in $\mathbf{A}_2$ formulierte Eindeutigkeitsaussage ist das berühmte *Parallelenpostulat von Euklid.*

■ **1 Handlung mit konkretem Material**

Material: die beiden Tabellen in Bild 3.69. Wir setzen (mit den Bezeichnungen von ■ 8 Erschließungsaufgabe in Abschnitt 3.5.1) $E = \mathscr{P}\backslash\{p_0, p_1, p_3, p_9\}$ und $F = \mathscr{G}\backslash\{G_0\}$ und übernehmen die von I induzierte Inzidenzrelation. Verifiziere, daß auf diese Weise eine schwach affine Ebene entsteht.

Bemerkung:

Die wegzulassenden Elemente wurden in der ersten Tabelle durch einfache Kreuze, in der zweiten Tabelle durch Normalschrift gekennzeichnet. Die Geraden G_4, G_5, G_7, die sich im projektiven Modell im Punkt p_9 schneiden, sind nun paarweise disjunkt.

Wir erhalten eine schwach affine Ebene mit 9 Punkten $\{p_2, p_4, p_5, p_6, p_7, p_8, p_{10}, p_{11}, p_{12}\}$ und 12 Geraden, die sich auf 4 „Richtungen" von je 3 Geraden verteilen: $\{G_4, G_5, G_7\}$, $\{G_1, G_3, G_9\}$, $\{G_2, G_8, G_{12}\}$, $\{G_6, G_{10}, G_{11}\}$. Zwei Geraden haben gleiche Richtung, wenn sie disjunkt sind oder zusammenfallen. Richtungsgleiche Geraden heißen parallel. Eine Richtung ist somit eine Äquivalenzklasse paralleler Geraden.

Die Verifizierung der Axiome liegt auf der Hand. Durch zwei Punkte von E gibt es bereits in der projektiven Ebene genau eine Gerade. Da die Punkt p_0, p_1, p_3, p_9 entfernt wurden, tritt die Gerade G_0 nicht auf.

Ist $G \in F$ und $p \in E$, so gibt es in der projektiven Ebene genau einen Schnittpunkt von G und G_0. Verbindet man diesen mit p, so erhält man die eindeutig bestimmte Parallele durch p zu D.

■ 2 Übung

In einer schwach affinen Ebene können zwei verschiedene Geraden höchstens einen Punkt gemeinsam haben. Sind zwei Geraden parallel, so schneidet jede Gerade, die die eine Parallele trifft, auch die andere. – Wie im projektiven Fall wird auch hier aus Gründen der „Hygiene" ein zusätzliches Axiom gefordert, das Ausartungen, wie sie in der folgenden Aufgabe erörtert werden, ausschließen soll. Selbst nach einer längeren Zeit der Auseinandersetzung mit dem Stoff dürfte die Darbietung solcher Beispiele für die Schüler ziemlich schädlich sein... Die folgende Aufgabe ist daher eher für wißbegierige Lehrer gedacht, die sich gerne klarmachen wollen, weshalb die eine oder andere Eigenschaft als Axiom gewählt wird.

Definition:

Eine schwach affine Ebene ist eine *affine Ebene*, wenn folgendes Axiom erfüllt ist:

A_3	Die Menge der Geraden ist nicht leer. Jede Gerade ist eine nichtleere Teilmenge der Menge der Punkte.

■ 3 Erschließungsaufgabe: Eine Galerie von Monstern

Sei X eine Menge und $\mathscr{G} \subseteq \mathscr{P}(X)$ eine Menge von Teilmengen von X.

a) Ist $(X, \emptyset, \in)$ eine schwach affine Ebene?

b) Sei $\emptyset \in \mathscr{G}$; ist $(X, \mathscr{G}, \in)$ eine schwach affine Ebene?

c) Für eine zweielementige Menge X bestimme man sämtliche schwach affinen Strukturen $(X, \mathscr{G}, \in)$. [[14]]

Auch die nächste Aufgabe ist eher für Lehrer gedacht. Der Schwerpunkt liegt hier auf der gewissenhaften Abfassung der Lösung; damit sich jedoch für den Aufgabenlöser keine zusätzlichen Schwierigkeiten ergeben, sollte er daran gewöhnt sein, mit Regeln zu arbeiten, die ihm vielleicht willkürlich erscheinen mögen. Bei der Abfassung der Lösung muß größtmögliche Strenge durch die Vermeidung sprachlicher Unsauberkeiten und durch die Angabe aller bei einem Beweisschritt verwendeten Axiome oder vorhergehenden Resultate erstrebt werden. Anfänger sollten einer solchen Askese wohl kaum unterworfen werden; zur geeigneten Zeit sollten aber auch solche Aufgaben im Mathematikunterricht bearbeitet werden.

■ 4 Erschließungsaufgabe

Es soll gezeigt werden, daß jede affine Ebene mindestens 4 Punkte enthält, von denen je drei nicht kollinear sind.

a) Mit Hilfe von A_3 zeige man zunächst die Existenz zweier verschiedener Punkte A und B.
b) Sodann beweise man mit A_1 und A_3 die Existenz eines von A und B verschiedenen Punktes C.
c) Beweise mit A_2 die Existenz einer Parallelen durch C zur Geraden [AB] (bzw. durch B zur Geraden [AC]).

Beweise (vgl. ■ 2 Übung), daß sich die in c) konstruierten Geraden in einem von A, B, C verschiedenen Punkt D schneiden.

Die folgende Aufgabe fällt etwas aus dem Rahmen, da sie keinen Bezug zur affinen Geometrie hat. Zu ihrer Lösung werden aber die gleichen Fähigkeiten gefordert wie in der vorhergehenden Aufgabe ..... ein Fünkchen Witz ist auch mit dabei.

■ 5 Problem

Auf einem Ball hat nicht jeder Herr mit allen Damen getanzt, aber jede Dame hat mit wenigstens einem Herrn getanzt. Man zeige, daß es zwei Paare (d, h) und (d', h') gibt, die miteinander getanzt haben und weder d mit h', noch h mit d' getanzt haben. [[15]]

(Putnam Competition – 1965)

■ 6 Erschließungsaufgabe

Affine und projektive Ebene. Diese Aufgabe ist in gewisser Weise „invers" zu ■ 1 Handlung mit konkretem Material: Ausgehend von einer affinen Ebene wird eine projektive Ebene konstruiert.

Sei $(\mathcal{M}, \mathcal{G}, \in)$ eine affine Inzidenzebene und Δ die Menge der Geradenrichtungen dieser Ebene.

Durch Adjunktion der sog. „*Ferngeraden*" Δ entsteht eine projektive Ebene. Genauer: Die Menge der *Punkte* dieser projektiven Ebene sei $\hat{\mathcal{M}} = \mathcal{M} \cup \Delta$.

Jeder affinen Geraden $G \in \mathcal{G}$ wird durch Adjunktion ihrer Richtung eine „projektive" Gerade $\hat{G}$ zugeordnet. Zu $G \in \mathcal{G}$ existiert eine (eindeutige) Richtung $\delta \in \Delta$ mit $G \in \delta$; wir setzen $\hat{G} = G \cup \{\delta\}$.

$\hat{\mathcal{G}}$ sei die Vereinigung der Menge der $\hat{G}$ und $\{\Delta\}$; d.h. $\hat{\mathcal{G}} = \{\Delta\} \cup \{\hat{G} | G \in \mathcal{G}\}$.

Zeige: $(\hat{\mathcal{M}}, \hat{\mathcal{G}}, \in)$ ist eine projektive Ebene.

Diese Aufgabe bereitet keine besonderen Schwierigkeiten ... wenn man die Definitionen verstanden hat...

■ 7 Handlung mit konkretem Material

Ein anderes Modell der affinen 9-Punkteebene. Bild 3.71 zeigt das noch unvollendete U-Bahnnetz von Affinstadt. In dieser hypermodernen Stadt gibt es 9 Stationen; vier U-Bahnlinien sind schon eingerichtet. Kann das Netz so vervollständigt werden, daß

> durch zwei Stationen genau eine Linie geht, und jede Linie genau drei Stationen verbindet?

Man verifiziere, daß das so gewonnene Modell die Axiome A_1, A_2, A_3 erfüllt und zur affinen Ebene aus ■ 1 Handlung mit konkretem Material isomorph ist. Bestimme die disjunkten Linien, sowie die vier „Richtungen".

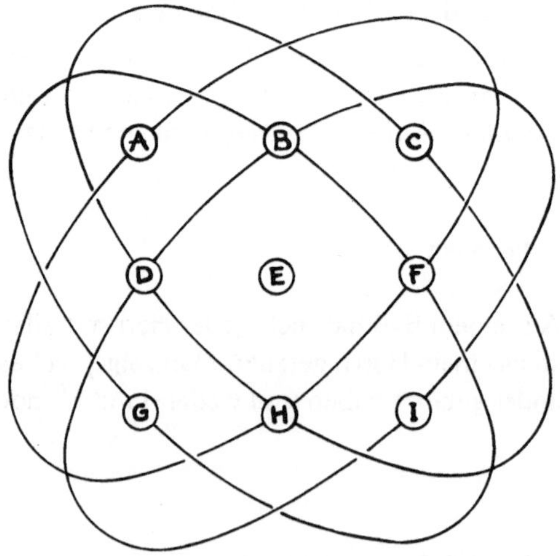

Bild 3.71

Heuristische Bemerkung:

Zunächst könnte man versuchen, die dritte Station auf der A und B verbindenden Linie zu ermitteln; dieser Ansatz wäre jedoch ungeschickt. Die Linie durch diese dritte Station braucht nichts mit den durch A oder B gehenden Linien zu tun haben (nach A_1). Man eliminiert auf diese Weise zwar D, F, G, H, I, doch bleiben unglücklicherweise zwei Möglichkeiten (C, E) offen.

Ein anderer Weg: Wir betrachten zwei Stationen, durch die möglichst viele Linien gehen, z.B. D und F. Die Linie DF muß *notwendig* durch E gehen. Ein analoger Schluß zeigt, daß die Linie BH ebenfalls durch E gehen muß. Nun ist B mit allen Stationen außer A und C verbunden. Somit müssen A, B, C notwendig auf einer Linie liegen. Mit diesen Überlegungen kann das U-Bahnnetz vervollständigt werden.

Die Isomorphie mit dem Modell aus ■ 1 Handlung mit konkretem Material kann leicht gezeigt werden, wenn man etwa A, B, D drei nicht kollineare Punkte p_i (z.B. p_2, p_8, p_6) zuordnet. Aus der Inzidenztabelle geht hervor, daß die Gerade AD der Geraden G_7 entspricht (die p_2, p_6, p_7 enthält); somit ordnet man G den Punkt p_7 zu, etc. ...

In Bild 3.72 sind schematisch die noch zu ergänzenden Linien dargestellt. Vergleicht man diese Figur mit den gegebenen Daten, so erkennt man leicht die Verteilung der 12 Linien auf 4 Richtungen (das sind Mengen von paarweise disjunkten Linien). Ferner sieht man, daß Axiom A_2 erfüllt ist.

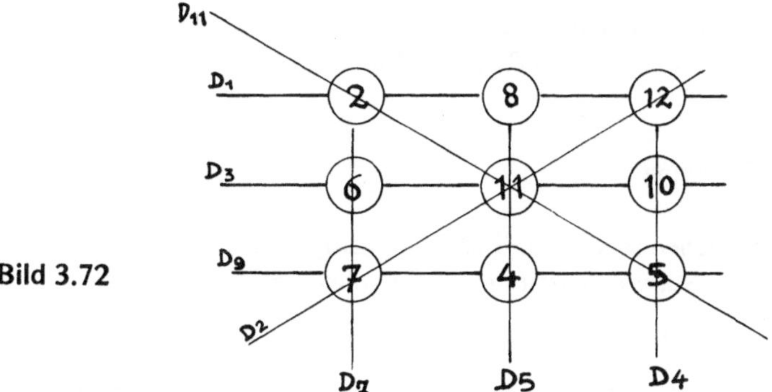

Bild 3.72

Didaktische Bemerkung:

Man sollte den Schülern nicht einfach das vollständige Netz mit 12 Linien vorsetzen und fragen: „Sind die Axiome A_1 und A_2 erfüllt?" – Dies würde die Schüler zur Passivität verleiten. Vielmehr geht es darum, die Axiome funktionieren zu lassen.

Andererseits scheint es übertrieben, Anfängern das genannte Schema rekonstruieren zu lassen. Daher bedienen wir uns einer *bewährten pädagogischen Technik* und lassen das Schema vervollständigen. *Nicht alles* muß neu entwickelt werden, dennoch bleibt Raum für *logische Argumentation* und eigene Initiativen.

Der Pädagoge sollte genau das Maß der mit den Voraussetzungen einer Aufgabe gegebenen Informationen überlegen, um die Aufgabe durch ein Zuviel nicht ihrer bildenden Kraft zu berauben.

Eine gewisse Schwierigkeit bereiten die nicht geraden U-Bahnlinien (z.B. DBI); erst nach mehreren graphischen Versuchen haben sich die elliptischen Formen als optisch gefällig erwiesen; außerdem können die Schüler der so gewonnenen graphischen Darstellung ohne große Mühe die zugrundeliegende Struktur entnehmen.

In der Figur sind den Schülern vier elliptisch dargestellte Linien vorgegeben; sie haben den Auftrag, die übrigen 8 Linien zu rekonstruieren. Die geradlinige Form dieser noch zu zeichnenden Linien „drängt" sich sozusagen dem Auge auf.

Nun möchte man aber, daß die Schüler z.B. die Verbindung DFE aus *logischen Gründen* ziehen und nicht – wie die meisten nur aus ästhetischen Motiven; dadurch würde man das gesetzte pädagogische Ziel verfehlen.

Die Formulierung unseres Problems ist somit nicht zweckrein wie es die Theoretiker des Problemschach ausdrücken (vgl. [4]). Die Vielfalt der Ziele – sagt André Cheron – birgt nicht nur die Gefahr in sich, daß dadurch die Aufgabe für den Aufgabenlöser erleichtert wird, sondern daß er durch einen *Umweg* zum Erfolg gelangt, was natürlich die Zerstörung des erwarteten ästhetischen (– wir fügen hinzu: pädagogischen) Effekts zur Folge hätte.

Es wäre interessant, die Reaktion von Schülern zu beobachten, wenn die Aufgabensituation in einer zur vorhergehenden Figur isomorphen Figur dargestellt wäre, die elliptische und gerade Linien enthält, so daß das Bild möglichst unsymmetrisch wirkt. Die Lösungsfindung wäre dann nicht so stark durch den ästhetischen Eindruck bestimmt. Am Ende der Lösung würde sich sogar eine unerwartete Symmetrie ergeben, wodurch die Aufgabe einen zusätzlichen Reiz erhielte.

■ 8 Übung

Gegeben sei eine zu Bild 3.71 analoge Figur. Sie soll durch weitere Linien, auf denen sich je drei Stationen befinden, so vervollständigt werden, daß A_2 (statt A_1) erfüllt ist.

Didaktische Bemerkung:

Erfahrungsgemäß haben Anfänger beträchtliche Schwierigkeiten, auf Anhieb mit A_1 und A_2 zu arbeiten. Der pädagogische Kunstgriff, zuerst 6. und dann 8. vorzulegen, ermöglicht den *sukzessiven* Einsatz dieser Axiome, bevor die Schüler mit beiden zusammen arbeiten müssen.

■ 9 Handlung mit konkretem Material

Die Darstellung der affinen 9-Punkteebene auf einer Erdkarte

1. Die Darstellung der Erdkugel auf einer Erdkarte ist nicht bijektiv; dennoch sind Erdkarten von großem Nutzen.
   Wie kann man z.B. auf der Karte in Bild 3.73 eine möglichst „schnelle" Flugroute von Neuseeland nach Südamerika, von Australien nach Neuseeland, von Australien nach Südamerika, von Alaska nach Schweden bestimmen?
2. Die affine 9-Punkteebene kann auf der folgenden „Karte" dargestellt werden, wobei gewisse Punkte doppelt auftreten (Bild 3.74).

Bemerkungen:

Auf der o.a. Erdkarte wird der Nordpol durch eine Rechtecksseite dargestellt. Der Route Alaska – Schweden entspricht daher eine nahezu vertikale Strecke von Alaska zum Pol

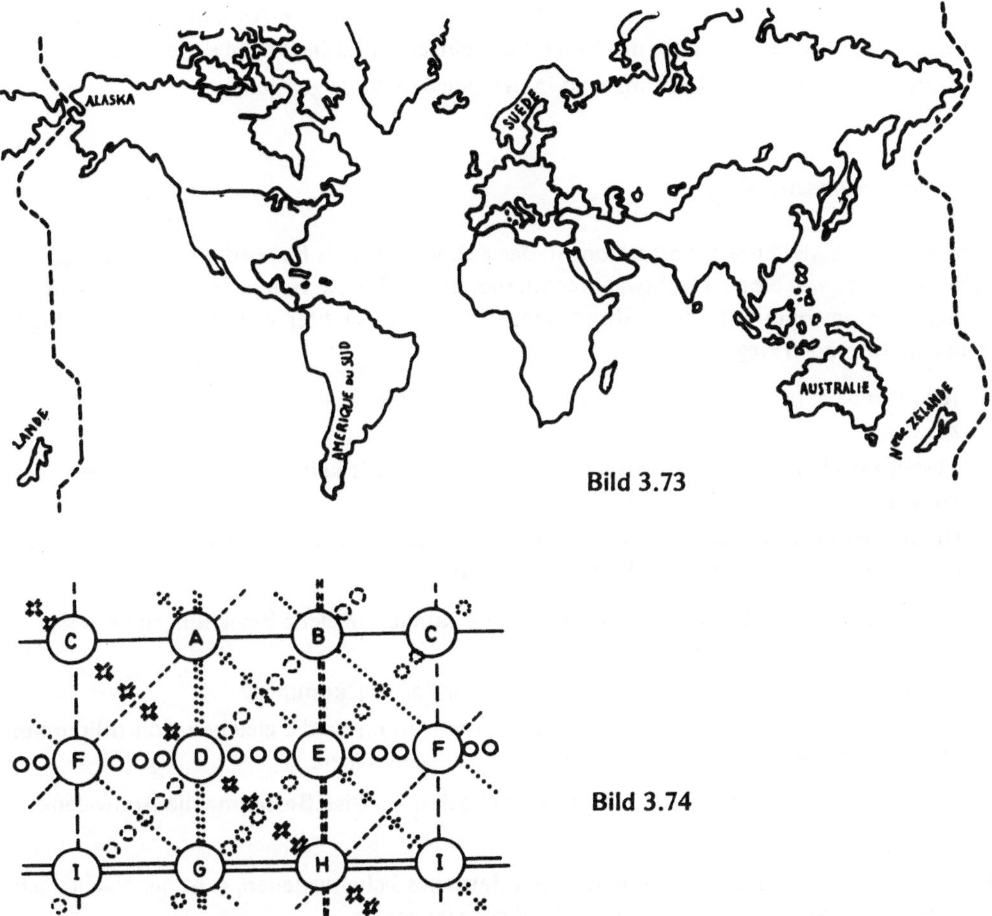

Bild 3.73

Bild 3.74

und eine nahezu vertikale Strecke vom Pol nach Schweden. In Wirklichkeit entspricht dieser Route ein Flug über den Nordpol.

3. Diese Überlegungen bieten eine gute Gelegenheit für eine Zusammenarbeit zwischen Mathematik- und Geographieunterricht.
4. Die Aufgabe kann entsprechend den Bemerkungen auf S. 161 modifiziert werden.

■ 10 Handlung mit konkretem Material

Darstellung der 9-Punkteebene auf dem Torus

Die „Ebene" mit 9 Punkten kann auf einen aufgeblasenen Fahrradschlauch (oder Rettungsring) gezeichnet werden (Bild 3.75) S. 165. Betrachtet man den bemalten Schlauch von oben, so ergibt sich ein Bild wie in Bild 3.75. Das Bild 3.76 vermittelt eine „Ansicht" von unten.

Wird die Seite gegen das Licht betrachtet (oder werden die beiden Ansichten auf Transparentpapier gezeichnet), so kann der Verlauf der einzelnen Linien verfolgt werden. Geraden mit der gleichen Richtung sind in der gleichen Weise gezeichnet.

■ 11 Erschließungsaufgabe

Eine andere Einkleidung der Situation: In der Zeit von 20h bis 8h wird die Bewachung eines Betriebes von einem Nachtwächter übernommen. $P = \{a, b, c, d, e, f, g, h, i\}$ sei die Menge der Kontrollpunkte. Jede Stunde macht der Nachtwächter seine Runde und befolgt dabei die folgenden Regeln:

α) Jede Runde R berührt genau drei Kontrollpunkte, d.h. $R = \{x, y, z\}$ $x \in P$, $y \in P$, $z \in P$.

β) Liegen zwei Kontrollpunkte auf der Runde R, so enthält keine andere Runde diese Punkte.

γ) Durch einen Kontrollpunkt, der nicht auf der Runde R liegt, geht genau eine Runde R', die keinen Kontrollpunkt mit R gemeinsam hat.

I. a) Bestimme die Menge $\mathscr{R}$ der so definierten Runden. Welche Beziehungen bestehen zwischen R, $\mathscr{R}$ und P?

b) Wie oft ist er zum Schluß an jeder Stechuhr vorbeigekommen?

c) Zwei Runden werden als *gleichartig* definiert, wenn sie die gleichen Kontrollpunkte enthalten oder keinen Kontrollpunkt gemeinsam haben.

Zeige, daß diese Relation eine Äquivalenzrelation in $\mathscr{R}$ ist. Bestimme die Äquivalenzklassen.

II. Um eine gleichmäßige Überwachung des Betriebes sicherzustellen, geht der Nachtwächter nacheinander die Runden einer Äquivalenzklasse ab.

a) Nach welcher Zeit kommt der Nachtwächter an jeden Kontrollpunkt?

b) Man stelle einen Rundenplan auf, in dem die folgende Tabelle vervollständigt wird.

P / Nr. der Runde	a	b	c	d	e	f	g	h	i
1	1	1	1						
2 . . . n									

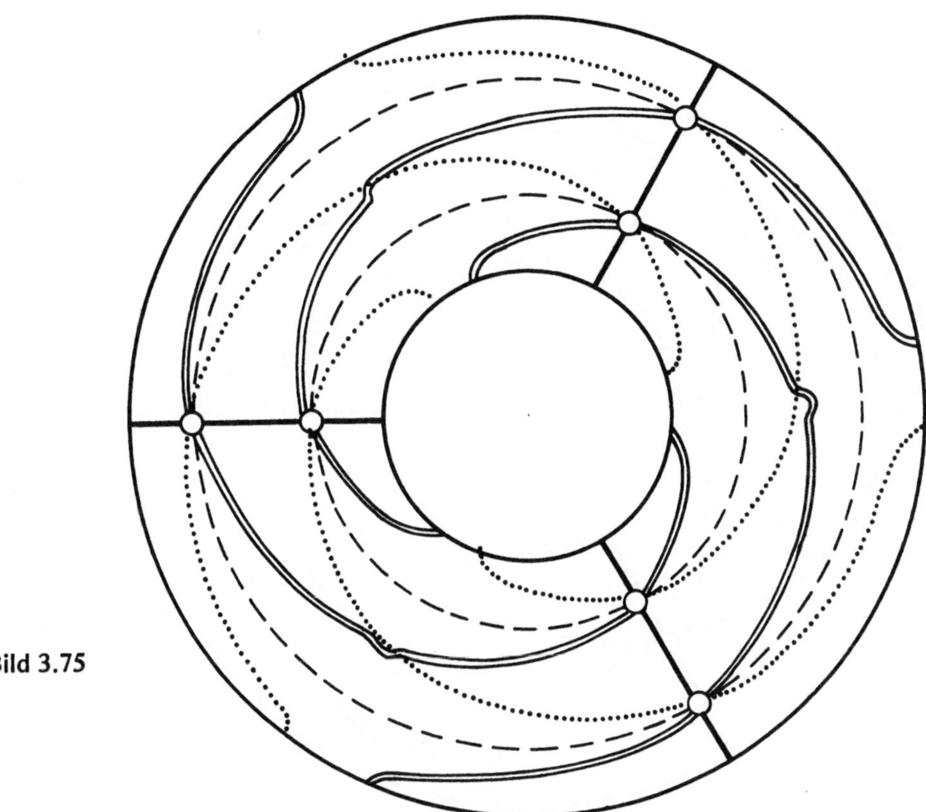

Bild 3.75

III. Entwurf eines Runden-Kontrollgeräts: Jeder Kontrollpunkt wird an einen elektrischen Kontakt angeschlossen (Stechuhr); durch geeignete Verbindung entsprechender Kontrollpunkte werden die „Runden" geschaltet. An den Kontrollpunkten werden die Kontrollen des Nachtwächters automatisch registriert.
Unter Beachtung des Rundenplanes (vgl. ■ 2 Übung) beschreibe man die Funktionsweise der automatischen Registrierung und fertige eine solche Vorrichtung an.

Bemerkung:

Diese Aufgabe enthält eine von mehreren Möglichkeiten, die 9-Punkteebene darzustellen. Insbesondere kann die Definition der „Parallelität" zweier Runden (I.c) in erstaunlicher Weise motiviert werden.

Methoden, mit denen eine endliche Zahl von Aufgaben und Arbeiten so organisiert wird, daß überflüssige Operationen vermieden werden können, werden z.B. in der Statistik genutzt.

In der Theorie der Versuchspläne kommen zwar keine endlichen affinen Ebenen zur Anwendung, sondern orthogonale lateinische Quadrate, doch ist die Analogie erstaunlich.

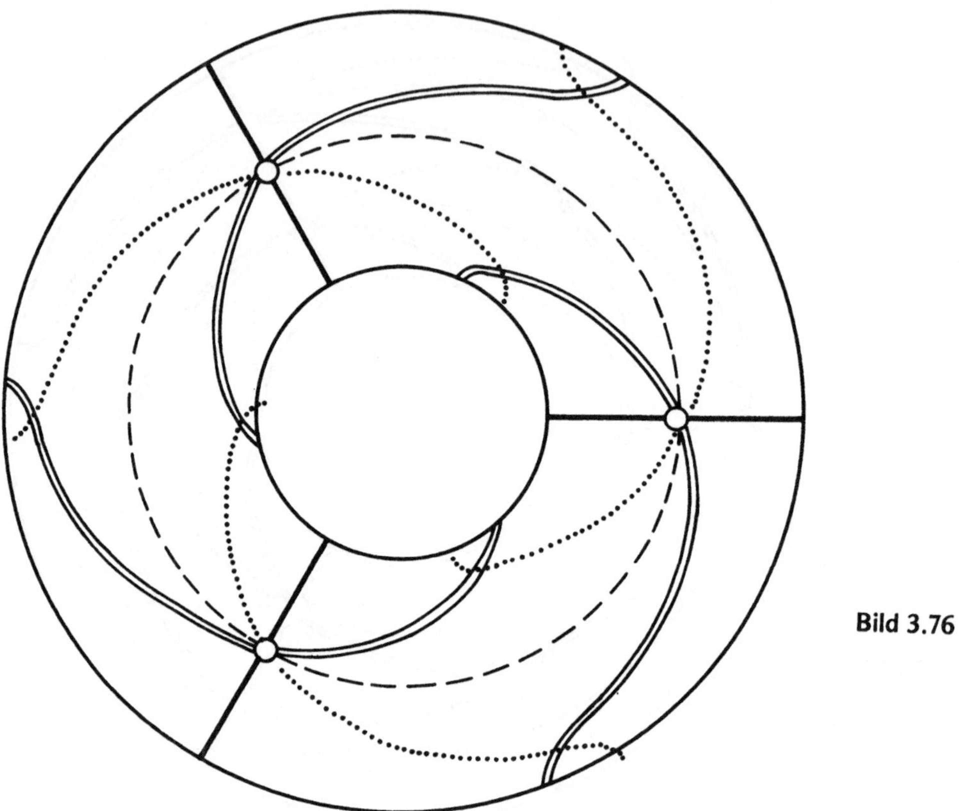

Bild 3.76

■ **12 Anwendung**

Die Annoncen, die eine amerikanische Zeitschrift auf den Seiten 15, 24, 54, 73 anbietet, sind unterschiedlich teuer. Nun soll untersucht werden, ob die Wirksamkeit einer Annonce auch von ihrem Platz innerhalb der Zeitschrift abhängt.
Hierzu wird in den vier Regionalausgaben der Zeitschrift eine Erhebung durchgeführt, in denen Annoncen für vier verschiedene Produkte auf den vier o.g. Seiten untersucht werden. Statt jedoch mit $4^3 = 64$ Parametern zu arbeiten, konstruiert man einen *Versuchsplan,* der mit 16 Verteilungen von Annoncen in der Zeitschrift auskommt. Wie ist das möglich? (Für weitere Einzelheiten sei auf das Buch [10] p. 449–452 verwiesen, dem das Thema dieser Aufgabe entnommen ist.)
Die Einführung der Modelle 1., 7., 8., 9. und 10. ist mit einem nicht geringen Zeitaufwand verbunden: Damit sich diese pädagogischen Bemühungen auszahlen, ist es wünschenswert, daß die Modelle auch in anderen Übungen verwendet werden können. Die folgenden Aufgaben kommen diesem Bedürfnis entgegen.

▪ 13 Problem

Je zwei Punkten A, B einer affinen 9-Punkteebene wird der dritte Punkt m (A, B) ($\neq$ A, B) der Geraden [A, B] zugeordnet.
Wir setzen m (A, A) = A.

a) O, A, B seien drei verschiedene Punkte; man zeige, daß m (O, A) m (O, B) voneinander verschieden sind und die Gerade durch diese Punkte parallel zu [A, B] ist, d. h.:

$$[m(O, A), \quad m(O, B)] \parallel [A, B]$$

b) Man leite hieraus ab, daß die Gerade durch A und m (O, B) parallel zur Gerade durch B und m (O, A) ist.

c), d), e) usw. (vgl. die unten angegebenen Bemerkungen).

Lösung und Bemerkungen:

a) Wir unterscheiden zwei Fälle: Sind die Punkte O, A, B kollinear, so ist die Behauptung trivial.

   Sind die Punkte O, A, B nicht kollinear, so haben die Geraden [O, A] und [O, B] genau den Punkt O gemeinsam. Hieraus folgt m (O, A) $\neq$ m (O, B), da m (O, A) $\in$ [O, A] und m (O, B) $\in$ [O, B] und m (O, A) $\neq$ O.

   Durch m (O, A) legen wir *die* Parallele Δ zu [A, B].

   Es schneiden sich [O, B] und [A, B], also schneiden sich nach A_3 auch [O, B] und Δ.

   Nun gilt $[O, B] \cap \Delta \neq B$ (denn $\Delta \parallel [A, B]$) und $[O, B] \cap \Delta \neq O$ (denn sonst wäre $\Delta = [O, m(O, A)] = [O, A]$, und diese Gerade ist nicht parallel zu [A, B]).

   Somit schneiden sich Δ und [O, B] in m (O, B).

b) Sind die Punkte O, A, B voneinander verschieden, so gilt

$$[A, B] \parallel [m(O, A), m(O, B)].$$

   Sind O, A, B nicht kollinear, so sind die Punkte O, A, m (O, B) voneinander verschieden; hieraus folgt

$$[A, m(O, B)] \parallel [m(O, A), m(O, m(O, B))]$$

   und

$$m(O, m(O, B)) = B.$$

c) Die 9-Punkteebene ist die einzige affine Ebene, in der jede Gerade den Grad 3 hat und daher m (A, B) in obiger Weise definiert werden kann.

In anderen affinen Ebenen kann man den *Mittelpunkt* eines Punktepaares definieren; dieser Begriff stimmt mit dem oben erklärten Begriff überein. Daher kann man in c), d), e) … beliebige Aussagen der affinen Geometrie beweisen lassen, in denen die Begriffe Punkt, Linie, Parallelität und Mittelpunkt vorkommen.

Beispiele. Zeige: Ist m (A, B) = m (C, D), so gilt [AC] ‖ [B, D] (Parallelogrammeigenschaft). Zum Beweis wird a) auf die Punkte A, C, O angewendet, falls diese voneinander verschieden sind.

In b) werden die Seitenhalbierenden des Dreiecks OAB untersucht. In der affinen 9-Punkteebene sind die drei Seitenhalbierenden eines Dreiecks *parallel.*

Man kann auch folgenden Satz beweisen lassen: Die Mittelpunkte eines Vierecks sind die Ecken eines Parallelogramms.

■ 14 Problem

a) In der affinen 9-Punkteebene bestimme man:

α) die Anzahl der Geraden, die Anzahl der durch einen gegebenen Punkt gehenden Geraden, die Anzahl der Richtungen, die Anzahl der Geraden mit einer gegebenen Richtung.

β) die Anzahl der nicht ausgearteten Dreiecke, Vierecke, Parallelogramme.

b) Wie viele Automorphismen besitzt die affine 9-Punkteebene?

Lösung:

a) α) Antwort: 12; 4; 4; 3.

β) Hier sind zwei Begriffe zu unterscheiden: die „numerierten" Dreiecke sind definiert als *Tripel* nicht kollinearer Punkte; die gewöhnlichen Dreiecke sind durch die Menge ihrer Eckpunkte definiert.

Die beiden numerierten Dreiecke ABC und BAC stellen das gleiche gewöhnliche Dreieck dar.

Es gibt $9 \cdot 8 \cdot 6 = 432$ nicht ausgeartete numerierte Dreiecke und $432/6 = 72$ gewöhnliche, echte Dreiecke.

Es gibt $9 \cdot 8 \cdot 6 \cdot 3 = 1296$ numerierte Vierecke und $1296/24 = 54$ gewöhnliche echte Vierecke.

Ein nicht ausgeartetes Parallelogramm ist in eindeutiger Weise durch zwei Paare „paralleler Seitenpaare" definiert. Es gibt somit $4 \cdot 3 \cdot 3 \cdot 3/6 = 108/6 = 18$ nicht ausgeartete Parallelogramme.

b) Antwort: 432 (es gibt genauso viele Automorphismen, wie affine Basen, d. h. nicht ausgeartete Dreiecke).

3.6 Die Verwendung von Koordinaten

3.6.1 Die affine Ebene

■ **1 Erschließungsaufgabe: Wiederholung von Grundtatsachen der analytischen Geometrie**

Ausgehend von einem kommutativen Körper K wird eine affine Inzidenzebene $\mathbf{A_K} = (\mathbf{K}^2, \mathcal{G}, \in)$ konstruiert, wobei $\mathcal{G}$ eine Menge von Teilmengen von $\mathbf{K}^2$ ist; jede Gerade $G \in \mathcal{G}$ wird durch eine Gleichung der folgenden Gestalt definiert:

$$\text{(G)} \quad \boxed{ux + vy + w = 0, \quad \text{wobei} \quad (u, v, w) \in \mathbf{K}^3 \quad \text{und} \quad (u, v) \neq (0, 0).}$$

1. Unter welcher Voraussetzung stellen zwei Gleichungen vom Typ (G) die gleiche Gerade bzw. parallele Geraden dar? Man beachte dabei, daß sich jede Gerade durch eine Gleichung einer der beiden folgenden Typen darstellen läßt:

   $y = mx + p \quad (m, p) \in \mathbf{K}^2$

   oder

   $x = \alpha \qquad \alpha \in \mathbf{K}.$

2. Schreibe die Gleichung einer Geraden auf, die durch zwei verschiedene Punkte geht. Welches Gebilde wird durch die Gleichung

   $$\frac{x}{a} + \frac{y}{b} = 1$$

   dargestellt, wenn a und b von Null verschiedene Elemente von K sind?

3. Verifiziere, daß $\mathbf{A_K}$ eine affine Inzidenzebene ist. Wie kann man algebraisch ausdrücken, daß drei Punkte auf einer Geraden liegen, bzw. daß drei Geraden durch einen Punkt gehen?

   Ist **K** der Körper $\mathbf{Z}_p = \mathbf{Z}/p\mathbf{Z}$ der ganzen Zahlen modulo einer Primzahl p, so schreiben wir $\mathbf{A}_p$ statt $\mathbf{A}_{\mathbf{Z}_p}$.

■ **2 Erschließungsaufgabe: Der erste Strahlensatz (Das sog. Thalesaxiom)**
(Ende des siebten oder sechsten Jahrhunderts v. Chr.)

1. Zeige: Ist G eine Gerade aus $\mathcal{G}$, so ist mindestens eine der beiden Abbildungen

   $$p_1: G \to \mathbf{K}, \quad (x, y) \mapsto x$$

   oder

   $$p_2: G \to \mathbf{K}, \quad (x, y) \mapsto y$$

   eine Bijektion.

Sind p_1 und p_2 Bijektionen, so drücke man p_2 in Abhängigkeit von p_1 und p_1 in Abhängigkeit von p_2 aus.

Eine Bijektion von G in **K** heißt *affine Skala auf* G, wenn sie die Form ap + b mit a, $b \in \mathbf{K}$ $(a \neq 0)$ hat, und p eine der bijektiven Projektionen p_1 oder p_2 ist.

S_G sei die Menge aller affinen Skalen auf G, wenn $a \in \mathbf{K} \setminus \{0\}$ und $b \in \mathbf{K}$ gewählt wird.

2. Zeige:
   a) Ist $\varphi \in S_G$ und $A \in G$, so ist $\varphi - \varphi(A) \in S_G$ („Wechsel des Ursprungs der Skala").
   b) Ist $\varphi \in S_G$ und $k \in \mathbf{K} \setminus \{0\}$, so ist $k \cdot \varphi \in S_G$ („Wechsel der Einheit").
3. Sei δ eine Richtung und G, G′ zwei nicht zu δ gehörende Geraden. Ist p_δ die Parallelprojektion von G′ auf G in Richtung δ, so ist für jede affine Skala φ auf G die Abbildung $\varphi \cdot p_\delta$ eine affine Skala auf G′.

Definition:

$\overline{0}$ bzw. $\overline{1}$ seien die neutralen Elemente von **K** bezüglich Addition bzw. Multiplikation; dann sind zwei Fälle möglich:

1. Es gibt eine natürliche Zahl $n > 0$, so daß

   $$\underbrace{\overline{1} + \overline{1} + \ldots + \overline{1}}_{n \text{ Summanden}} = \overline{0}$$

   In diesem Fall ist n Vielfaches einer festen Primzahl p, die *Charakteristik des Körpers* **K** genannt wird.
2. Für alle natürlichen Zahlen $n > 0$ ist

   $$\underbrace{\overline{1} + \overline{1} + \ldots + \overline{1}}_{n \text{ Summanden}} \neq \overline{0}$$

   In diesem Fall sagt man, daß **K** die Charakteristik 0 hat.

Man kann beweisen: Ist **K** ein endlicher Körper (mit $|\mathbf{K}|$ Elementen), so ist seine Charakteristik von Null verschieden und Teiler von $|\mathbf{K}|$.

Ist die Charakteristik von **K** ungleich 2, so hat $\overline{2} := \overline{1} + \overline{1}$ ein Inverses.

■ 3 Erschließungsaufgabe: Mittelpunkt eines Punktepaares

K sei ein Körper mit einer von 2 verschiedenen Charakteristik.

1. Zeige, daß zu zwei Punkten A, B der affinen Ebene $\mathbf{A_K}$ ein Punkt m (A, B), der sog. *Mittelpunkt von* A, B mit folgenden Eigenschaften, existiert:
   a) Ist G eine Gerade durch A und B, so liegt m (A, B) auf G.
   b) Ist φ eine affine Skala auf G, so gilt

      $\overline{2} \cdot \varphi(m(A, B)) = \varphi(A) + \varphi(B)$.

Man verifiziere, daß der Mittelpunkt unabhängig ist von der Wahl von G (wenn A = B) und der Wahl von φ.

2. Der Mittelpunkt der beiden Paare (x_1, y_1), (x_2, y_2) ist der Punkt mit den Koordinaten (X, Y), wobei

$$X = \mathrm{Inv}(\overline{2}) \cdot (x_1 + x_2)$$
$$Y = \mathrm{Inv}(\overline{2}) \cdot (y_1 + y_2)$$

Inv $(\overline{2})$ ist das zu $\overline{2}$ inverse Element.
Wann gilt m (A, B) = A bzw. m (A, B) = B?

3. Gegeben seien vier Punkte A, B, C, D von $\mathbf{A}_K$; zeige:

$$m(m(A, B), m(C, D)) = m(m(A, C), m(B, D)) = m(m(A, D), m(B, C)).$$

■ 4 Übung: Untersuchung von A_3

Die Ebene $\mathbf{A}_3$ enthält 9 Punkte und 12 Geraden; man gebe sämtliche Geraden von $\mathbf{A}_3$ durch Gleichungen an.
Zeige, daß $\mathbf{A}_3$ zu jeder der in Abschnitt 3.5 vorgestellten affinen 9-Punkteebenen isomorph ist.

Lösung:

Liste von Geradengleichungen:

$$x = \overline{0}; \quad x + \overline{1} = \overline{0}; \quad x + \overline{2} = \overline{0}$$
$$y = \overline{0}; \quad y + \overline{1} = \overline{0}; \quad y + \overline{2} = \overline{0}$$
$$x + y = \overline{0}; \quad x + y + \overline{1} = \overline{0}; \quad x + y + \overline{2} = \overline{0}$$
$$x + \overline{2}y = \overline{0}; \quad x + \overline{2}y + \overline{1} = \overline{0}; \quad x + \overline{2}y + \overline{2} = \overline{0}$$

In jeder Zeile stehen die Gleichungen von drei verschiedenen Geraden mit der gleichen Richtung. In Z_3 gilt natürlich $\overline{2} \cdot \overline{2} = \overline{1}$. Fehlt die Gleichung $\overline{2}x + y = \overline{0}$ in der Liste?

■ 5 Problem

Beweise: Drei verschiedene Punkte (x_1, y_1), (x_2, y_2), (x_3, y_3) von $\mathbf{A}_3$ sind genau dann kollinear, wenn

$$x_1 + x_2 + x_3 = \overline{0}$$

und

$$y_1 + y_2 + y_3 = \overline{0} \qquad [[16]].$$

■ 6 Übung

Was kann man in A_3 über die Schwerlinien eines Dreiecks sagen? [[17]]

■ 7 Übung

Bestimme in A_3 ein nicht ausgeartetes Viereck, das kein Trapez ist. [[18]]

■ 8 Übung: Die 4-Punkteebene A_2

Ausgehend vom Körper Z_2 konstruiert man die 4-Punkteebene $(Z_2)^2$. Sie enthält 6 Geraden mit den folgenden Gleichungen:

$$x = \bar{0} \qquad x = \bar{1}$$
$$y = \bar{0} \qquad y = \bar{1}$$
$$x + y = \bar{0} \qquad x + y = \bar{1}$$

Die Geraden stimmen mit den Paaren von Punkten aus $(Z_2)^2$ überein. Jede Richtung besteht aus zwei komplementären Paaren. Jede Bijektion von A_2 in A_2 ist eine affine Abbildung.

Didaktische Bemerkung:

Die 4-Punkteebene ist das einfachste Modell einer endlichen affinen Ebene. Lehrer, die zwar ihrem Unterricht eine polykonkrete Pädagogik zugrunde legen wollen, könnten aus Furcht, mit dem Modell A_3 zu viel Zeit zu „verlieren" in die Versuchung geraten, neben der gewöhnlichen Zeichenebene nur A_2 zu erörtern. Nach unserer Auffassung wäre dies ein großer pädagogischer Fehler; wir geben drei Gründe dafür an.

1. Die Ebene A_2 enthält keinerlei, für die affine Geometrie typische Situationen: Der Begriff der Geraden (jede Gerade enthält genau 2 Punkte) und der Parallelenbegriff sind in diesem Modell recht „arm". Da Z_2 die Charakteristik 2 hat, kann in A_2 der Begriff des Mittelpunkts zweier Punkte nicht definiert werden. In A_2 gibt es nichts Merkwürdiges zu betrachten ... es passiert nichts.
2. In der Ebene A_3 gibt es 84 Punktetripel, von denen nur 12 Geraden bilden; es gibt 9! = 362 880 Bijektionen von A_3 – unter diesen sind nur 432 Isomorphismen.
   Demgegenüber bildet jedes Punktepaar von A_2 eine Gerade; sämtliche 4! = 24 Bijektionen sind geradentreu; somit bietet die Geometrie in A_2 keine Anlässe zur Begriffsdiskrimination. Bei den schwächeren Schülern kann es gar zu einer Konfusion der Begriffe kommen.
3. Werden neben der reellen affinen Geometrie auch die Räume A_p untersucht, so wird damit die *Aussagekraft der Sprache der Geometrie* deutlich.

Die interessantesten Sätze der reellen affinen bzw. reellen projektiven Geometrie führen im Kontext der endlichen Geometrie zu erstaunlichen Resultaten, die einzig durch Analogie nahegelegt werden. Außerdem lassen sich die entsprechenden Sätze im finiten Fall nur durch die Verwendung geometrischer Ausdrücke leicht formulieren. Mitunter gelten Sätze der reellen affinen (projektiven) Geometrie in gewissen Geometrien A_p nicht ... doch können diese Sätze dann zum Ausgangspunkt interessanter Untersuchungen in den betreffenden Geometrien gemacht werden. Beispiel: in A_3 sind die drei Seitenhalbierenden eines Dreiecks ... parallel!

Sehr bald schon sollte man die Schüler die Fruchtbarkeit des Transfers erfahren lassen; es bietet sich da eine gute Gelegenheit zur Motivation der Abstraktion als Instrument der Entdeckung an. Eine Übertragung der „Perlen" der reellen Geometrie auf A_2 ist fast immer unmöglich (da es in A_2 zu wenig Punkte gibt und man nicht sinnvoll von Mittelpunkten sprechen kann usw.).

In den übrigen Fällen liefert die Übersetzung von Sätzen in das Modell A_2 Banalitäten. Man erhält dann triviale Aussagen über Mengen, die hochtrabend klingen, wenn man sie geometrisch formuliert; auf diese Weise wird der Pedanterie Vorschub geleistet.

■ 9 Übung

Verifiziere, daß die folgende Aussage im o. g. Sinn „aufgebläht" ist. (Was kann man wohl mit einem Dreieck in einer 4-Punkteebene anfangen?)

Die drei Geraden durch die Ecken eines Dreiecks in A_2, die parallel zur jeweiligen Gegenseite sind, schneiden sich in einem Punkt. Wenn indessen genügend viele Beispiele verschiedenartiger affiner Ebenen angeboten worden sind, so ist es nicht unnütz, auf das triviale Beispiel A_2 *hinzuweisen.*

Diesem Beispiel kommt eine analoge Rolle zu, wie der *Null* in der Arithmetik, der leeren Menge in der Mengenlehre, den nulldimensionalen Vektorräumen in der linearen Algebra usw.

Dies sind Schlußsteine von Theorien, ohne die diese Theorien nicht so einfach zu formulieren wären. Allerdings dient nicht selten ein banales Beispiel zur Konstruktion interessanterer Beispiele.

■ 10 Übung

Man erweitere durch Adjunktion einer Ferngeraden (vgl. ■ 6 Erschließungsaufgabe, S. 159) die Ebene A_2 zu einer projektiven Ebene. Es ergibt sich die Fanoebene mit 7 Punkten.

3.6.2 Andere endliche affine Geometrien

■ **1 Erschließungsaufgabe**

1. Der Ring $Z_n = Z/nZ$ ist genau dann ein Körper, wenn n Primzahl ist. Warum?
2. Kann man auf $(Z_6)^2$ in ähnlicher Weise eine (36 punktige) affine Ebene konstruieren wie auf $(Z_p)^2$? [[19]]

Neben Z_p gibt es noch andere endliche Körper. Evariste Galois (1811–1832) hat alle diese Körper angegeben: Zu jeder Primzahlpotenz p^n ($n > 1$, $n \in \mathbb{N}$) existiert (bis auf Isomorphie) genau ein endlicher Körper mit p^n Elementen (häufig wird ein solcher Körper als *Galoisfeld* bezeichnet). Wir beschränken uns auf die Untersuchung der Galoisfelder mit 9 und 4 Elementen.

■ **2 Test: Der Körper** G (9) **mit 9 Elementen**

1. Verifiziere: In Z_3 ist die Gleichung $X^2 + 1 = 0$ nicht lösbar.
2. Man nehme die Konstruktion des Körpers der komplexen Zahlen aus $\mathbb{R}$ zum Ausgangspunkt, um von Z_3 ausgehend einen Körper mit 9 Elementen zu erhalten.

Lösung:

Man könnte in $(Z_3)^2$ Operationen betrachten, bei denen das Quadrat von $i = (\overline{0}, \overline{1})$ additiv invers zu $(\overline{1}, \overline{0})$ ist; sodann arbeite man mit Ausdrücken der Form a + bi weiter.

Man kann auch die Menge der Matrizen

$$\begin{pmatrix} a & b \\ -b & a \end{pmatrix} \quad \text{mit} \quad (a, b) \in (Z_3)^2 \qquad \text{betrachten.}$$

Oder: Konstruktion des Quotientenrings von $Z_3\,[X]$, d.h. den Polynomen einer Unbestimmten mit Koeffizienten in Z_3, nach dem durch $X^2 + \overline{1}$ erzeugten Hauptideal (d.h. den Vielfachen von $X^2 + \overline{1}$ in $Z_3\,[X]$).

Diese Aufgabe kann im Anschluß an die Untersuchung der Konstruktion des Körpers der komplexen Zahlen als Test dienen.

Bemerkung: In Z_5 ist die Gleichung $X^2 + \overline{1} = 0$ lösbar.

■ **3 Test: Der Körper** G (4) **mit 4 Elementen** (*1. Darstellung*)

Zeige, daß man auf einer vierelementigen Menge $\{0, 1, \alpha, \beta\}$ eine Körperstruktur definieren kann. Dazu vervollständige man die beiden Verknüpfungstafeln in Bild 3.77 für die Addition und Multiplikation im Körper.

Könnte man als Additionstafel auch die von Z_4 benutzen (man denke an die Charakteristik)?

Additionstafel

$+$	$\overline{0}$	$\overline{1}$	α	β
$\overline{0}$	$\overline{0}$		α	
$\overline{1}$	$\overline{1}$	$\overline{0}$		
α			$\overline{0}$	
β				$\overline{0}$

Multiplikationstafel

$\times$	$\overline{0}$	$\overline{1}$	α	β
$\overline{0}$	$\overline{0}$		$\overline{0}$	
$\overline{1}$				
α		α		
β			$\overline{1}$	

Bild 3.77

■ **4 Erschließungsaufgabe: Der Körper** G (4) **mit 4 Elementen** (*2. Darstellung*)

Wir betrachten die folgenden Matrizen I, α, β mit Koeffizienten in Z_2:

$$I = \begin{pmatrix} \overline{1} & \overline{1} \\ \overline{0} & \overline{1} \end{pmatrix} \qquad \alpha = \begin{pmatrix} \overline{0} & \overline{1} \\ \overline{1} & \overline{1} \end{pmatrix} \qquad \beta = \begin{pmatrix} \overline{1} & \overline{1} \\ \overline{1} & \overline{0} \end{pmatrix}$$

1. Zeige, daß bzgl. der Matrizenaddition und -multiplikation die Matrizen $xI + y\alpha$ mit $(x, y) \in (Z_2)^2$ einen Körper mit 4 Elementen bilden (man bemerkt, daß $\beta = \alpha + I$). Zeige, daß α und β Nullstellen eines (in Z_2 irreduziblen) Polynoms vom Grad 2 sind. Berechne

   $$(xI + y\alpha) \cdot (xI + y\beta).$$

2. Zeige: Die Abbildung $z = xI + y\beta \mapsto z' = xI + y\alpha$ ist ein Körperautomorphismus, der nicht durch eine algebraische Formel definiert werden kann (d.h. z' läßt sich nicht durch einen rationalen Ausdruck in z ausdrücken).

■ **5 Erschließungsaufgabe**

1. Es existiert eine affine Ebene mit 81 Punkten (vom Grad 10) und 90 Geraden (vom Grad 9).
2. Zeige, daß es in dieser Ebene $81 \cdot 80 \cdot 72$ nicht kollineare Punktetripel gibt. Es gibt $81 \cdot 80 \cdot 72$ Automorphismen dieser Ebene.
3. Zeige, daß in der affinen Ebene $(\mathbf{G}(9))^2$ (vgl. 2. Test) die Abbildung f, die jedem Punkt mit den Koordinaten

   $$(z_1, z_2) = (x + iy, x' + iy') \quad \text{mit} \quad (x, y, x', y') \in (\mathbf{Z}_3)^4$$

   den *konjugierten* Punkt mit Koordinaten $(x - iy, x' - iy')$ zuordnet, zwar geradentreu, aber keine affine Abbildung ist [$f(z_1, z_2) - f(a, b)$ ist keine lineare Funktion von

$(z_1 - a, z_2 - b)]$. Leite daraus ab, daß es $81 \cdot 80 \cdot 72 \cdot 2$ Automorphismen der Inzidenzstruktur gibt.

Wir verweisen auf [6] und [14].

■ 6 Erschließungsaufgabe

1. Es existiert eine affine Ebene mit 16 Punkten (vom Grad 5) und 20 Geraden (vom Grad 4).
2. In dieser Ebene sind die Diagonalen eines Parallelogramms parallel!
3. Zeige, daß es in dieser Ebene $16 \cdot 15 \cdot 11$ Automorphismen der affinen Struktur und $16 \cdot 15 \cdot 11 \cdot 2$ Automorphismen der Inzidenzstruktur gibt.

Lösung:

Zur Lösung von 2. kann man sich (durch Wechsel der Koordinaten) auf das Parallelogramm beschränken, dessen Ecken die Koordinaten

$$(o, o), \quad (o, b), \quad (a, o), \quad (a, b) \qquad \text{mit} \qquad a, b \in \mathbf{G}(4)$$

besitzen.

Da $\mathbf{Z}_2$ und $\mathbf{G}(4)$ die Charakteristik 2 haben, sind die Vektoren mit Komponenten $(-a, b)$ und $(-a, -b)$ parallel. Intuitiv würde man schließen: Wenn sich die Diagonalen schneiden, dann in ihrem Mittelpunkt ... es gibt aber keinen Mittelpunit der Diagonalen.

■ 7 Problem

In welchen affinen Räumen $\mathbf{A_K}$ kann die Fano-Konfiguration mit „echten" Geraden gezeichnet werden?

Lösung:

Die Fano-Konfiguration kann kurz so beschrieben werden: Sie enthält ein Dreieck ABC; eine Gerade schneidet die Dreiecksseiten in den Punkten A', B', C' und die drei Geraden [AA'], [BB'], [CC'] schneiden sich in einem siebten Punkt. Diese beiden Bedingungen lassen sich durch die Beziehung von Menelaus und Ceva ausdrücken.

Menelaus: $\overline{A'B} \cdot \overline{C'A} \cdot \overline{B'C} + \overline{A'C} \cdot \overline{C'B} \cdot \overline{B'A} = o$

Ceva: $\overline{A'B} \cdot \overline{C'A} \cdot \overline{B'C} - \overline{A'C} \cdot \overline{C'B} \cdot \overline{B'A} = o$

Diese beiden Relationen sind offensichtlich nur dann miteinander verträglich, wenn der Körper K die Charakteristik 2 hat. (Insbesondere kann somit die Fano-Konfiguration im $\mathbb{R}^2$ nicht mit echten Linien gezeichnet werden.)

Die Ebene $\mathbf{A}_2$ hat nur 4 Punkte. Aber alle anderen Körper der Charakteristik 2, d.h. $G(2^n)$ liefern eine genügend „große" Ebene $\mathbf{A}_{G(2^n)}$, um die projektive Fanoebene mit 7 Punkten dort einzubetten. Insbesondere läßt sich dies auf mehrere Arten in der affinen Ebene mit 16 Punkten erreichen: Mit Hilfe von Koordinaten kann man 7 geeignete Punkte bestimmen.

3.6.3 Die Pappus-Konfiguration (Ende des 3. Jahrhunderts)

K sei ein Körper; eine affine Inzidenzebene heißt *affine* K-*Ebene,* wenn sie isomorph zu A_K ist (I.1). Eine *projektive* K-*Ebene* wird durch Adjunktion einer Ferngeraden gewonnen (vgl. Abschnitt 3.5.2, ■ 6 Erschließungsaufgabe).

■ **1 Erschließungsaufgabe**

G und G′ seien zwei sich schneidende Geraden einer affinen K-Ebene. Ferner seien vier verschiedene Punkte gegeben, wobei A_1, A_2, A_3 auf G und B_1 auf G′ liegt (Bild 3.78).
Die Parallele durch A_1 zu $[B_1 A_3]$ (bzw. durch A_1 zu $[B_1 A_2]$) schneidet G′ in B_3 (bzw. B_2).
Beweise: Die Geraden $[A_2 B_3]$ und $[A_3 B_2]$ sind parallel. [[20]]

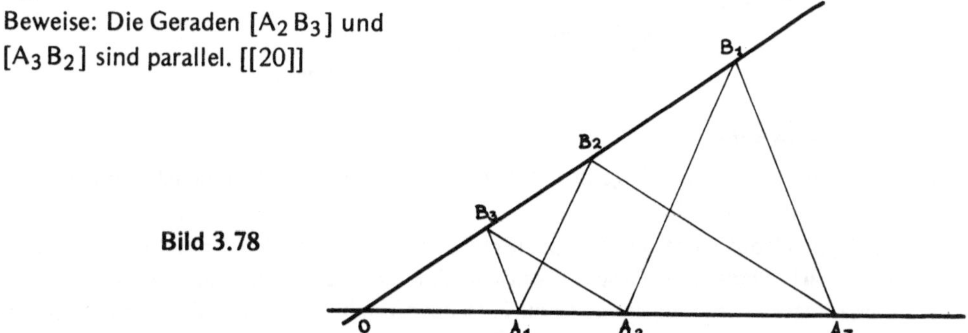

Bild 3.78

■ **2 Erschließungsaufgabe: Der Satz von Pappus**

G und G′ seien zwei verschiedene Geraden einer projektiven K-Ebene; A_1, A_2, A_3 seien drei verschiedene Punkte auf G und B_1, B_2, B_3 seien drei verschiedene Punkte auf G′ (Bild 3.79).
C_K sei der Schnittpunkt der Geraden $[A_i B_j]$ und $[A_j B_i]$; (i, j, k) ist dabei eine Permutation von (1, 2, 3).
Beweise: Die drei Punkte C_1, C_2, C_3 sind kollinear.
Lösung: Wird die projektive K-Ebene durch Adjunktion der Ferngeraden $[C_1 C_2]$ zu einer affinen K-Ebene gewonnen, so reduziert sich das Problem auf die vorherige Erschließungsaufgabe.
Ist K der Körper der rellen Zahlen, so erkennt man in Bild 3.79 die perspektive Zeichnung von Bild 3.78.
C_1, C_2, C_3 sind die sog. *Fluchtpunkte* der Geraden $[A_2 B_3]$, $[A_1 B_2]$, $[A_3 B_1]$ auf der *Horizont-Geraden.*
Die erhaltene Figur ist ein reguläres Inzidenzmodell mit 9 Punkten und 9 Geraden (jeweils vom Grad 3) und heißt *Pappus-Konfiguration.*

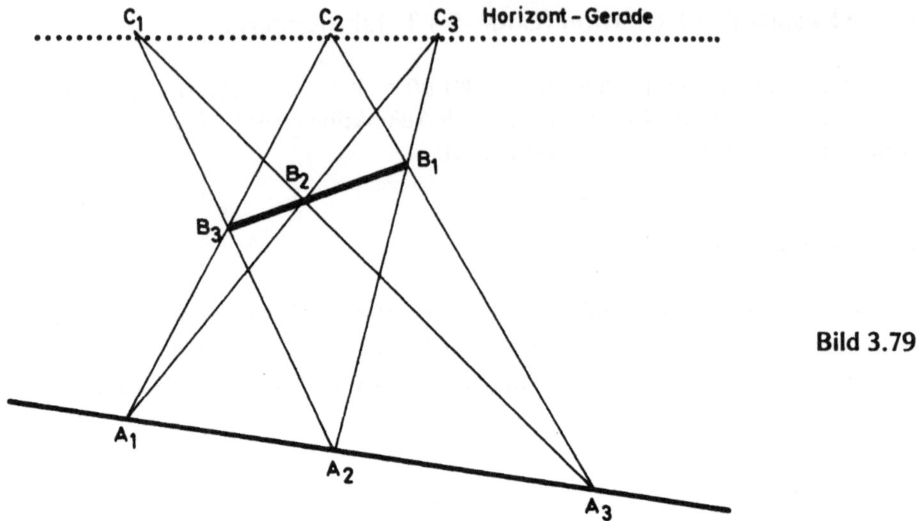

Bild 3.79

Heuristische Bemerkung:

Im Satz von Pappus wird eine Eigenschaft formuliert, die invariant bezüglich der *projektiven Gruppe* ist (vgl. [6] und [3]).

Wird eine Pappus-Konfiguration einer projektiven oder perspektiven Abbildung unterworfen, so ergibt sich wieder eine Pappus-Konfiguration. Die Beweismethode von ■ 2 Erschließungsaufgabe ist ein allgemeines heuristisches Verfahren, die sog. Reduktion auf eine *kanonische Form:* Um zu zeigen, daß eine Eigenschaft invariant bzgl. einer bestimmten Gruppe von Abbildungen ist, transformiere man die Situation in einen speziellen Fall, an dem – evtl. unter Ausnützung weiterer Informationen – die Invarianz leichter zu beweisen ist. Im vorliegenden Fall fungiert ■ 1 Erschließungsaufgabe als kanonische Form und kann leicht im Rahmen der affinen Geometrie (Thales-Axiom) bewiesen werden.

Das Verfahren kann auch zum Beweis eines anderen Satzes von Pappus angewandt werden: Jede Diagonale eines vollständigen Vierecks wird durch die beiden anderen Diagonalen harmonisch geteilt. Kanonische Form ist hier das Parallelogramm.

Das Wiedererkennen von Formen

In den folgenden Aufgaben soll das Wiedererkennen von Pappus-Konfigurationen in verschiedenen Figuren geübt werden.

■ 3 Problem

Man zeige, daß die Pappuskonfiguration selbstdual (vgl. Abschnitt 3.2.3, ■ 3 Übung) ist.

Zur Lösung des Problems genügt es, zwei „Exemplare" der Pappuskonfiguration zu betrachten (Bild 3.80) und die 9 Punkte und 9 Geraden so zu bezeichnen, daß je zwei Punkten, die in der einen Figur durch eine Gerade verbunden sind, zwei sich schneidende Geraden der zweiten Figur zugeordnet sind und umgekehrt.

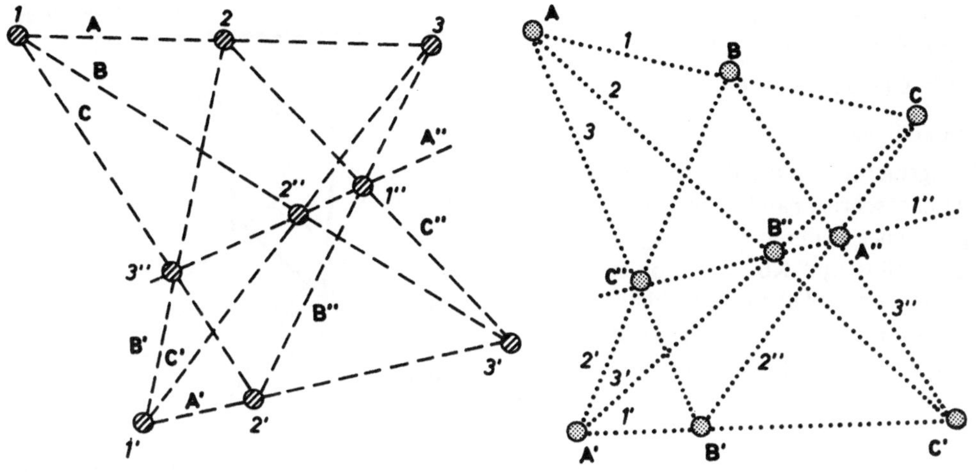

Bild 3.80

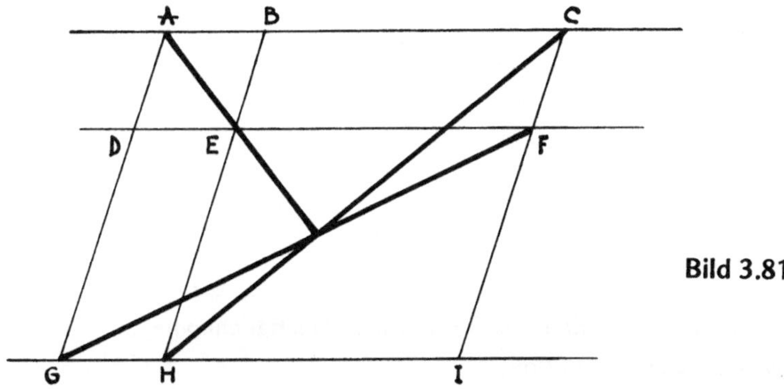

Bild 3.81

■ 4 Problem

Bild 3.81 enthält zwei Tripel paralleler Geraden. Man zeige, daß sich die Diagonalen der Parallelogramme in einem Punkt schneiden.

Anmerkung

O_1, O_2 seien die Punkte der Ferngeraden, die die Richtungen von [AC] und [AG] darstellen.

Wir zeichnen Bild 3.81 erneut, nur wird diesmal die Ferngerade „auf das Zeichenblatt geholt" (Bild 3.82).

In dieser Zeichnung erkennt man die Pappus-Konfiguration. Nun wird der Satz von Pappus auf die Punkte O_1, G, H von $[O_1 I]$ und O_2, C, F von $[O_2 I]$ angewendet: Die drei Punkte

- Schnittpunkt von [CH] und [FG]
- $[O_1 F] \cap [O_2 H] = \{E\}$
- $[O_1 C] \cap [O_2 G] = \{A\}$

sind kollinear.

Wohlgemerkt – in der Praxis kann der Zwischenschritt, nämlich die Anfertigung einer weiteren Zeichnung, um die „gewünschte" Konfiguration zu erhalten, unterbleiben. Allmählich gewöhnt man sich daran, sie in den entsprechenden Situationen zu „sehen".

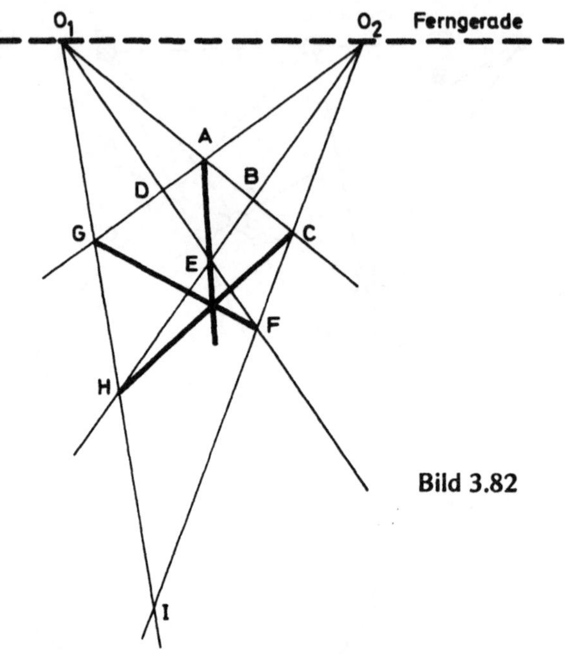

Bild 3.82

■ 5 Problem

Konstruiere Bild 3.79 für den Fall, daß einer der 9 Punkte im Unendlichen liegt.
Man entwerfe eine Aufgabe zu dieser Situation.

Beispiel:

ABCD sei ein Trapez, wobei [AB] parallel zu [CD] ist. L sei ein Punkt der Geraden [AD] und M ein Punkt von [BC]. I sei der Schnittpunkt von [CL] mit [AM] und J der Schnittpunkt von [BL] mit [DM].
Zeige: [IJ] ist parallel zu [AB] und [CD].

■ 6 Problem

Die vorhergehenden Aufgaben sind in dem Sinne *statisch,* als die Daten fest gegeben sind. Man erhält leicht verschiedene *dynamische* Aufgaben, wenn gewisse der Daten fixiert und die anderen als *Parameter* aufgefaßt werden, denen bestimmte Nebenbedingungen auferlegt sind.
Man stelle solche „dynamischen" Probleme zusammen.

■ **7 Beispiel**

Gegeben sei ein Dreieck ABC. Auf [BC] liege der Punkt A'. Wir betrachten ein veränderliches Dreieck A'B'C', dessen Ecken B' und C' auf *festen* Geraden durch A' liegen und [B'C'] durch A geht. Man bestimme die Menge der Schnittpunkte der Geraden [BB'] und [CC'].

■ **8 Beispiel**

A, B, C seien drei verschiedene kollineare Punkte einer affinen **K**-Ebene. Durch B gehen die beiden festen (von [AB]) verschiedenen Geraden G_1 und G_2; durch A sowie durch B gehen zueinander parallele, in ihrer Richtung veränderliche Geraden, die G_1 und G_2 in I und J schneiden.
Zeige: Sämtliche Geraden durch I und J gehen durch einen festen Punkt.

Heuristische Bemerkung:

Eine der Geraden G, G' der Pappus-Konfiguration kann Ferngerade sein ... [[21]].

■ **9 Problem**

Häufig begegnet man beim Zeichnen der folgenden Situation: Man hat einen Punkt P und zwei Geraden, die sich außerhalb des Zeichenblatts im Punkt R schneiden (Bild 3.83). Mit dem Lineal soll die Gerade [PR] konstruiert werden. [[22]]

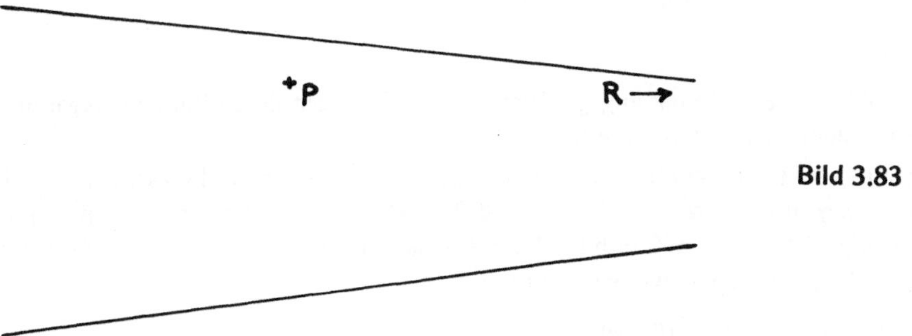

Bild 3.83

3.6.4 Der Satz von Desargues

Man nennt zwei Dreiecke ABC und A'B'C' einer projektiven (bzw. affinen) Inzidenzebene in *perspektiver Lage* (kurz: perspektiv), wenn sich die Geraden [AA'], [BB'], [CC'] in einem Punkt schneiden (bzw. sich in einem Punkt schneiden oder parallel sind). Der Schnittpunkt der Geraden heißt – falls er existiert – *Perspektivitätszentrum.*

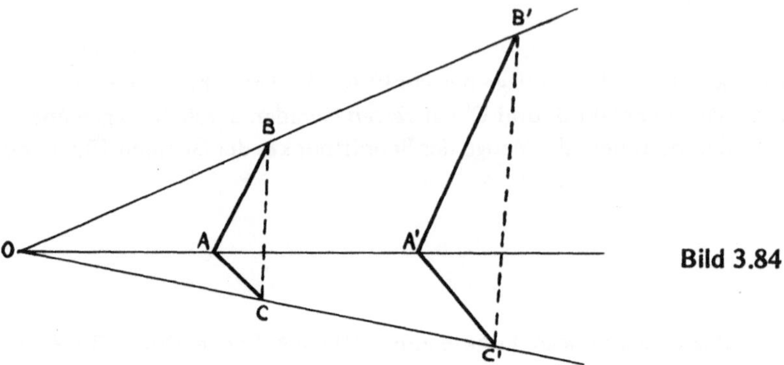

Bild 3.84

■ 1 Übung

ABC und $A'B'C'$ seien perspektive Dreiecke einer affinen K-Ebene (Bild 3.84). Wenn [AB] zu [A'B'] parallel und [BC] zu [B'C'] parallel ist, so ist [AC] zu [A'C'] parallel.

Diese Aussage folgt unmittelbar aus Eigenschaften der zentrischen Streckung (bzw. Translation).

■ 2 Erschließungsaufgabe: Der Satz von Desargues (1593–1661)

ABC und $A'B'C'$ seien zwei Dreiecke einer projektiven K-Ebene. Genau dann sind die beiden Dreiecke in perspektiver Lage, wenn die Schnittpunkte entsprechender Seiten ($\{A''\} := [BC] \cap [B'C']$, $\{B''\} := [CA] \cap [C'A']$, $\{C''\} := [AB] \cap [A'B']$) auf einer Geraden liegen; diese Gerade heißt *Perspektivitätsachse.*

Erste Lösung:

Die Dreiecke ABC, $A'B'C'$ in der angegebenen Lage heißen homolog. Eine sehr elegante Lösung des Problems erhalten wir wie folgt:

I sei der Schnittpunkt der Geraden [AA'], [BB'], [CC']. Es gibt von Null verschiedene Zahlen $\alpha, \alpha', \beta, \beta', \gamma, \gamma'$ mit $I = \alpha A + \alpha' A' = \beta B + \beta' B' = \gamma C + \gamma' C'$ und $\alpha + \alpha' = \beta + \beta' = \gamma + \gamma' = 1$. Hieraus folgt $\beta B - \gamma C = \gamma' C' - \beta' B'$. Ist $\beta \neq \gamma$ dann ist auch $\beta' \neq \gamma'$ und die Geraden BC und $B'C'$ schneiden sich in A_1. Wir erhalten

$$\beta B - \gamma C = \gamma' C' - \beta' B' = (\beta - \gamma)\, A_1$$

In analoger Weise ergibt sich

$$\gamma C - \alpha A = (\gamma - \alpha)\, B_1$$
$$\alpha A - \beta B = (\alpha - \beta)\, C_1$$

Addition der drei Gleichungen liefert

$$(\beta - \gamma)\, A_1 + (\gamma - \alpha)\, B_1 + (\alpha - \beta)\, C_1 = \vec{0},$$

d.h. A_1, B_1, C_1 sind kollineare Punkte.

Bemerkung:

Im dreidimensionalen affinen Raum besitzt das Problem für nicht komplanare Dreiecke ABC und A'B'C' eine sehr einfache Lösung: Die Punkte A_1, B_1, C_1 liegen hier auf der Schnitt*geraden* der Ebenen ABC und A'B'C'.

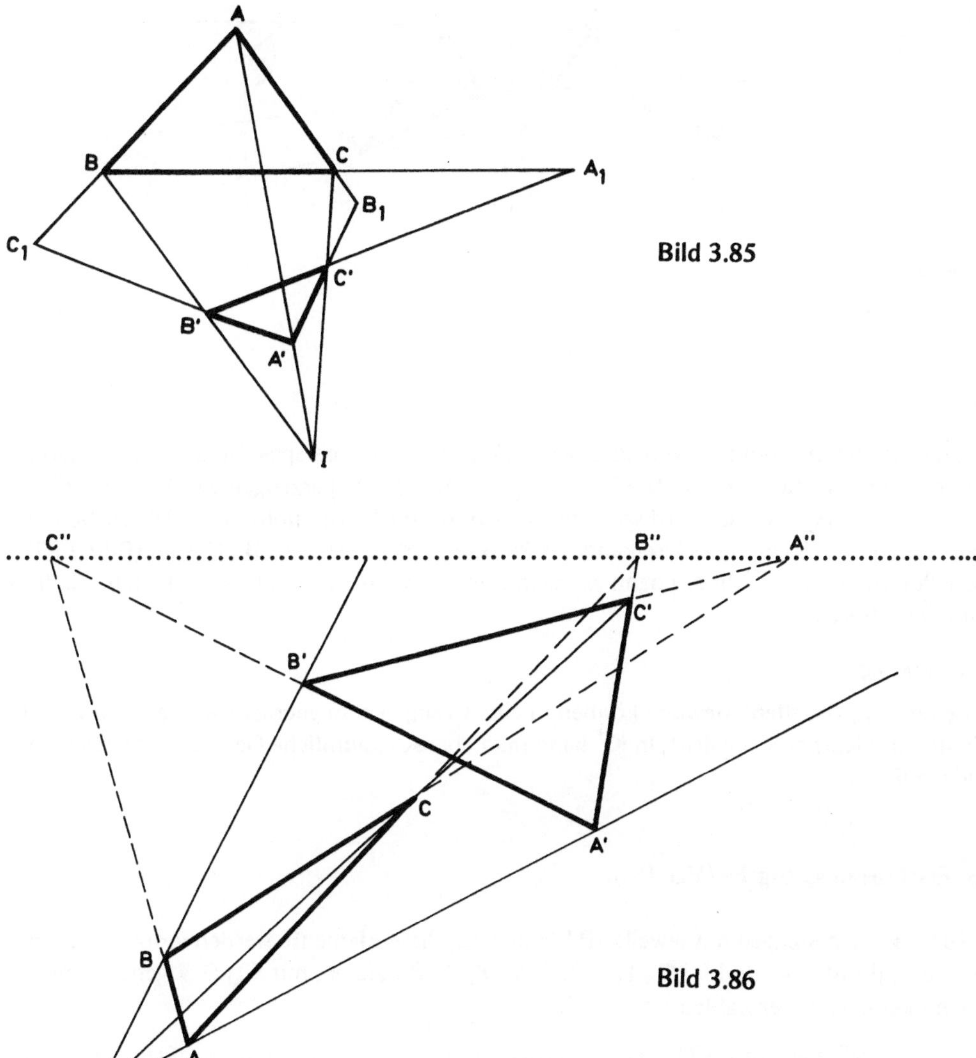

Bild 3.85

Bild 3.86

Zweite Lösung:

In der Figur zum Satz von Desargues (Bild 3.86) erkennt man die perspektive Zeichnung von Bild 3.84.

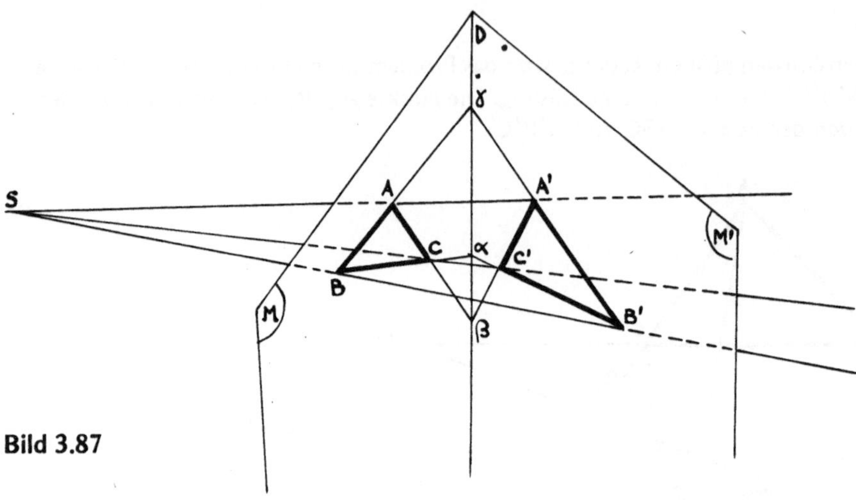

Bild 3.87

Dritte Lösung:

In der Zeichnung zum Satz von Desargues erkennt man die perspektive Lage von Figuren im dreidimensionalen Raum. Die Geraden [OA], [OB], [OC] erzeugen ein Dreikant mit Spitze O. Dieses Dreikant wird von den Ebenen M und M′ geschnitten, so daß die Schnittpunkte auf den Kanten des Dreikants die Punkte A, B, C bzw. A′, B′, C′ sind (Bild 3.87). Die Punkte A″, B″, C″ liegen dann auf dem Bild des Schnittes von M und M′, d.h., sie liegen auf einer Geraden.

Bemerkung:

Die beiden „visuellen" Beweise können in eine strenge Form gebracht werden – wie auch immer der Körper **K** aussieht; in $\mathbf{K}^3$ kann man ebenso „räumliche Geometrie" betreiben wie in $\mathbb{R}^3$ ...

■ **3 Erschließungsaufgabe (Vgl. [5]).**

$\mathcal{P}$ und $\mathcal{G}$ seien Mengen mit jeweils 10 Elementen; diese Elemente werden indiziert durch Paare (i, j) mit $i \neq j$ und $i, j \in \{1, 2, 3, 4, 5\}$ $P_{ij} \in \mathcal{P}$ inzidiere mit $G_{kl} \in \mathcal{G}$ genau dann, wenn keine zwei der Zahlen i, j, k, l gleich sind.

1. Zeige, daß man ein zur Desargue-Konfiguration (vgl. 2 Erschließungsaufgabe; die zehn Punkte sind dort O, A, B, C, A′, B′, C′, A″, B″, C″) isomorphes Inzidenzmodell erhält
2. Zeige: Drei verschiedene Punkte (Geraden) sind kollinear (gehen durch einen Punkt), wenn ihre Indizes nur drei der fünf Zahlen 1, 2, 3, 4, 5 enthalten.
3. Zeige mit Hilfe der Abbildung $P_{ij} \mapsto G_{ij}$ von $\mathcal{P}$ in $\mathcal{G}$, daß die Konfiguration von Desargues selbstdual ist.

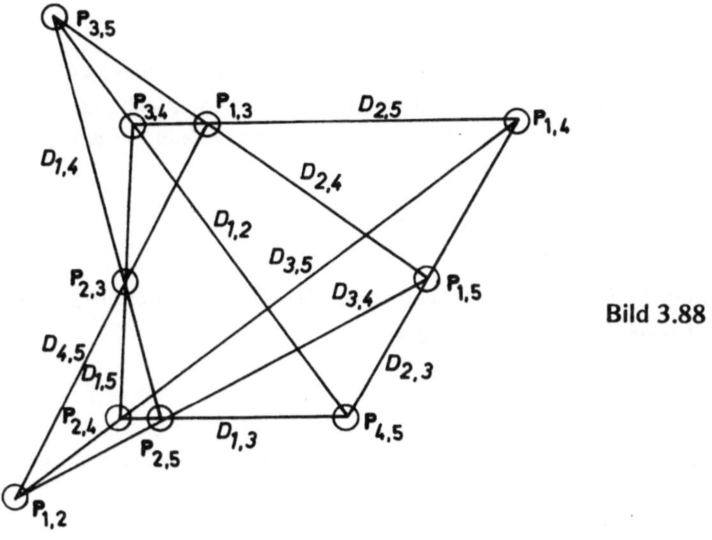

Bild 3.88

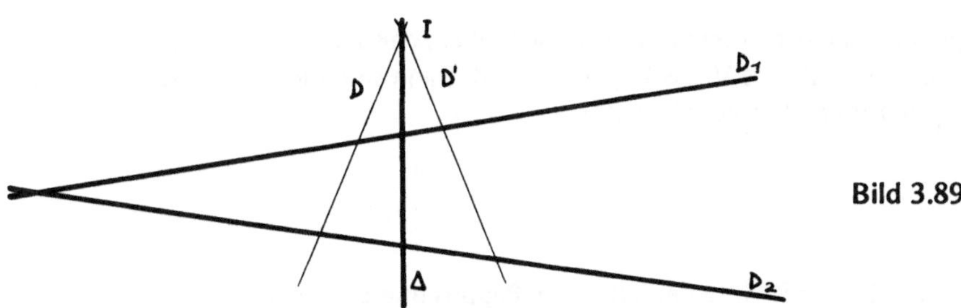

Bild 3.89

4. Zeige (z.B. durch Verschieben von Plättchen in Bild 3.89), daß die Desargues-Konfiguration 120 Automorphismen besitzt. Man leite hieraus ab, daß die Menge dieser Automorphismen bijektiv auf die Menge $\mathscr{L}_5$ der Permutationen der Elemente 1, 2, 3, 4, 5 abgebildet werden kann.
   (Für $\sigma \in \mathscr{L}_5$ ist die Abbildung $P_{ij} \mapsto P_{\sigma(i)\,\sigma(i)}$ ein Automorphismus); die Automorphismengruppe der Desargues-Konfiguration ist isomorph zur symmetrischen Gruppe $\mathscr{L}_5$ von 5 Elementen.

■ 4 Erschließungsaufgabe

Einem Viereck ist ein Trapez so einbeschrieben, daß die parallelen Seiten des Trapezes paralle zu einer Diagonale des Vierecks sind.
Zeige: Die nicht parallelen Seiten des Trapezes schneiden sich auf der anderen Diagonale.

■ 5 Übung

Dreieck A′B′C′ ist so einem Dreieck ABC einbeschrieben, daß sich die Geraden [AA′], [BB′], [CC′] in einem Punkt schneiden. Zeige, daß die Schnittpunkte entsprechender Dreiecksseiten ($\{A''\} = [BC] \cap [B'C']$, $\{B''\} = \ldots$, $\{C''\} = \ldots$) auf einer Geraden liegen.

■ 6 Übung

Einem Parallelogramm ist ein Trapez einbeschrieben. Zeige: Der Diagonalenschnittpunkt des Trapezes liegt auf einer Diagonale des Parallelogramms.

Lösung:

In jedem der möglichen Fälle kann man die Situation von ■ 2 Erschließungsaufgabe (oder ihre Variante in ■ 3) erkennen; möglicherweise sind auch Fernpunkte zu berücksichtigen.

■ 7 Übung

Ein Parallelogramm ist einem Viereck so einbeschrieben, daß zwei Seiten des Parallelogramms zu einer Diagonale des Vierecks parallel sind. Dann sind die beiden anderen Seiten parallel zur zweiten Viereckdiagonale. [[23]]

■ 8 Übung

1. Untersuche Bild 3.89 mit Hilfe der Sätze von Pappus und Desargues.
2. Ausgehend von Bild 3.89 entwerfe man eine „dynamische" Aufgabe, wobei D und D′ zwei Lagen einer um I rotierenden Geraden sind. [[24]]

■ 9 Problem

1. Voraussetzung: Je zwei von drei gegebenen Dreiecken seien perspektiv; die Perspektivitätsachse sei für je zwei Dreiecke die gleiche Gerade.

Zeige: Sämtliche Perspektivitätszentren liegen auf einer Geraden.

2. Voraussetzung: Je zwei von drei gegebenen Dreiecken seien perspektiv; alle Perspektivitätszentren fallen in einem Punkt zusammen,

Zeige: Die Perspektivitätsachsen sind paarweise parallel oder schneiden sich.

Die erste Aufgabe kann man auf die folgende kanonische Form bringen: „Sind je zwei von drei Dreiecken ähnlich, so liegen die Ähnlichkeitszentren auf einer Geraden." [[25]]

3.7 Inzidenzstrukturen über unendlichen Körpern

3.7.1 $\mathbf{A}_{\mathbf{R}}$ und $\mathbf{A}_{\mathbf{C}}$[1])

■ **Das Problem von Sylvester**

Eine endliche Teilmenge E von $\mathbf{A}_{\mathbf{R}}$ erfülle die folgende Bedingung:

(S) Jede Gerade, die zwei Punkte von E verbindet, enthält mindestens einen dritten Punkt aus E.

Zeige: Die Punkte von E liegen notwendig auf einer Geraden.

Heuristische Bemerkung und verkürzte Lösung:

Das o.g. Problem wurde 1893 von Sylvester in der Negation formuliert: „Man zeige, daß es in der reellen Ebene keine endliche Menge von Punkten gibt, derart, daß jede Gerade, auf der zwei dieser Punkte liegen, auch einen Dritten dieser Punkte enthält – es sei denn, sämtliche dieser Punkte liegen auf einer Geraden." Erst 1933 wurde diese Aussage in befriedigender Weise bewiesen ([5] S. 65–66).

Man kann diese Aussage „positiv" formulieren: „Sind n Punkte der reellen Ebene nicht kollinear, so gibt es mindestens eine Gerade, die *genau* zwei dieser Punkte enthält." In der Tat kann man zeigen, daß es mindestens $\frac{3n}{7}$ solcher Geraden gibt. Für $n = 7$ wird in der Konfiguration zu 2. Übung in 3.5.1 das Minimum angenommen.

R kann in der obigen Aussage nicht durch andere Körper **K** ersetzt werden: Ist **K** endlich, so sind alle $\mathbf{A}_{\mathbf{K}}$ (bis auf $\mathbf{A}_2$) Gegenbeispiele. Auch in $\mathbf{A}_{\mathbb{C}}$ ist die Aussage ungültig (vgl. die folgende Erschließungsaufgabe). Das heißt aber, daß die üblichen kombinatorischen Verfahren in Verbindung mit den Inzidenzaxiomen nicht zum Beweis des Satzes von Sylvester ausreichen: *Der Beweis stützt sich wesentlich auf spezifische Eigenschaften der reellen Zahlen.*

In manchen Beweisen wird nur die Ordnungsstruktur von **R** ausgenützt. In die folgende Lösung des Problems von Sylvester geht sowohl die euklidische Struktur von $\mathbf{A}_{\mathbf{R}}$ als auch die Ordnungsstruktur ein.

Beweis durch Widerspruch:

Liegen die Punkte von **E** nicht auf einer Geraden, so gibt es zu je zwei Punkten A, B von E einen Punkt P, so daß P, A, B nicht kollinear sind. Unter den endlichen vielen Punktetripeln mit dieser Eigenschaft gibt es mindestens eines, bei dem die *Entfernung von* P *zu* [AB] *minimal ist.*

Nun hat aber in einem Dreieck mit einem stumpfen oder rechten Winkel an der Ecke X die Höhe durch X minimale Länge (verglichen mit den anderen Höhen). Folglich können im Dreieck PAB die Winkel bei A und B nicht stumpf oder rechtwinklig sein.

---

1) R bzw. C bezeichnet den Körper der reellen bzw. komplexen Zahlen.

Nach Voraussetzung gibt es auf [AB] einen weiteren Punkt C aus E. Dann hat aber eines der Dreiecke PAC, PBC an einer von P verschiedenen Ecke einen rechten oder stumpfen Winkel; Widerspruch zur Wahl von P, A, B.

■ 2 Erschließungsaufgabe: Einbettung von $\mathbf{A}_3$ in $\mathbf{A}_C$

1. Zeige. In $\mathbf{A}_R$ gibt es keine Menge **E** mit 9 Elementen, die mit dem System der Verbindungsgeraden von je zwei Punkten aus **E**, ein zu $\mathbf{A}_3$ isomorphes Modell ergibt.
2. Demgegenüber existiert eine Einbettung von $\mathbf{A}_3$ in $\mathbf{A}_C$.

Lösung:

Die Antwort auf die erste Frage ergibt sich unmittelbar aus dem Problem von Sylvester: Die gesuchte Menge **E** müßte nämlich die Bedingung (S) erfüllen.

Die folgende Lösung beantwortet auch die zweite Frage: Angenommen es gibt eine Menge E = {A, B, C, D, E, F, G, H, I} von Punkten, die dem in Bild 3.71 dargestellten Schema entspricht. Die Punkte A, C, G sind nicht kollinear und können daher als Bezugsdreieck gewählt werden.

Die baryzentrischen Koordinaten von A im Koordinatensystem ACG sind (1, 0, 0), die von B bzw. C bzw. G sind (1, 1, 0) bzw. (0, 1, 0) bzw. (0, 0, 1). Der Punkt E liegt auf der Geraden [CG]; deshalb sind seine baryzentrischen Koordinaten von der Form (0, 1, x).

Ausgehend von diesen Voraussetzungen können nun die Koordinaten der drei übrigen Punkte ermittelt werden; dies – so stellt man fest – ist äquivalent mit der Lösung der Gleichung $x^2 + x + 1 = 0$. Da diese Gleichung keine reellen Lösungen besitzt, ist eine Einbettung von $\mathbf{A}_3$ in $\mathbf{A}_R$ nicht möglich.

Wird die obige Gleichung in C gelöst, so ergibt sich daraus eine Einbettung von $\mathbf{A}_3$ in $\mathbf{A}_C$ (x' wird gleich j bzw. j^2 gesetzt, wobei j die dritte komplexe Einheitswurzel bezeichnet; d.h. $j^3 = -1$).

Als Rechenübung mit komplexen Zahlen kann man die letzte Frage in folgender Form stellen:

■ 3 Problem

Gegeben seien drei nicht kollineare Punkte P_0, P_1, P_2 aus $\mathbf{C}^2$; diese Punkte seien mit den „Massen" α, β, δ versehen. Nun werden folgende Baryzentren konstruiert:

	α	β	δ
P_3	1	1	0
P_4	0	1	1
P_5	1	1	1 + j
P_6	1	1 + j	j
P_7	1	0	j

Man verifiziere, daß jedes der Vierecke P_0, P_2, P_4, P_6 und P_1, P_3, P_5, P_7 dem anderen einbeschrieben ist.

Zeige, daß sich die 4 Diagonalen der beiden Vierecke in einem Punkt P_8 schneiden, und daß die Punkte P_i, $0 \leqslant i \leqslant 8$ eine Einbettung von $\mathbf{A}_3$ in $\mathbf{A}_C$ liefern.

3.7.2 Affine Inzidenzstruktur und affine R-Struktur

Ein Inzidenzmodell, das den Axiomen A_1, A_2, A_3 genügt, heißt *affine Inzidenzebene*.

Wird auf jeder Geraden der Inzidenzebene M eine Familie von Skalen definiert, die das sog. Thales-Axiom erfüllen, so erhält man eine *affine* **R**-*Struktur* auf M.

Hinsichtlich der gegenseitigen Beziehung dieser Begriffe kann man sich folgende Frage stellen:

■ **1 Problem**

M sei eine affine Inzidenzebene. Jede Gerade von M habe die gleiche Mächtigkeit wie **R**. Gibt es verschiedene Skalierungen von Geraden von M, die zu nicht isomorphen, mit der Inzidenzstruktur von M verträglichen, R-Strukturen auf M führen?

Lösung:

Offensichtlich ist die Gleichmächtigkeit der Geraden von M mit **R** eine notwendige Bedingung für die Existenz einer affinen R-Struktur.

Nun nehmen wir an, daß es eine affine R-Struktur auf M gibt. Weiter wird eine Gerade Δ mit einer Skala versehen, auf Δ werden die Punkte mit den Abszissen 0 und 1 markiert. M und N seien Punkte von Δ mit den Abszissen x und y; mit Hilfe eines ungeeichten Lineals und eines Parallelenlineals können dann die Punkte mit den Abszissen $x + y$ und xy konstruiert werden (vgl. Nomogramme zur Konstruktion von Summe und Produkt von reellen Zahlen). Somit ist die Körperstruktur vollständig durch die affine Inzidenzstruktur bestimmt.

Auf M gibt es daher *genau eine affine R-Struktur*.

Wir betrachten nun die affine Inzidenzebene $\mathbf{A}_C$ (C sei der Körper der komplexen Zahlen). Sämtliche Geraden sind gleichmächtig zu **C** und somit zu **R**.

Mit Hilfe der oben genannten Nomogramme kann auf jede Gerade die Struktur des Körpers C übertragen werden. Diese Struktur ist jedoch nicht *isomorph* zu **R**: In C ist die Abbildung $x \mapsto x^2$ surjektiv, in R hingegen nicht. Somit kann die affine Inzidenzebene $\mathbf{A}_C$ nicht mit einer affinen **R**-Struktur versehen werden.

3.7.3 Inzidenzgeometrie auf Zylinder und Kugel

■ 1 Handlung mit konkretem Material

Material: Eine zylindrische Dose, eine Rolle Papier, Faden, eine Stecknadel.

Die Dose wird mit Papier umwickelt. Mit Hilfe der Stecknadel wird der Verlauf des gespannten Fadens (in verschiedenen Positionen) durch kleine Löcher markiert. Nun wird das Papier von der Dose entfernt und die ebene Darstellung des Zylinders untersucht. Mit Hilfe der hier beschriebenen Methode veranschauliche man die in der folgenden Aufgabe beschriebenen Phänomene.

■ 2 Erschließungsaufgabe

$\vec{V}$ sei ein Vektor der Ebene. Eine Menge von Punkten der Ebene (bzw. die Vereinigung von Geraden) heißt Ort (bzw. gespannter Faden), wenn sie aus einem einzigen Punkt (bzw. einer einzigen Geraden) durch sämtliche Translationen der Form $n\vec{V}$, $n \in \mathbb{Z}$ erzeugt wird.

1. Zeige: Durch zwei verschiedene Orte gibt es im allgemeinen unendlich viele gespannte Fäden.
2. Parallele Geraden führen zu parallelen gespannten Fäden. Man zeige, daß durch einen Ort zu einem gegebenen gespannten Faden genau ein paralleler gespannter Faden geht.

Diese Aufgabe wird häufig dadurch verdorben, daß der Lehrer anstelle von „Ort“ und „gespannter Faden“ (bzw. geodätische Linie) die Wörter „Punkt“ und „Gerade“ verwendet. Die Schüler weisen dann vielfach die Aufgabe mit dem Argument zurück, daß das „gar keine echten Geraden“ sind; damit ist dann auch die Einführung in das axiomatische Denken in Gefahr gebracht.

■ 3 Anwendung

Mancher Bergfried einer Burg besitzt zwei Wendeltreppen der folgenden Art: Jemand kann eine Treppe hinaufsteigen, ohne dabei einer Person zu begegnen, die die andere Treppe hinabsteigt (Bild 3.90). Untersuche die Abmessungen eines solchen Turmes.

Lösung:

Die beiden Treppen sind nach Art von zwei parallelen „gespannten Fäden“ (Schraubenlinien) konstruiert. Die Ganghöhe jeder Schraubenlinie muß mindestens doppelt so groß sein wie die Größe eines Menschen plus der Höhe der Treppenstufe. Andererseits darf aber auch das Gefälle der Treppe nicht zu steil sein (man lasse die Schüler das Gefälle von Treppen bestimmen). Hieraus folgt, daß der Durchmesser des Turms hinreichend groß sein muß, um diesen Bedingungen zu genügen.

Zeichne die „Spuren“ der beiden Treppen in eine ebene Darstellung des Zylinders (Bild 3.91). Durch A und B lassen sich mehrere gespannte Fäden legen.

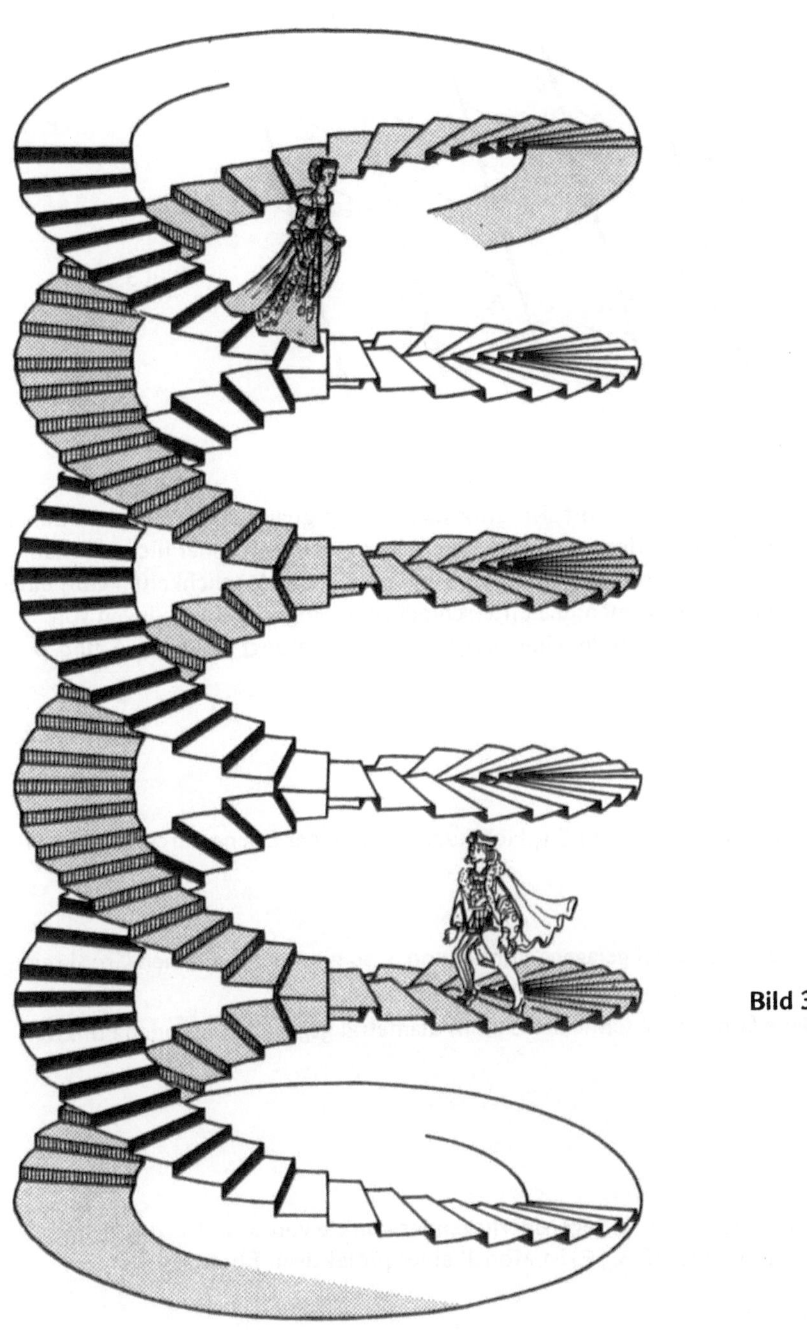

Bild 3.90

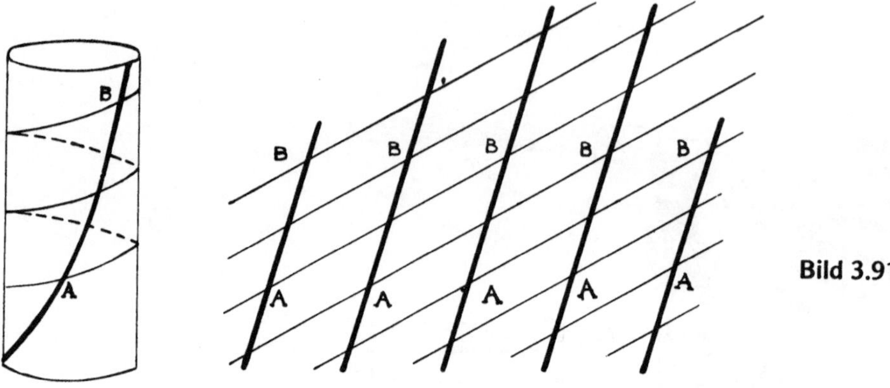

Bild 3.91

Didaktische Anmerkung:

Zylindrischen Wickelungen (Film, Stoff, Rotationsdruck) begegnet man im täglichen Leben recht häufig. Die bisherigen Überlegungen in diesem Abschnitt haben daher nichts Gekünsteltes an sich. Es sollte herausgestellt werden, daß es verschiedene Möglichkeiten gibt, einen Faden auf einem Zylinder zu spannen; die unterschiedlichen Möglichkeiten hängen von der Zahl der Windungen des Fadens (in der einen oder anderen Richtung) zwischen A und B ab.

■ **4 Übung**

Der Durchschnitt einer Sphäre (Kugel) S („Hohlkugel") mit einer Ebene durch den Mittelpunkt von S heißt *Großkreis.*
Verifiziere:

a) Sind A und B nicht diametral gelegene Punkte von S, so gibt es genau einen Großkreis durch A und B.
b) Zwei verschiedene Großkreise schneiden sich in diametral gegenüberliegenden Punkten (Antipoden).

■ **5 Übung**

P sei die Menge der Paare diametral gegenüberliegender Punkte von S und **C** die Menge der Großkreise von S. Verifiziere: $(\mathbf{P}, \mathbf{C}, \in)$ ist Modell einer projektiven Ebene.

Didaktische Anmerkung:

Man motiviere die Einführung von Großkreisen durch einen gespannten Faden zwischen verschiedenen Punkten eines Erdglobus.

■ 6 Erschließungsaufgabe

Man analysiere den Beweis zur Existenz und Eindeutigkeit des Lotes durch einen Punkt A auf eine Gerade G in der euklidischen Geometrie im Hinblick auf eine Übertragung des Satzes auf die Sphäre.

Kommentar und Lösung:

Der Wortlaut eines solchen Problems muß vom Lehrer sorgfältig auf die in seiner Klasse übliche Darlegungsweise abgestimmt werden. In jedem Falle läuft der Beweis darauf hinaus, den bezüglich G zu A symmetrischen Punkt A′ zu betrachten und zu zeigen, daß die durch A und A′ eindeutig bestimmte Gerade die Aufgabe löst.

Eine Übertragung dieses Schlusses auf die Kugel ergibt folgendes: Zunächst wählen wir zur Vereinfachung der Ausdruckseise den Äquator als Großkreis G. Im allgemeinen kann der Schluß aus dem ebenen Fall auf die Kugel übertragen werden.

Ausnahme: A ist etwa der Nordpol; dann ist A′ der Südpol. Da durch die beiden Pole unendlich viele Meridiane verlaufen, erkennt man, daß *durch den Nordpol unendlich viele Großkreise verlaufen, die auf dem Äquator senkrecht stehen* (Bild 3.92).

Auf der Sphäre gibt es also sphärische Dreiecke mit drei rechten Winkeln!

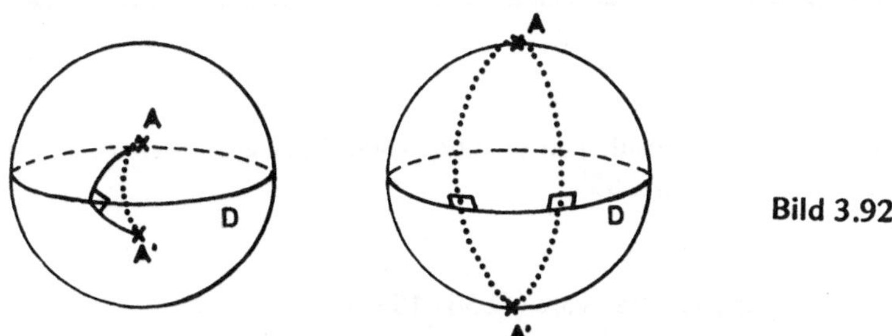

Bild 3.92

3.7.4 Nichteuklidische Inzidenzgeometrie

Wir erörtern im folgenden zwei Modelle der ebenen Lobatschewskischen Geometrie (Lobatschewski (1792–1856)).

■ 1 Erschließungsaufgabe: Das Modell von Beltrami (1835–1900)

In der reellen euklidischen Ebene M sei ein Kreis gegeben. P sei die offene Kreisscheibe mit Rand K. Ein L-Punkt ist ein in P gelegener Punkt von M, eine L-Gerade ist der nicht leere Durchschnitt einer Geraden von M mit P. Zwei L-Geraden heißen *L-parallel,* wenn sie gleich sind oder wenn sich die entsprechenden Geraden aus M auf K schneiden. Zwei disjunkte L-Geraden sind daher nicht notwendig L-parallel. Sei $\mathcal{G}$ die Menge der L-Geraden; erfüllt das Inzidenzmodell $(P, \mathcal{G}, \in)$ die Axiome A_1, A_2, A_3?

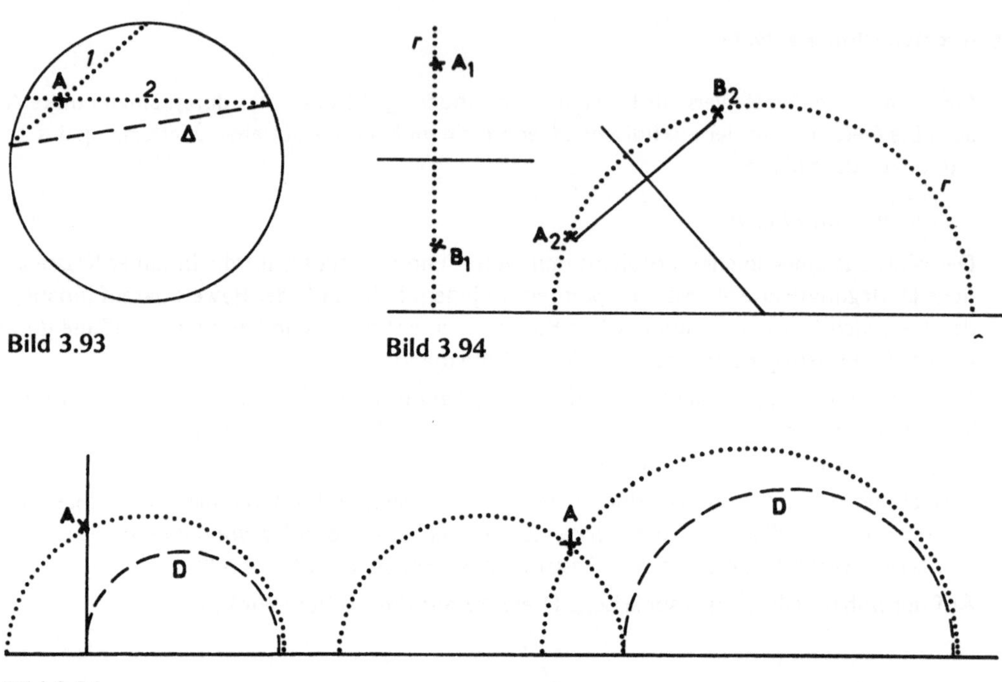

Bild 3.93 Bild 3.94

Bild 3.95

Antwort: Die Axiome A_1 und A_3 sind erfüllt; durch einen L-Punkt A gibt es aber zu einer L-Geraden mehrere (2) L-Parallelen (Bild 3.93).

■ **2 Erschließungsaufgabe: Das Modell von Poincaré (1854–1912)**

P sei eine offene Halbebene einer reellen euklidischen Ebene, die von der Geraden Γ begrenzt wird. Als L-Geraden bezeichnen wir nun Halbkreise in P mit Mittelpunkt auf Γ sowie Lote auf Γ, die in P liegen; $\mathscr{G}$ sei die Menge dieser L-Geraden. Zwei Geraden sind L-parallel, wenn sich die entsprechenden Figuren (in einem Punkt von Γ) berühren.
Erfüllt das Inzidenzmodell $(P, \mathscr{G}, \in)$ die Axiome A_1, A_2, A_3?

Lösung: Bild 3.94 zeigt, daß durch zwei gegebene Punkte von P genau eine Gerade geht. Durch einen Punkt A gibt es jedoch zwei L-Parallelen zur Geraden D (Bild 3.95).

■ **3 Erschließungsaufgabe**

a) Ist in der nicht-euklidischen Geometrie von Lobatschewski die Parallelenrelation eine Äquivalenzrelation?

b) Angenommen, zwei L-Geraden (aus ■ 1 bzw. ■ 2) seien parallel. Trifft jede L-Gerade, die die eine Parallele schneidet, auch die andere?

c) Gegeben seien zwei nicht L-parallele L-Geraden. Zeige, daß es zu diesen L-Geraden vier gemeinsame L-Parallelen gibt, die jedoch im allgemeinen untereinander nicht L-parallel zu sein brauchen.

■ **4 Erschließungsaufgabe**

Nun wird die Poincaré-Halbebene mit der Menge der komplexen Zahlen $z = x + iy$ mit $y > 0$ identifiziert.

Beweise: Die Menge der Abbildungen $z \mapsto \frac{az + b}{cz + d}$ ($a, b, c, d \in R$ und $ad - bc > 0$) ist eine Gruppe von Automorphismen der (nicht-euklidischen) Inzidenzstruktur.

Zunächst untersuche man den speziellen Fall $c = o$, sodann den Fall $a = d = o$. Man zeige, daß sich jedes Element der Gruppe als Produkt von speziellen Abbildungen der genannten Typen darstellen läßt (Darstellung der gebrochenen linearen Abbildung in kanonischer Form).

Zeige: Es gibt genau einen Automorphismus der drei verschiedene, vorgegebene Punkte auf drei verschiedene, vorgegebene Punkte abbildet.

Bemerkung: Man kann zeigen, daß die Beispiele aus ■ 1 und 2 Modelle der gleichen Struktur sind.

■ **5 Problem**

Gelten die Sätze von Pappus und Desargues in der nicht-euklidischen Geometrie von Lobatschewski?

Lösung: Führt man die Untersuchung im Poincaré-Modell aus, so hat man es mit einer komplizierten Konfiguration von neun (oder zehn) Kreisen zu tun.

Im Beltrami-Modell ist hingegen die Beantwortung der Frage recht leicht. Man betrachtet die gleichen Figuren wie in der projektiven Geometrie, beschränkt sich dabei aber auf den innerhalb von K gelegenen Teil. Aufgrund dieser Einschränkung sind die Sätze von Pappus und Desargues in der nicht-euklidischen Geometrie ungültig.

Existieren jedoch die neun (bzw. zehn) L-Punkte der Pappus- (bzw. Desargues-) Konfiguration, so gelten die entsprechenden Aussagen über die Verbindungsgeraden.

3.7.5 Nicht-Desarguesche Geometrien

■ **1 Erschließungsaufgabe**

„Ich sah den Schatten eines Kutschers,
der den Schatten einer Bürste hielt
und den Schatten eines Wagens reinigte"

(Auszug aus einer parodistischen Beschreibung des Hades von Ch. Perrault.)

Bild 3.96

Während auf der Tafel (links) Figuren der reellen affinen Ebene abgebildet sind, wird die ganze Szene rechts in einem Zerrspiegel gezeigt (Bild 3.96). Die Bilder von Punkten, Geraden, Parallelen nennen wir s-Punkte, s-Geraden und s-Parallelen.

Erfüllt das Modell dieser s-Punkte und s-Geraden die Axiome A_1, A_2, A_3?

Es handelt sich hier um ein für Schüler sehr instruktives Beispiel für den „Transport einer Struktur". Wie die Aufgabe zeigt, geht die „Form" von Geraden nicht in die Lösung ein.

In Verbindung mit der Kartographie kann man analoge Aufgaben entwerfen.

■ 2 Erschließungsaufgabe: Die Moulton-Ebene [9]

In der Ebene $\mathcal{P} = \mathbf{R}^2$ betrachten wir folgende Menge $\mathcal{G}$ von Teilmengen von P:

a) Die Geraden mit einer Gleichung $y = ax + b$ $(a > o;\ a, b \in \mathbf{R})$.

b) Die Geraden mit einer Gleichung $x = \alpha$ $\quad (\alpha \in \mathbf{R})$.

c) „Geknickte" Geraden, die als Vereinigung zweier Halbgeraden definiert sind:

Die eine Halbgerade sei der in der (oberen) Halbebene $y > o$ liegende Teil der Geraden $y = a(x - \alpha)$ $(a < o;\ a, \alpha \in \mathbf{R})$; die andere Halbgerade sei der in der Halbebene $y \leqslant o$ liegende Teil der Geraden $y = 2a(x - \alpha)$.

Die Elemente von $\mathcal{G}$ nennen wir *Strahlen* (es gibt geradlinige Strahlen (a), (b) und gebrochene Strahlen (c)). Zwei Strahlen heißen *parallel*, wenn sie disjunkt sind.

1. Zu Strahlen vom Typ (a), (b), (c) bestimme man jeweils einen parallelen Strahl.
2. Beweise: $(P, \mathcal{G}, \in)$ ist eine affine Inzidenzebene.
3. Zeige, daß in der Moulton-Ebene der Satz von Desargues nicht gilt.

Somit kann die Moulton-Ebene (nach P II.1) nicht mit einer R-affinen Struktur versehen werden.

Lösung:

Die Verifizierung der Axiome A_1, A_2 bereitet einige rechnerische Schwierigkeiten; im Prinzip ist sie jedoch einfach.

Eine besonders delikate Rechnung erfordert die Bestimmung der Verbindungsgeraden (gemäß A_1) zweier Punkte mit Koordinaten (x_1, y_1) und (x_2, y_2), wobei $y_1 > o$, $y_2 < o$ und $x_2 > x_1$ ist. Dazu müssen zwei reelle Zahlen a und α bestimmt werden, so daß $y_1 = a(x_1 - \alpha)$ und $y_2 = 2a(x_2 - \alpha)$ gilt. α ergibt sich aus der Gleichung

$$\frac{\alpha - x_2}{\alpha - x_1} = \frac{y_2}{2y_2}$$

Wie Bild 3.97 zeigt, ist die Moulton-Ebene nicht desarguesch. Die Dreiecke ABC und A'B'C' befinden sich in *perspektiver* Lage. Die Seiten [AB] bzw. [AC] sind parallel zu [A'B'] bzw. [A'C']. [B'C'] ist jedoch nicht zu [BC] parallel, da (nach dem Satz von Desargues) [B'C"] zu [BC] parallel ist.

Man bemerkt, daß es auf die genaue Definition der „gebrochenen" Strahlen (a < o) gar nicht so stark ankommt, man kann sie in verschiedener Weise modifizieren, ohne die Funktionsweise des Moulton-Modells zu beeinträchtigen.

Schade ist allerdings, daß dieses Beispiel, dessen Grundidee so einfach ist, den meisten Schülern (ohne größere Zeitverluste) nicht zugänglich ist.

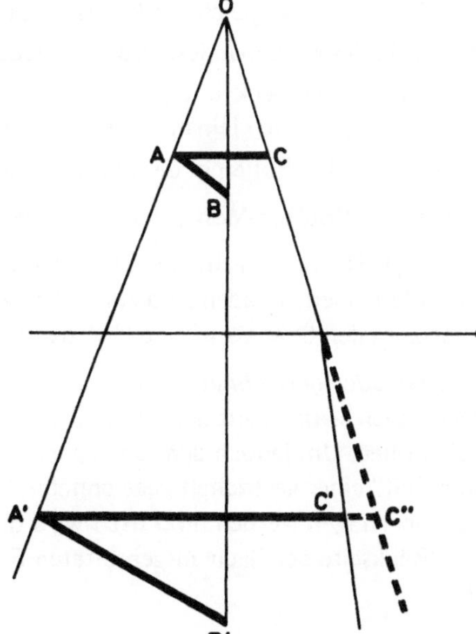

Bild 3.97

Um dieser Schwierigkeit zu begegnen, haben wir uns die folgende Aufgabe mit konkretem Material ausgedacht. Dadurch werden die Fragen 1, 2 von ■ 2. auf einfache Übungen zum Betrachten reduziert.

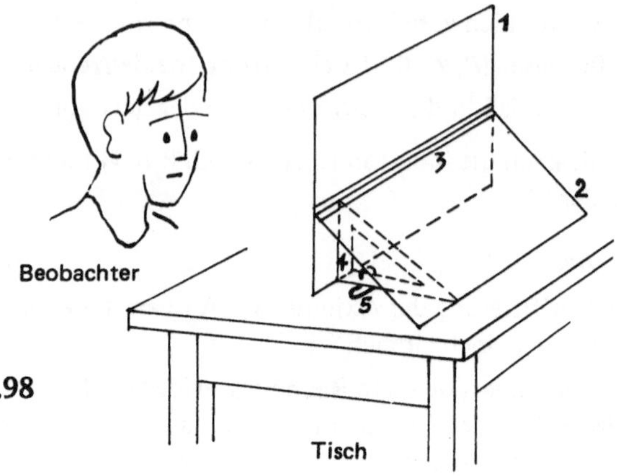

Bild 3.98

■ 3 Handlung mit konkretem Material: Wir bauen ein Moulton-Modell

Material: Zwei Blätter Transparentpapier (oder zwei genügend dicke durchsichtige Plastikfolien); transparentes Klebeband; ein Holzdreieck (30°, 60°) und eine Klammer zur Befestigung des Dreiecks.

Montage (Bild 3.98):

- Die Folie 2 wird so zugeschnitten, daß sie in ihrer Breite mit der längsten Seite des Dreiecks übereinstimmt.
- Auf Folie 1 wird parallel zum Rand eine Gerade gezeichnet; der Abstand vom unteren Rand der Folie ist gleich der kleinsten Seite des Dreiecks.
- Mit Hilfe des Klebebandes wird längs jeder Geraden Folie 2 mit Folie 1 verbunden.
- Befestige das Dreieck
  auf dem Tisch. Die kleinste Dreiecksseite ist dem Beobachter zugewandt.
- Lege die beiden Folien in der angegebenen Weise über das Holzdreieck.

Nun ist unser Moulton-Modell fertig; es fehlen nur noch die Geraden.

Das Prinzip: Die nach rechts hin ansteigenden Geraden sind auf Folie 1 gezeichnet. Die nach rechts abfallenden Geraden sind zur Hälfte auf Folie 1 und zur Hälfte auf Folie 2 gezeichnet. Die horizontalen bzw. vertikalen Geraden können auf Folie 1 oder 2 gezeichnet werden.

Wie die Geraden gezeichnet werden: Wir heben das oben gefertigte Foliensystem von Holzdreieck, legen es flach auf den Tisch und zeichnen wie üblich die Geraden mit einem Lineal auf die Folien. Um jedoch dem oben genannten Prinzip zu entsprechen, muß z.B. der „obere Teil" einer gestrichelt gezeichneten Geraden auf Folie 1, der „untere Teil" auf Folie 2 übertragen werden. Praktisch wird dies so gemacht, daß eine entsprechende Gerade auf die Rückseite der flach ausgebreiteten Folie 1 (oberer Teil) und 2 gezeichnet wird (Bild 3.99).

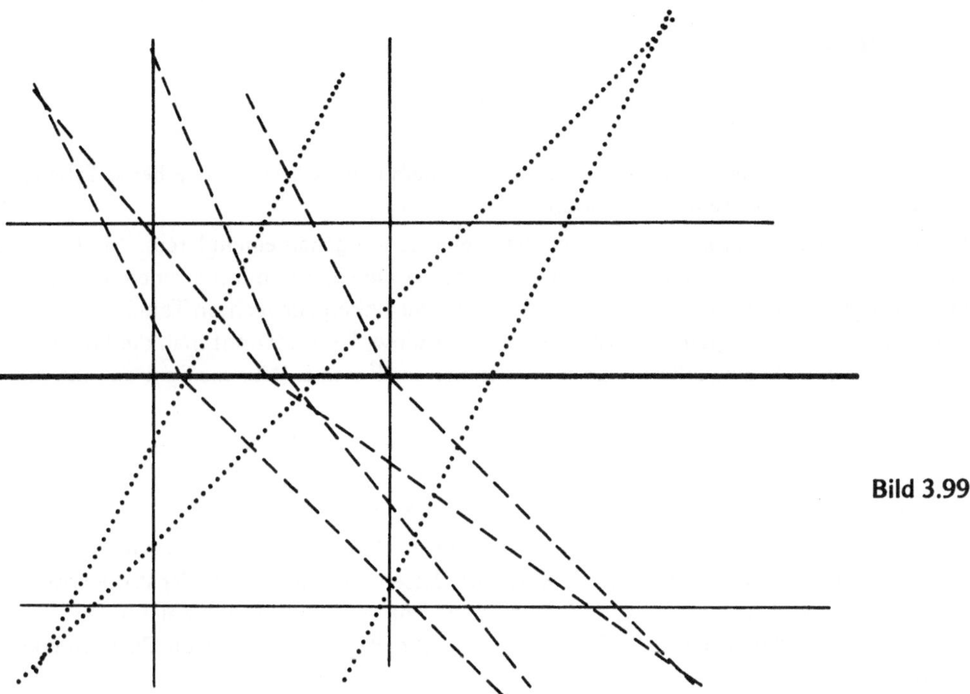

Bild 3.99

Durch die nachfolgende Auffaltung von Folie 2 (über dem Holzwinkel) besteht für den Betrachter der Eindruck, als sei die Gerade an der Verbindung der beiden Folien geknickt bzw. gebrochen. Die Geraden, die ausschließlich auf Folie 1 gezeichnet sind, erscheinen wie gewöhnliche Geraden.

Wie entsteht der Knick? Wenn wir von einer Geraden z.B. mit der Steigung -2 ausgehen, so verkürzt sich durch den Knick von Folie 2 die zur Vertikalen parallele Seite eines Steigungsdreiecks um die Hälfte (Folie 2 ist um 60° gegen die Vertikale geneigt), während die zur Horizontalen parallele Seite natürlich gleich bleibt. Somit ist die Steigung des „unteren" Geradenteils gleich -1.

Bemerkung:

Der beobachtete Knick von Geraden stimmt mit den Forderungen des oben genannten Prinzips nur für das frontale Gesichtsfeld des Beobachters überein. Bei schräger Beobachtung ergeben sich Fehler.

Didaktische Bemerkung:

Die Verifizierung der Axiome $\mathbf{A}_1$ und $\mathbf{A}_2$ gestaltet sich mit dieser Vorrichtung sehr einfach. Um zu zeigen, daß durch zwei Punkte A, B genau eine Moulton-Gerade geht, werden die Punkte auf den flach ausgebreiteten Folien markiert und durch eine „gewöhnliche" Gerade verbunden. Schließlich werden die Folien mit Hilfe des Holzwinkels wieder aufgefaltet.

3.8 Lösungen

[[1]]

1. Zunächst kann man sich dadurch Mut machen, indem man verifiziert, daß beide Tabellen die gleiche Zahl von Kreuzen enthalten.
2. In der ersten Tabelle gibt es nur eine einzige Zeile (c) mit genau einem Kreuz. In der zweiten Tabelle gibt es keine solche Zeile; dafür aber eine Spalte mit nur einem Kreuz. Man kann deshalb versuchen, beim Übergang von der linken zur rechten Tabelle die Rolle von Zeilen und Spalten zu vertauschen. Auf diese Weise gewinnt man die Positionen für c und A. Analog erhält man die Positionen für F und f. (Nur die Spalte F enthält drei Kreuze.)
3. Kein Unterschied besteht in der Besetzung der Spalten B und C mit Kreuzen. In der zweiten Tabelle gibt es zwei Zeilen mit je 2 Kreuzen. Da sich diese Zeilen nicht unterscheiden, weisen wir ihnen willkürlich die Buchstaben B und C zu.
4. Die Spalten D und E enthalten auch jeweils 2 Kreuze. Jedoch nur Spalte D hat in der gleichen Zeile ein Kreuz wie B und C. Aufgrund dessen ergeben sich zunächst die Positionen für D und d, sodann für a, und dann wegen Spalte E auch für die Zeile b. Die Zeilen a und e haben ihre Kreuze in verschiedenen Spalten, woraus sich die Position von e ergibt.
5. Somit gibt es für die Beschriftung der zweiten Tabelle je nach Wahl der Spalten B und C (vgl. 3) zwei Möglichkeiten (Bild 3.100).

P↙				c		f
	X				X	
		X	X			
A		X		X	X	X
	X		X			
F		X	X			X
	X				X	

P↙	d	b	e	c	a	f
B	X				X	
E		X	X			
A				X	X	X
D	X		X			
F		X	X			X
C	X				X	

Bild 3.100

Man sieht, daß es bei gegebenen Inzidenzmatrizen i.a. schwierig ist festzustellen, daß sie isomorphe Relationen darstellen. Natürlich genügt es nicht, zu jeder Zeile (Spalte) der einen Inzidenztabelle eine Zeile bzw. Spalte der zweiten Tabelle mit der gleichen Zahl von Kreuzen zu finden. (Daß die Aufgaben ■ 1. bis 5. so einfach sind, ist eine Ausnahme.)

Zu diesem Thema kann man sich weitere Aufgaben – leichtere oder schwerere – ausdenken.

[[2]]

Die komplementären Graphen sehen so wie in Bild 3.101 aus:

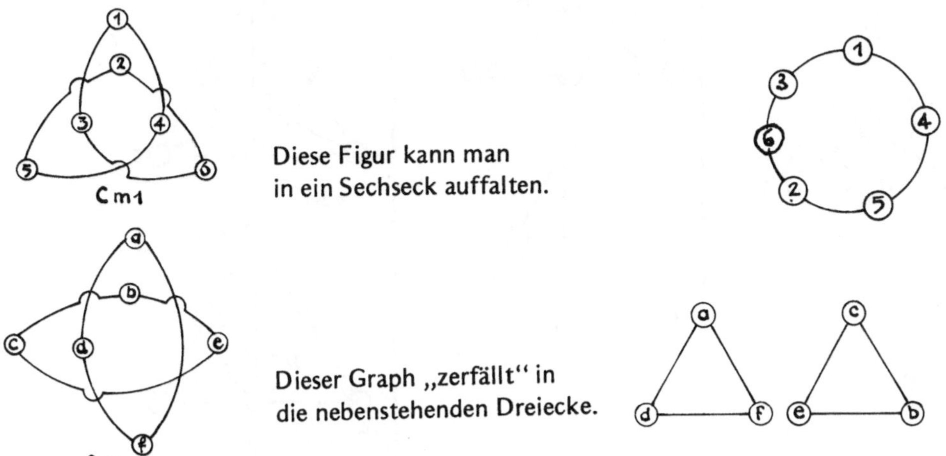

Bild 3.101

[[3]]

Wir gehen von einer Geraden D aus: Haben nicht alle Punkte von D die gleiche Farbe, so gibt es zwei Punkte auf D der gleichen Farbe (sei z.B. A und B gerastert); der dritte Punkt P sei etwa schraffiert. Unter den restlichen 4 Punkten der Fanoebene gibt es einen weiteren gerasterten Punkt (C) oder die beiden durch P gehenden Geraden tragen lauter Punkte der gleichen Farbe (schraffiert).

Ist C der gerasterte Punkt (s.o.), so sind die Ecken des Dreiecks ABC gleichfarbig und eine der Geraden AC oder BC ist einfarbig (gerastert), vorausgesetzt der dritte Punkt dieser Geraden ist nicht schraffiert ... andernfalls sind P und diese beiden Punkte kollinear und schraffiert.

Man kann diese Überlegung in einer Folge von Zeichnungen darstellen (Bild 3.102).

[[4]]

Wir zählen die Kreuze in der Inzidenzmatrix des Modells in zweifacher Weise. Die Inzidenzmatrix enthält p Zeilen (bzw. a Spalten) mit je m (bzw. n) Kreuzen; daher stehen in der Inzidenzmatrix insgesamt $p \cdot m$ bzw. $a \cdot n$ Kreuze.

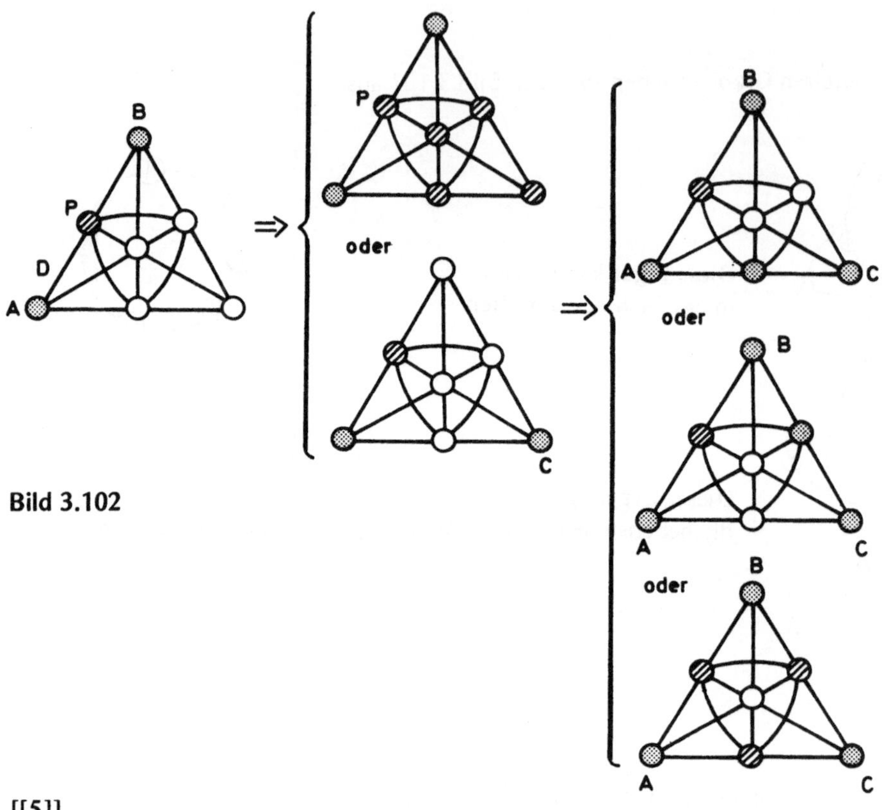

Bild 3.102

[[5]]

Die Formel aus der vorhergehenden Aufgabe zeigt, daß jeder Punkt den Grad 2 hat. Eine direkte Untersuchung – ausgehend von den gegebenen Daten – führt unmittelbar zur Lösung; die Lösung ist bis auf Isomorphie eindeutig bestimmt (Man hat nur die Wahl der Benennung bzw. Färbung der Punkte und Verbindungslinien.)

Sehr schnell ergibt sich eine Lösung, wenn man zum dualen Graphen des gesuchten übergeht; jener hat 5 Ecken und 10 Kanten und stimmt daher mit dem vollständigen Graphen mit 5 Ecken überein $\left(\frac{5 \cdot 4}{2} = 10\right)$. Das Problem kann aber auch ohne Verwendung der Dualität gelöst werden, indem man die Verbindungslinien betrachtet (es sind weniger) statt der Punkte. Dabei stellt man fest, daß es eine Bijektion zwischen der Menge der Punkte und der Menge von Paaren verschiedener Verbindungslinien gibt. (Jede dieser Mengen hat 10 Elemente.)

Diese Überlegung legt es nahe, 5 Geraden der Ebene zu zeichnen, von denen sich keine drei schneiden und keine zwei parallel sind. Auf diese Weise ergibt sich z.B. die Konfiguration in Bild 3.103; als „Punkte" werden die Schnitte von je zwei verschiedenen Geraden genommen:

Zwei derartige Konfigurationen sind isomorph. Jede Bijektion zwischen den Geradenmengen definiert einen Isomorphismus zwischen den Inzidenzstrukturen.

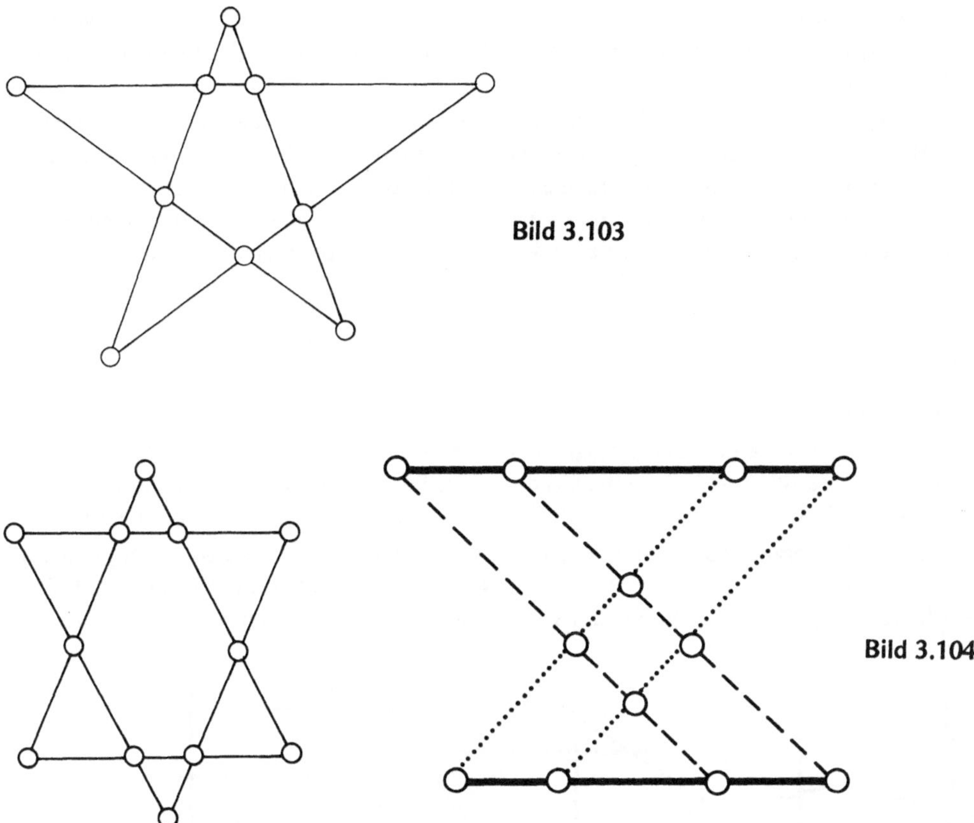

Bild 3.103

Bild 3.104

[[6]]

Erneut ergibt sich aus der Formel, daß der Grad eines jeden Punktes gleich 2 ist.
Die Abbildung, die jedem Punkt das durch ihn gehende Paar von Verbindungslinien zuordnet, ist jedoch nicht surjektiv, da es 12 Punkte und $\frac{6 \cdot 5}{3} = 15$ Paare von Verbindungslinien gibt: Also muß es drei Paare disjunkter Verbindungslinien geben.

Δ und Δ' seien zwei disjunkte Verbindungslinien. Jede der 4 anderen Verbindungslinien trifft Δ, da auf Δ 4 Punkte liegen. Hieraus folgt, daß die Menge der 6 Verbindungslinien in 3 Paare disjunkter Verbindungslinien zerfällt.

Dies legt die folgende Konstruktion nahe: In der Ebene werden drei Paare von Parallelen (parallele, aber verschiedene Geraden) mit drei verschiedenen Richtungen gezeichnet. Die Schnittpunkte dieser 6 Geraden führen zu der gesuchten Konfiguration. Zwei mögliche Figuren zeigt Bild 3.104. Obwohl sich diese Konfiguration nicht „ähneln", sind sie dennoch isomorph. Jedem Isomorphismus zwischen den beiden Modellen entspricht eine Bijektion zwischen den beiden Geradenmengen.

Eine Bijektion zwischen diesen Mengen induziert genau dann einen Isomorphismus, wenn sie die Parallelität respektiert. Anders ausgedrückt: Zwei Geraden der gleichen Farbe müssen ebenfalls gleichfarbigen Geraden entsprechen.

Hieraus folgt, daß es $6 \cdot 4 \cdot 2 = 48$ Automorphismen dieser Struktur gibt. Eine Gerade des ersten Modells kann auf eine der 6 Geraden des zweiten Modells abgebildet werden (dies liefert 6 Wahlmöglichkeiten); ihre Parallele hat dann jedoch ein eindeutig bestimmtes Bild. Für das Bild einer der übrigen 4 Geraden bleiben dann noch vier Möglichkeiten. Schließlich bleiben noch 2 Möglichkeiten für das Bild der beiden letzten (parallelen) Geraden.

[[7]]

a) Der Fall von 6 Strecken ist trivial.

b) Für 7 Strecken ist keine Lösung möglich. Man müßte nämlich eine semireguläre Konfiguration aus 7 Verbindungslinien vom Grad 3 mit n Punkten vom Grad 2 konstruieren, in der Formel $7 \cdot 3 = n \cdot 2$ steht links jedoch eine ungerade und rechts eine gerade Zahl.

c) Für 8 Strecken ergeben sich zahlreiche Lösungsmöglichkeiten; um sie zu finden, braucht man allerdings etwas Phantasie. Dies ist eine großartige Übung für die Jugend von 9 bis 99 Jahre! Einige Lösungen von 9-jährigen Schülern zeigen die Bilder 3.105 bis 3.107.

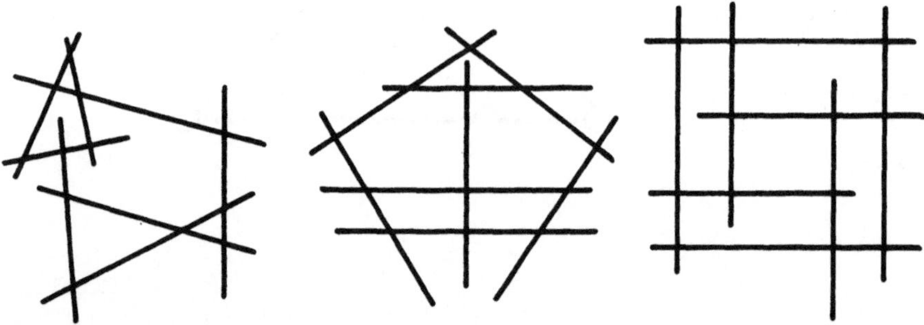

Bild 3.105

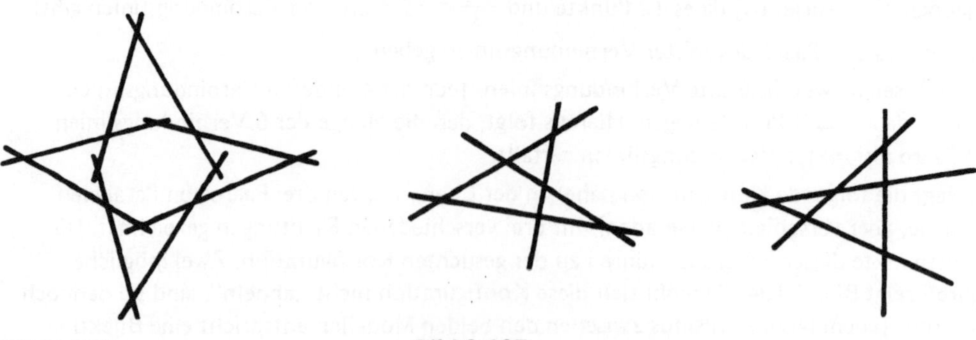

Bild 3.106 **Bild 3.107**

[[8]]

Die Automorphismen dieser Konfiguration ergeben sich aus den Permutationen der Verbindungslinien. Demnach muß eine Permutation der Zahlen 1, 2, 3, 4, 5 gefunden werden, so daß die roten Ecken auf die blauen abgebildet werden und umgekehrt.

Zwei Geraden schneiden sich genau dann in einer roten (blauen) Ecke, wenn die ihnen entsprechenden Zahlen modulo 5 benachbart (nicht benachbart) sind. So liefert z.B. die Permutation

$$1 \to 2 \to 4 \to 3 \to 1 \qquad 5 \leftrightarrow 5$$

einen der gesuchten Automorphismen.

[[9]]

Die Felder g und h haben jeweils 6 Nachbarfelder. Sie können deshalb nur die Zahlen 1 und 8 enthalten; die Zahlen 2 und 7 kommen in das jeweils nicht benachbarte Feld. Bis auf Symmetrie um die Horizontale X ergibt sich die Konfiguration in Bild 3.108.

Bis auf Symmetrie (um die Gerade Y) steht 3 im Feld b. Setzt man 4 in das Feld e, so kann in f weder 5 noch 6 stehen. Also muß 4 in das Feld c, und es ergibt sich die bis auf Symmetrie eindeutig bestimmte Lösung in Bild 3.109. Man sieht, daß sich die Zahlen symmetrisch zum Mittelpunkt gelegener Felder zu 9 ergänzen. Wer kann dieses „Rätsel" erklären?

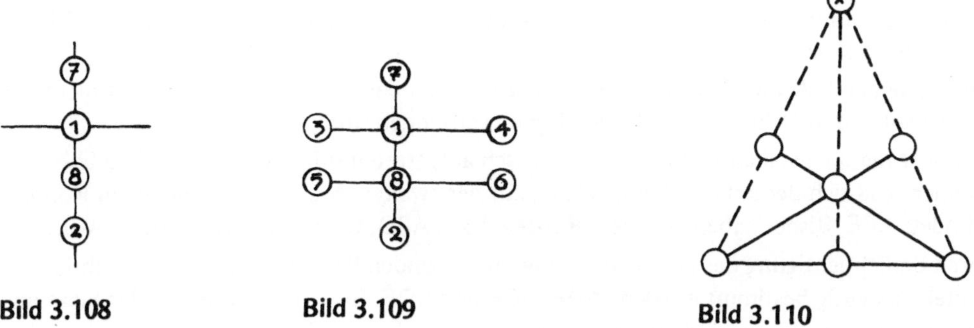

Bild 3.108 Bild 3.109 Bild 3.110

[[10]]

Die Konfiguration enthält Punkte vom Grad 2 und 3. S sei die Summe sämtlicher Zahlen der Konfiguration und s die Summe der Zahlen auf einer Verbindungslinie.

x sei die an einer Ecke der Ordnung 3 auftretende Zahl. Betrachten wir in Bild 3.110 die drei gestrichelten Verbindungslinien, so ergibt sich

$$S = x + 3(s - x) = 3s - 2x$$

Also muß in die übrigen Ecken der Ordnung 3 ebenfalls die Zahl x kommen; dann sind aber auch die Zahlen in den restlichen Ecken (der Ordnung 2) bestimmt. Jede dieser Ecken trägt die Zahl $y = s - 2x$.

Bis auf die Wahl von x und y gibt es nur eine einzige Lösung; diese ist in Bild 3.111 dargestellt.

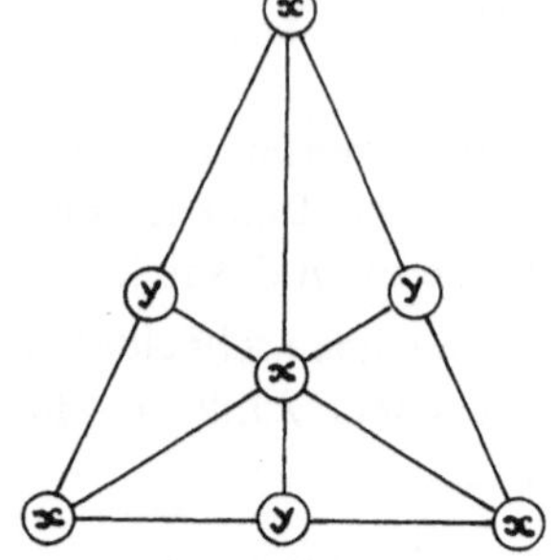

Bild 3.111

[[11]]

Durch A, B, C, D, E, F werden die 6 Häfen dargestellt. Eine Schiffahrtslinie stellen wir durch eine Menge von drei Buchstaben dar, die den 6 Buchstaben entnommen werden. Jede dreielementige Buchstabenmenge bestimmt 3 Paare von verschiedenen Buchstaben. Da jedes der $\binom{6}{2} = 15$ Paare zweimal auftritt, gibt es $\frac{2 \cdot 15}{3} = 10$ Routen.

ABC und ABD seien etwa die beiden durch A und B gehenden Linien. Keine der beiden durch C und D gehenden Linien kann dann durch A oder B gehen. Angenommen, es gäbe die drei A enthaltenden Routen ABC, ABD und ACD. Die Paare, die A enthalten, sind dann 2 mal das Paar EA und 2 mal das Paar AF: Dies ist jedoch nur dann möglich, wenn die Route AEF doppelt gezählt wird im Widerspruch zu 3. Somit bleiben für die durch C und D gehenden Routen nur die Möglichkeiten: CDE und CDF. Analog erhält man für die durch E und F gehenden Routen: AEF und BEF.

Die noch zu bestimmenden 4 Routen müssen genau einmal eines der von AB, CD, EF (die bereits zweimal verwendet wurden) verschiedenen 12 Paare enthalten.

Die zweite durch A und C verlaufende Route muß E oder F enthalten (D kommt nicht in Frage, weil C und D bereits durch zwei Linien verbunden sind).

Da bisher die Buchstaben E und F symmetrisch aufgetreten sind, können wir E so bestimmen, daß sich der entsprechende Hafen auf der zweiten A und C verbindenden Route befindet: ACE. Bisher haben wir die 7 Routen ABC, ABD, CDE, CDF, AEF, BEF, ACE.

Durch Berücksichtigung der noch zur Verfügung stehenden Paare können noch die übrigen Routen eindeutig bestimmt werden: ADF, BCF und BDE. Bis auf die Wahl der Bezeichnung der Häfen ist die Lösung eindeutig festgelegt.

Andere Darstellungen:

1. Buchstaben: O, L, T, C, E, I (französische Lösung)
   Wörter: OIE, COI, LIE, OTE, LOT, COL, LIT, TIC, CLE, CET. Nun kann man bei unveränderter Regel die Zahl der Buchstaben verändern; man wähle etwa vier, fünf, sieben Buchstaben.

   Beispiel: 4 Buchstaben (deutsche Version)
   Buchstaben: A, L, O, M.
   Wörter: OMA, MAL, MOL, OLA.

2. Darstellungsmöglichkeit:
gefärbte Dreiecke (Bild 3.112).

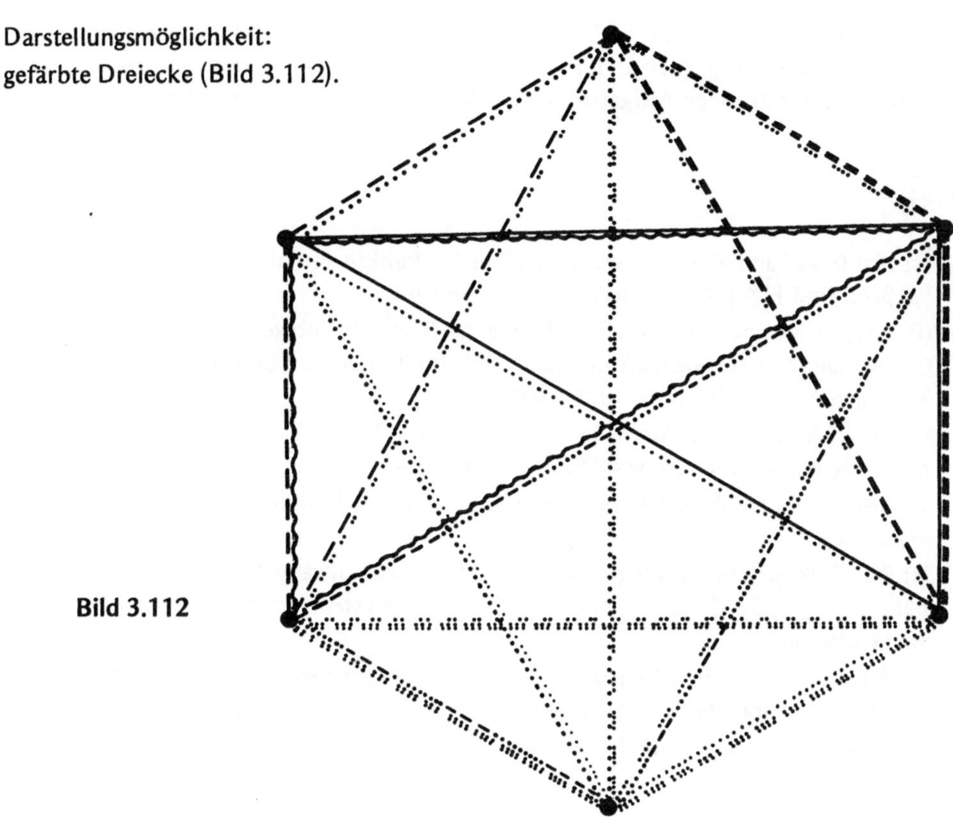

Bild 3.112

[[12]]

O sei eine der 19 Ecken. Von dieser Ecke gehen 18 in höchstens drei Farben gefärbte Kanten aus; mindestens 6 dieser Kanten, etwa OA_1, OA_2, ... OA_6, tragen die gleiche Farbe (z.B. blau). Entweder ist nun eine der Kanten des von $A_1, \dots, A_6$ erzeugten vollständigen Graphen blau, dann existiert ein monochromatisches blaues Dreieck; oder keine der Kanten dieses vollständigen Teilgraphen ist blau. Dann aber sind die Kanten dieses Teilgraphen mit 2 Farben gefärbt, und aus dem Satz von Ramsey folgt die Existenz eines (nicht blauen) monochromatischen Dreiecks.

[[13]]

O sei ein Punkt der projektiven Ebene; alle anderen Punkte liegen auf den $k + 1$ Geraden, die durch O gehen. Jede dieser Geraden enthält k von O verschiedene Punkte. Somit erhält man insgesamt

$$1 + (k + 1)\,k = k^2 + k + 1 \quad \text{Punkte.}$$

Durch Dualisieren ergibt sich für die Zahl der Geraden ebenfalls $k^2 + k + 1$.

Für k = 2 hat man die projektive 7-Punktebene (sie wird auch Fanoebene genannt), der wir in ■ 1 und ■ 2 begegnet sind. Für k = 3 erhält man eine projektive Ebene mit 13 Punkten; in den folgenden Aufgaben werden Modelle dieser Ebene erörtert.

[[14]]

a) Ist $\mathcal{G} = \emptyset$, so kann **X** keine zwei verschiedenen Punkte enthalten ($\mathbf{A_1}$). Dagegen erfüllen $(\emptyset, \emptyset, \in)$ und $(\{A\}, \emptyset, \in)$ die Axiome $\mathbf{A_1}$ und $\mathbf{A_2}$.
b) $(\emptyset, \{\emptyset\}, \in)$ ist eine schwach affine Ebene. Ist **X** eine beliebige Menge, so ist $(\mathbf{X}, \{\mathbf{X}, \emptyset\}, \in)$ ebenfalls eine schwach affine Ebene. Alle Punkte dieser Ebene liegen auf der Geraden **X**; wegen $X \cap \emptyset = \emptyset$ sind X und $\emptyset$ parallel.
c) Für $\mathbf{X} = \{A, B\}$ ist die Potenzmenge $\mathcal{P}(\mathbf{X}) = \{\{A, B\}, \{A\}, \{B\}, \emptyset\}$. Für $\mathcal{G}$ wählen wir nun geeignete Teilmengen von $\mathcal{P}(\mathbf{X})$ aus, die schwach affine Ebenen liefern.

   Wir bemerken: Da A und B verschiedene Punkte von **X** sind, muß $\{A, B\}$ nach $\mathbf{A_1}$ zu $\mathcal{G}$ gehören.

   Ist $\emptyset \in \mathcal{G}$, so gibt es vier Möglichkeiten für $\mathcal{G}$ die zu schwach affinen Ebenen führen. Die Fälle $\mathcal{G} = \{\{A, B\}, \{A\}\}$ und $\mathcal{G} = \{\{A, B\}, \{B\}\}$ ergeben jedoch isomorphe schwach affine Ebenen.

   Ist $\emptyset \in \mathcal{G}$, so kann nicht $\{A\} \in \mathcal{G}$ sein; andernfalls gäbe es durch den Punkt $A \notin \emptyset$ zwei verschiedene Parallele zu $\emptyset$: $\{A\}$ und $\{A, B\}$.

   $\mathcal{G} = \{\{A, B\}, \emptyset\}$ erfüllt die Bedingungen auf einer zweielementigen Menge $\mathbf{X} = \{A, B\}$.

[[15]]

$\mathcal{H}$ bzw. $\mathcal{D}$ seien die Mengen der am Ball teilnehmenden Herren bzw. Damen. Wir nehmen an, $\mathcal{H}$ sei nicht leer und bezeichnen mit τ die Relation

„Herr ... tanzt mit Frau ...“.

Die beiden Voraussetzungen können dann folgendermaßen geschrieben werden:

(I) $\forall h \in \mathcal{H} \quad \exists d \in \mathcal{D} \quad \neg(h \, \tau \, f)$

(II) $\forall d \in \mathcal{D} \quad \exists h \in \mathcal{H} \quad h \, \tau \, f$

Lösungsansatz:

Wegen $\mathcal{H} \neq \emptyset$ existiert $h \in \mathcal{H}$ und nach (I) $f' \in \mathcal{D}$ mit $\neg(h \, \tau \, f')$. Nach (II) existiert $h' \in \mathcal{H}$ mit $h' \, \tau \, f'$.

Nun müssen wir noch die Existenz einer Dame d zeigen, die zwar mit h, nicht jedoch mit h′ getanzt hat.

Bezeichnen wir mit $\tau^{-1}(h)$ die Menge der Damen, die mit h getanzt haben, so ist m. a. W. ein $f \in \tau^{-1}(h) - \tau^{-1}(h')$ zu bestimmen. Da aber h beliebig gewählt war, können wir nicht sicher sein, daß ein solches Element existiert (d. h. $\tau^{-1}(h) \setminus \tau^{-1}(h') \neq \emptyset$ oder $\tau^{-1}(h) \nsubseteq \tau^{-1}(h')$).

„Sukzessive Lösungsapproximation"

Es scheint, daß die Wahl von h um so besser getroffen ist, je „größer" τ^{-1} (h) ist. Daher wählt man am besten den Herrn, der mit den meisten Damen getanzt hat. Aber Vorsicht: es könnte ja zwei Herren geben, die bei den Damen gleiche „Chancen" haben und mit gleich vielen Damen getanzt haben. Wir suchen nun einen Herrn h, der mit möglichst vielen Damen getanzt hat.

Unter dieser Bedingung ist für beliebiges $h' \in \mathscr{H}$ nicht möglich, daß $\tau^{-1}(h) \subseteq \tau^{-1}(h')$; wegen $h' \tau f'$ und $\neg(h \tau f')$ läge eine *echte* Inklusion vor im Widerspruch zur Maximalitätsforderung, die an h gestellt ist. Somit gilt $\tau^{-1}(h) \not\subseteq \tau^{-1}(h')$, woraus die Existenz von $d \in \mathscr{D}$ mit $h \tau d$ und $\neg(h' \tau d)$ folgt.

[[16]]

Angenommen, die drei Punkte liegen auf der Geraden G. Dann sind zwei Fälle möglich (vgl. ■ 2):

- p_1 und p_2 sind Bijektionen. Da **K** drei Elemente hat, stimmen x_1, x_2, x_3 (bzw. y_1, y_2, y_3) bis auf die Reihenfolge mit $\overline{0}, \overline{1}, \overline{2}$ überein, deren Summe gleich $\overline{0}$ ist.
- p_1 (bzw. p_2) ist eine konstante Abbildung, d. h. D hat eine Gleichung der Form $x = a$, $a \in \mathbf{K}$ (bzw. $y = b$, $b \in \mathbf{K}$). Dann ist $x_1 + x_2 + x_3 = \overline{3} \cdot a = \overline{0}$ (bzw. $y_1 + y_2 + y_3 = \overline{3} \cdot b = \overline{0}$). Da dann p_2 (bzw. p_1) eine Bijektion ist, gilt wie oben $y_1 + y_2 + y_3 = \overline{0}$ (bzw. $x_1 + x_2 + x_3 = \overline{0}$).
- Sei nun umgekehrt

  (I) $\begin{matrix} x_1 + x_2 + x_3 = \overline{0} \\ y_1 + y_2 + y_3 = \overline{0} \end{matrix}$ und die drei Punkte voneinander verschieden.

  Die durch (x_1, y_2) und (x_2, y_2) bestimmte Gerade enthält einen dritten Punkt, der I erfüllt: Dies kann nur (x_3, y_3) sein.

[[17]]

Wer in Abschnitt 3.5.2 13. Problem gelöst hat, kennt natürlich bereits die Antwort und den Beweis. Ein Beweis mit Mitteln der analytischen Geometrie ist ebenso leicht; er ist deswegen von Interesse, weil die Berechnungen in einem von **R** und **C** verschiedenen Körper durchgeführt werden müssen. Außerdem müssen die durch Rechnung gewonnenen Resultate geometrisch interpretiert werden. (x_1, y_1), (x_2, y_2), (x_3, y_3) seien drei verschiedene nicht kollineare Punkte A, B, C. Es gilt somit $x_1 + x_2 + x_3 = \overline{0}$ oder $y_1 + y_2 + y_3 = \overline{0}$; wir nehmen an, daß $x_1 + x_2 + x_3 = \overline{0}$ ist.

Sei I der Mittelpunkt von BC, J der Mittelpunkt von AC und K der Mittelpunkt von AB.

AI hat die Gleichung $y = y_1 + \frac{y_1 + y_2 + y_3}{x_1 + x_2 + x_3}(x - x_1)$

BJ hat die Gleichung $y = y_2 + \frac{y_1+y_2+y_3}{x_1+x_2+x_3}(x - x_2)$

CK hat die Gleichung $y = y_3 + \frac{y_1+y_2+y_3}{x_1+x_2+x_3}(x - x_3)$.

Diese drei Geraden sind paarweise verschieden und parallel.

[[18]]

Es gibt kein Viereck der gesuchten Art!

Didaktische Bemerkung:

Diesen Überraschungseffekt sollten wir nicht verpassen!

[[19]]

1. Sei $n = n_1 \cdot n_2$, wobei $|n_1|$ und $|n_2|$ von 1 verschieden seien. In $\mathbf{Z}_n$ ist $n_1 \neq o$ und $n_2 \neq o$, aber $n_1 \cdot n_2 = o$, daher ist $\mathbf{Z}_n$ kein Integritätsbereich.
   Ist n Primzahl, so ist $\mathbf{Z}_n$ ein Integritätsbereich und – nach einem klassischen Ergebnis – auch ein Körper.
2. In $(\mathbf{Z}_6)^2$ sind die Axiome $\mathbf{A}_1$ und $\mathbf{A}_2$ nicht erfüllt. Unter anderem gilt folgende „Mißbildung": Die „Gerade" mit der Gleichung $\overline{2}x + \overline{2}y = \overline{0}$ ist Vereinigung der beiden disjunkten „Geraden" mit Gleichungen

   $x + y = \overline{0}$ und $x + y = \overline{3}$.

[[20]]

Erste Lösung:

Am besten wählt man G und G' als Koordinatenachsen; a_1, a_2, a_3 sind Abszissen von A_1, A_2, A_3, die Abszissen von B_1, B_2, B_3 sind b_1, b_2, b_3.

Die Geraden $[A_3B_1]$ und $[A_2B_1]$ haben die Gleichung $\frac{x}{a_3} + \frac{y}{b_1} = 1$ und $\frac{x}{a_2} + \frac{y}{b_1} = 1$.

Die Richtungsfaktoren dieser Geraden sind $\frac{-b_1}{a_3}$ und $\frac{-b_1}{a_2}$

Somit haben die Geraden $[A_1B_3]$ und $[A_1B_2]$ die Gleichungen $y = \frac{-b_1}{a_3}(x - a_1)$ und $y = \frac{-b_1}{a_2}(x - a_1)$. B_3 und B_2 haben also die Ordinaten $\frac{a_1b_1}{a_3}$ und $\frac{a_1b_1}{a_2}$.

Die Geraden $[A_2B_3]$ und $[A_3B_2]$ haben den Richtungsfaktor $\frac{-a_1b_1}{a_2a_3}$ und sind daher parallel.

Zweite Lösung:

$\mathscr{Z}_{1,2}$ (bzw. $\mathscr{Z}_{2,3}$, bzw. $\mathscr{Z}_{1,3}$) sei die zentrische Streckung mit Zentrum 0, die A_1 in A_2 (bzw. A_2 in A_3, bzw. A_1 in A_3) abbildet. Man verifiziert leicht, daß $\mathscr{Z}_{1,3} = \mathscr{Z}_{2,3} \cdot \mathscr{Z}_{1,3} = \mathscr{Z}_{1,3} \cdot \mathscr{Z}_{2,3}$ (der Körper **K** ist kommutativ). Der Punkt B_3 wird durch $\mathscr{Z}_{1,3} \cdot \mathscr{Z}_{2,3}$ auf B_1 abgebildet.

$\mathscr{Z}_{1,2}$ bildet somit die Gerade $[A_1 B_3]$ auf die Gerade $[A_3 B_1]$ ab, diese Geraden sind also parallel.

Bemerkung: In den Begriff „Zentrische Steckung" geht wesentlich die Struktur des Körpers **K** ein: in einer affinen Ebene, die keine K-Ebene ist, kann dieser Begriff daher nicht sinnvoll erklärt werden.

[[21]]

Wird als variable Richtung zunächst die von G_1 und dann die von G_2 gewählt, so stellt man fest, daß der Fixpunkt nur der Schnittpunkt K der Parallelen durch A zu G_1 und der Parallelen durch C zu G_2 sein kann. Sodann kann der Satz von Pappus auf die drei kollinearen Punkte A, B, C und auf die Punkte $\infty_{G_1}, \infty_{G_2}, \infty_\delta$ der Ferngeraden angewendet werden; diese drei Punkte entsprechen der Richtung von G_1 bzw. G_2 bzw. der variablen Richtung δ. Somit ergibt sich die Kollinearität der drei Punkte

$$I = [A\,\infty_\delta] \cap [B\,\infty_{G_1}]$$
$$J = [B\,\infty_{G_2}] \cap [C\,\infty_\delta]$$
$$K = [A\,\infty_{G_2}] \cap [C\,\infty_{G_1}]$$

[[22]]

Man versuche die Situation des Satzes von Pappus herzustellen, so daß sich schließlich die Kollinearität der Punkte P, Q, R ergibt (in ■ 2. waren die entsprechenden Punkte mit C_1, C_2, C_3 bezeichnet); Q sei dabei ein auf dem Zeichenblatt gelegener Punkt und R der Schnittpunkt der gegebenen Geraden.

Die Punkte A_1 und B_3 werden auf der einen Geraden, die Punkte A_3 und B_1 auf der anderen gewählt. A_2 (bzw. B_2) sei der Schnittpunkt von $[A_1 A_3]$ (bzw. $[B_1 B_3]$) und $[PB_1]$ (bzw. $[PA_1]$). Sodann wird $Q = [A_3 B_2] \cap [A_2 B_3]$ bestimmt.

PQ ist die gesuchte Gerade (Bild 3.113).

[[23]]

Man erkennt leicht die Konfiguration von Desargues (mit 0 als Fernpunkt).

Hieraus ergibt sich die Kollinearität der drei Punkte $D = [AC] \cap [A'C']$; $D' = [BC] \cap [B'C']$ und $[AB] \cap [A'B']$. Der letzte Punkt ist Fernpunkt zu der Richtung der beiden Seiten $[AB]$ und $[A'B']$, die somit auch Richtung von $[DD']$ ist (Bild 3.114).

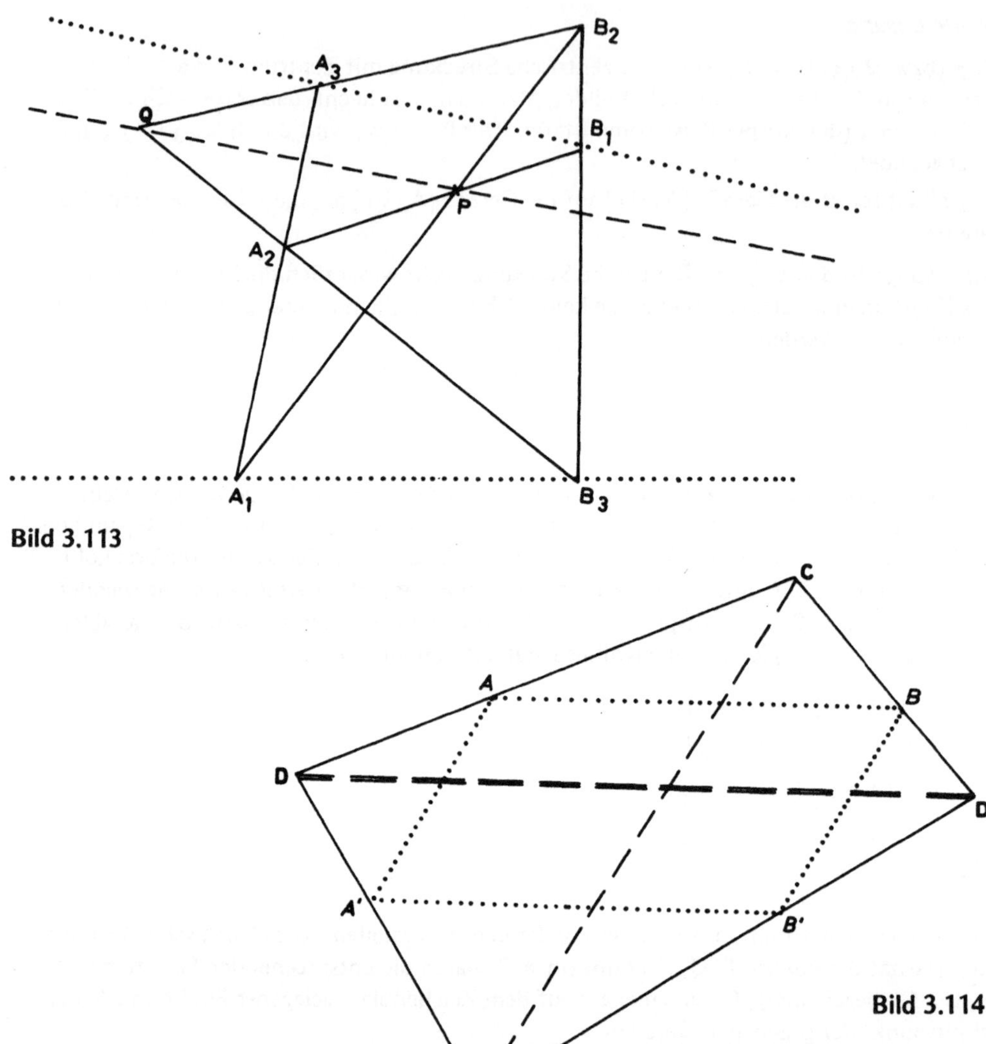

Bild 3.113

Bild 3.114

[[24]]

Der Satz von Desargues, angewandt auf die beiden Dreiecke $A_1B_2A_1'$ und $A_2B_1A_2'$ ergibt die Kollinearität der Punkte α, α' und J.

Aus dem Satz von Pappus folgt die Kollinearität der Punkte α, β, α'.

Somit liegen die vier Punkte J, α, α', β auf einer Geraden, die nur von der Lage des Punktes I abhängt, wie man sofort erkennt: bei Veränderung von D' bleibt die Gerade Δ' fest, nachdem sie die Punkte J und α enthält.

Bei Drehung von D um den Punkt I durchläuft der Punkt $[A_1B_2] \cap [A_1'B_2']$ eine feste Gerade (Bild 3.115).

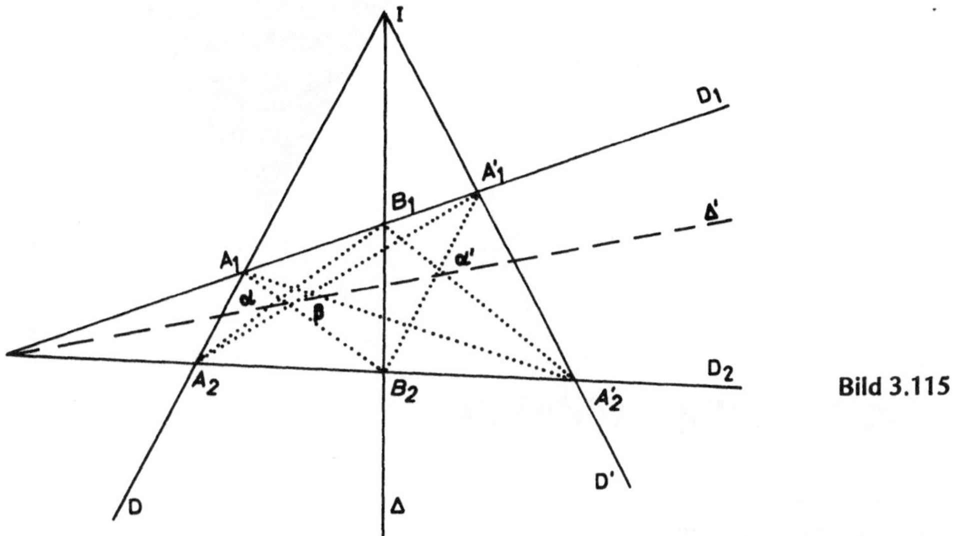

Bild 3.115

[[25]]

Die größte Schwierigkeit bei dieser Aufgabe besteht in der Anfertigung einer übersichtlichen Figur ... ABC, A'B'C' und A"B"C" seien die drei Dreiecke. $S_1 = [AA'] \cap [BB'] \cap [CC']$ sowie S_2 und S_3 seien die Perspektivitätszentren. Aufgrund der Voraussetzung der ersten Frage schneiden sich die drei Geraden [AB], [A'B'] und [A"B"] in einem Punkt γ; somit befinden sich auch die Dreiecke AA'A" und BB'B" in perspektiver Lage. Hieraus ergibt sich die Kollinearität der Punkte S_1, S_2, S_3.

Zur Beantwortung der zweiten Frage wird ein analoges Argument verwendet.

Bibliographie

[1] Activités Recherches Pédagogiques No. 17 (November 74).

[2] *C. Berge,* Graphes et Hypergraphes, Paris, 1970.

[3] *M. Berger,* Cours de géometrie, CEDIC, 1976.

[4] *A. Cheron,* Les échecs artistiques, Payot ed.

[5] *H.S.M. Coxeter,* Unvergängliche Geometrie, Basel 1963.

[6] *J. Frenkel,* Géometrie pour l'éléve professeur, Paris 1973.

[7] *M. Gardner,* Logik unterm Galgen, Braunschweig 1971.

[8] *D. Hilbert, S. Cohn-Vossen,* Anschauliche Geometrie, Darmstadt 1973.

[9] *F. R. Moulton,* A simple Non Desarguesian plane Geometry, Trans. Amer. Math. Soc. 3 (1902) p. 192–195.

[10] *P. Rosensthiel, J. Mothes,* Mathématique de l'action Paris, 1968.

[11] *H. Schupp,* Mühlegeometrie, Paderborn 1973.

[12] *S. Vajda,* The mathematics of Experimental Design, London 1967.

[13] *M. Wagenschein,* Ursprüngliches Verstehen und exaktes Denken, Stuttgart 1965.